2019

国际农业科技动态

◎ 赵静娟　张晓静　颜志辉　编译

中国农业科学技术出版社

图书在版编目（CIP）数据

2019 国际农业科技动态 / 赵静娟，张晓静，颜志辉编译. —北京：中国农业科学技术出版社，2020.10

ISBN 978-7-5116-4995-9

Ⅰ.①2…　Ⅱ.①赵…②张…③颜…　Ⅲ.①农业技术–概况–世界–2019　Ⅳ.①S-11

中国版本图书馆 CIP 数据核字（2020）第 167457 号

责任编辑　徐　毅
责任校对　李向荣

出 版 者　中国农业科学技术出版社
　　　　　北京市中关村南大街 12 号　邮编：100081
电　　话　(010)82106631(编辑室)　　(010)82109702(发行部)
　　　　　(010)82109709(读者服务部)
传　　真　(010)82106650
网　　址　http://www.castp.cn
经 销 者　各地新华书店
印 刷 者　北京建宏印刷有限公司
开　　本　710mm×1 000mm　1/16
印　　张　16.5
字　　数　300 千字
版　　次　2020 年 10 月第 1 版　2020 年 10 月第 1 次印刷
定　　价　80.00 元

《2019 国际农业科技动态》
编译人员

赵静娟　张晓静　颜志辉

郑怀国　王爱玲　串丽敏

贾　倩　秦晓婧　张　辉

齐世杰　李凌云　祁　冉

前　言

农业是人类赖以生存的产业。科技是推动农业发展的决定性力量。当今全球人口不断增长，对粮食需求持续增加，同时面临着全球水资源短缺、气候变化等不利因素的挑战。应对这些挑战，在很大程度上需要依靠科技进步。

为持续跟踪国际农业科技动态，本书作者单位推出了微信公众号"农科智库"，实时跟踪监测国外知名农业网站的最新科技新闻报道，从海量资讯中挑选价值较大的资讯，经情报研究人员编译之后，通过"农科智库"微信公众号（扫"前言"文末二维码关注）面向科技人员进行推送，以期为科技人员了解相关农业学科或领域的研究动态提供及时、有效的帮助。为了扩大"农科智库"平台的影响，进一步发挥资讯的科研参考价值，现将2019年"农科智库"平台发布的182条资讯进行归类整理，以飨读者。

这些资讯既包括了植物生理、遗传育种、植物保护等学科内容，也涵盖了资源环境、智慧农业、可持续发展等领域。为方便读者查阅，本书本着实用性原则对资讯进行了简单归类。归类的原则有二：一是学科与领域相结合的原则，即尽可能按照学科进行分类，但又不完全按照学科或领域进行分类；二是学科或领域靠近原则，即资讯内容若涉及多个学科或领域，则归类到最靠近的学科或领域。本书共设两级分类，针对有的一级分类资讯条目较多的情况，又进行了二级简单分类。

将资讯归类整理后，大致可以发现2019年国际农业科技研究热点主要集中在"植物生理""植物遗传""生物技术""生物育种""资源与环境""动物疾病防治""植物保护""智慧农业""可持续发展""农业产业"10个方面。此外，还为读者提供了美英等农业科技强国的农业科研政策规划与项目,从中也可以捕捉相关信息和了解其农业领域的科研动向。

需要说明的是,由于采用了学科与领域相结合的分类原则,因此,无论一级分类还是二级分类,都可能存在范围交叉与重叠之现象。即本书资讯分类更注重实用性而非科学性。由于时间和水平有限,错误与疏漏之处在所难免,请广大读者批评指正。

"敬请扫码关注"

编译者

2020 年 5 月于北京

目　录

植物生理

植物遗传

生物技术

生物育种

植物保护

智慧农业

可持续发展

农业产业

政策规划

国际项目

植物生理

抗逆生物学

科学家发现动植物细胞间转移能量的新方式

加泰罗尼亚生物工程研究所（Catalonian Institute of Bioengineering）和塞维利亚化学研究所（Seville Chemical Research Institute）的研究人员发现了一种在蛋白质间传送电子的新方法，推翻了目前为止从实验中获得的证据。动物细胞和植物细胞在生成能量时都会在蛋白质间传送电子，新方法能够让科学家更深刻地理解细胞内蛋白质的行为以及引起疾病的功能障碍。

活细胞内生成能量对新陈代谢的正常运作必不可少。因此，植物细胞内和动物细胞内分别存在称为叶绿体和线粒体的特殊细胞器。在这些细胞器中，植物通过光合作用将日光中的能量转化为有用的化学能量，动物则利用空气中的氧气消耗食物，并使用呼吸过程中释放的能量。

以上两种过程都需要在特殊蛋白质之间转移电子，因此，十分有必要在蛋白质之间建立实体联系，并在之后形成暂时的中间状态，以建立转移路径。多年来，这一方法一直是生物学研究新陈代谢能量的主要原理，直到加泰罗尼亚生物工程研究所和塞维利亚化学研究所的研究人员共同取得的研究成果推翻了这一方法，前者的研究带头人是保·戈罗斯提萨（Pau Gorostiza）老师，后者带头人则是艾琳·迪亚兹·莫雷诺（Irene Díaz Moreno）和米盖尔·安赫尔·德·拉·罗莎（Miguel Ángel de la Rosa）。该研究项目揭示了水溶液中的蛋白质无须建立直接联系，就能够进行长距离的电子转移，这一发现与目前为止的实验证据相悖。

该研究成果解释了叶绿体和线粒体中的蛋白质之间不仅存在高速的电子转移，还存在高速的替换和高效率，以上结果发表于《自然通讯》（*Nature Communications*）。这一发现也让科学家能够更透彻地理解生物学中主导能量产生的机制，从而理解引起疾病的功能障碍的分子基础。

（来源：塞维利亚大学）

硫酸盐有助于应对植物缺水

植物通过叶片上的气孔吸收二氧化碳进行光合作用。但是，当降水稀少的时候，强烈的光照和光合作用会使大量的水分从气孔散失，这将会给植物招致灭顶之灾。一旦根部缺水，植物便会逐渐枯萎并最终干枯而死。脱落酸的作用就是控制叶片气孔的大小以调节植物的水分散失。随着全球变暖，为了培育出更加抗旱的粮食作物，了解环境因素对脱落酸形成的调节就显得十分必要。

植物从地下水中汲取硫酸盐。德国海德堡大学（Heidelberg University）成立了一个国际研究小组，旨在探究硫酸盐如何控制植物干旱应激激素脱落酸（ABA）的产生，从而有效应对干旱。这些研究成果增进了科学家们对于干旱应激信号如何从植物根部传导至叶片的理解。

2018年，研究人员发现在土壤开始变得干旱缺水的时候，硫酸盐会作为营养物在植物体内的水分传输通道中慢慢累积起来。研究小组发现，硫酸盐作为矿物质在为植物提供水分的过程中发挥着至关重要的信号传输作用，它能有效地触发ABA的合成，从而控制气孔的闭合。

该研究由海德堡大学"细胞监测与损伤反应"（Cellular Surveillance and Damage Response）合作研究中心赞助，项目成员来自德国、中国、巴基斯坦、意大利等国。研究成果刊载于《植物细胞与植物生理》杂志上。

（来源：Agropages）

植物肽类激素能生成独特的处理水流的细胞结构

流经植物的水流对于粮食供给至关重要：如果没有合适的水流，植物就不能进行光合作用，或生长、开花、结果、生成种子。水从植物根部特殊的结构内流入，通过茎秆来到叶片，由称为气孔的微小孔隙调节水分的蒸发。所有处理水分的结构都经过紧密控制的发育阶段生成：细胞必须进行分裂，以在正确的时间、正确的位置生成必要的细胞类型。但是，有关控制这些复杂的发育过程的许多细节仍然不为人知。

大阪大学（Osaka University）的研究人员与中国、德国、日本的实验室合作，拼出了控制植物细胞发育机制拼图的关键一块。该研究团队发现，肽类激素是控制两种截然不同的细胞发育的重要分子，这两种细胞都参与了生成处理水分的细胞结构的过程。通过绑定到两个位置的两个不同的受体，肽类激素得以控制这两种细胞。最近，该研究团队将其研究成果发布于《自然—植物》（*Nature Plants*）杂志。

研究团队试验的植物为生长、繁殖迅速的小型植物拟南芥（阿拉伯芥），其基因组比大部分作物都要单一。研究方法包括基因工程，通过显微镜观测荧光团研究植物的内部构造，并利用最新的基因编辑技术生成突变体植物。

研究人员证明，基因编码肽类激素 CLE9/10 在两种细胞中十分活跃，前一种细胞控制着叶片气孔的发育，后一种细胞则是根部处理水分管束（木质部）的前体。

"在叶片的原基细胞中，将 CLE9/10 绑定到蛋白质受体上控制着气孔的数量，"第一作者钱平平（Pingping Qian）说道，"但是在根部，CLE9/10 会绑定到一个不同的蛋白质受体上，从而控制木质部管束的生成"。

该研究不仅确认了两种不同的受体，还证实了叶片的信号系统也涉及协同受体蛋白质。

"在动物中，也有例子证明不同受体能感知到信号分子，"通信作者柿本辰男（Tatsuo Kakimoto）说道，"这一研究表明了植物中有同种类型的信号系统。两种发育过程涉及植物不同部位的不同受体，生成完全不同的结构，却对水分处理都十分重要，这一点很有趣。对于理解众多过程如何在植物生长时相互协调，这些研究结果都有其意义"。

（来源：日本大阪大学）

美国研究揭示出植物感受温度的方式

温度会影响植物在地球上的分布、开花时间以及产量，甚至是抗病能力。因此，了解植物应对温度的方式，研发新技术帮助植物应对日益升高的温度就显得至关重要。

研究人员十分关注植物在白天是如何感受温度变化的。加利福尼亚大学河滨分校的一支研究团队正在探索光敏素 B 的作用，这是一种对于植物感受温度可能会起到关键作用的分子信号通路。在近日刊登于《自然通讯》上的论文中，研究人员称利用模式植物拟南芥发现的基因触发器，能让植物在不同的温度条件下继续生长。

植物依照四季变换的昼夜节律生长，其所有的生理过程都被划分在一天中特定的时间进行。长期以来的理论认为，拟南芥会在夜晚感受到温度上升。而在自然环境下，拟南芥可能从来不会在夜晚感受到温度的升高。而对于光敏素的信号通路有一种普遍认可的看法：由于温度在白天上升，那么植物也只有在白天才会感受到温度上升。因此，这一点一直让研究人员十分困惑。事实上，随着四季变换，拟南芥会在一天的不同时段生长：夏季时在白天生长，冬季时在夜晚生长。根据先前模拟冬季条件的实验结果，光敏素 B 呈现惊人活跃的反应，而模拟夏季条件的实验结果则反应平平。

研究团队分别研究了红光条件下 21℃和 27℃时，光敏素 B 在拟南芥中所起的作用。单色波长可使研究人员避开其他光波长的干扰，得以研究这一特定植物传感器的作用原理。结果显示，光敏素 B 在夏季的白天作为温度传感器起作用。如果没有这一传感器，植物的温度感受会大大减少。除确认光敏素 B 的功能外，研究同时证明了 HEMERA 的作用——开启控制植物生长的温度感应基因的转录激活因子。

研究团队还发现了植物温度感应的主控因素。从苔藓植物到开花植物，所有植物中都存在 HEMERA 因子。本质上来说，研究团队确认了所有植物在应对白天条件时及感应温度时所使用的基因机制。

研究人员也承认，并不是所有植物都会和研究中的拟南芥一样作出相同的反应。在应用该研究的成果之前，必须要理解这种温度信号通路在不同的植物体系中的不同行为。他们认为很可能所有植物都有这种通路，只是不同植物之间会有一些细微的改变。

（来源：Agropages）

对植物调节水分平衡的信号通路研究
有助于培育节水新品种

植物叶片上被称为气孔的微小孔洞对于地球的状态却有着巨大的影响。植物通过气孔吸收二氧化碳，再结合成为糖类、释放氧气。但是植物同样也是通过气孔流失水分，如果环境干燥，这就有可能危机植物的生命。

因此，植物就生长出了复杂的信号通路，能优化气孔张开的宽度，与环境条件相匹配。根据能获得的光、二氧化碳、水分的变化，信号通路能相应打开或关闭气孔。这种能调控气孔的信号通路是怎样形成的？德国巴伐利亚（Bavaria）维尔茨堡大学（Julius‑Maximilians‑Universität Würzburg, JMU）莱纳·赫德瑞奇（Rainer Hedrich）领导的研究团队开展了对这一课题研究。

赫德瑞奇教授正在收集不同植物种类的数据并加以分析，他认为如果能了解这些信号通路的演变过程，也能促进培育新的作物品种，在生长过程中使用更少的水分。毕竟，绝大部分通过灌溉系统为植物提供的水分都通过气孔流失掉了。考虑到气候变化的影响，那些能自如应对干旱环境的植物品种将受到极大青睐。

重要基因重建史

在《植物科学趋势》（Trends in Plant Science）期刊上，对于植物用以调节水分平衡的信号通路，JMU 的研究人员弗兰西斯·苏斯米希（Frances Sussmilch）博士、约尔格·舒尔茨（Jörg Schultz）教授、赫德瑞奇教授和罗勃·罗尔夫塞玛（Rob Roelfsema）博士对其目前相关知识的情况进行了总结。

维尔茨堡的这一研究团队重建了一些重要基因的进化历史，这些基因控制着被子植物叶片气孔的运动。结果显示，这些基因大多数属于所有植物群共有的原有基因家族，包括绿藻。这些基因家族很可能在第一株植物入侵陆地前就已经出现了。

研究人员还发现，有些特定的基因根据光线和二氧化碳的不同控制着叶片气孔的开合，这些基因可能在种子植物和被子植物在进化的道路上分道扬镳之后才出现，而这两种植物原先都是从链束植物的共同祖先进化而来。

可调整的保卫细胞特定的信号基因

JMU 科学家们的研究重点在于植物的保卫细胞，这两个细胞围绕着每一个叶片气孔。当保卫细胞中的水压升高时，气孔就会打开；水压降低，气孔就会关闭。

在被子植物的保卫细胞中，某些关键信号基因的产物拥有独特的性质，或其浓度相较周围的叶片细胞要更高。这些基因的特殊性很可能对于控制保卫细胞中的水压至关重要。

研究人员还利用小立碗藓的可用数据检查了相关基因。"我们发现检查的苔藓基因没有一个是特定控制气孔组织的，相反，所有这些基因都在没有气孔的组织里表达了出来。"弗兰西斯·苏斯米希说道。罗勃·罗尔夫塞玛和约尔格·舒尔茨补充说道："保卫细胞中拥有特定作用的信号基因可能是在植物演化后期才出现的，也就是在苔藓从被子植物的共同祖先处分化出来之后。"

（来源：德国维尔茨堡大学）

植物叶龄决定了其受自然灾害和
病虫害侵袭时的响应分工

马克斯普朗克植物育种研究所（Max Planck Institute for Plant Breeding Research）的研究人员在《美国国家科学院院刊》（*PNAS*）上发表的一项新研究表明，对于叶龄大和叶龄小的叶片而言，它们对于物理胁迫和生物胁迫作出的植物响应之间的生物串扰不尽相同，因此，当同时遭遇两种胁迫时，就能达到最佳的植物性能。

植物与动物不同，不能自由移动以躲避威胁到生命安全的情况。有了这一限制，就让植物必须运用其他策略来保护自己免遭自然环境中多种多样的胁迫。这些自然环境中的胁迫可能是干旱、高盐度等物理性（非生物）胁迫，也可能是来自病原细菌、虫害的袭击等生物胁迫。植物潜在的保护机制涉及可诱导的胁迫响应，这些胁迫响应是针对各个胁迫特殊演化的。但是，植物能获得的资源有限，也就意味着特殊化的防御仍然存在问题：可诱导的胁迫响应只针对干旱、对病原体袭击抵抗力低下等某一种物理性胁迫。那么，如果植物同时遭遇物理性胁迫和生物胁迫会怎样？目前，德国科隆（Cologne）马克斯普朗克植物育种研究所的研究人员对这一问题作出了回答。

许多植物的胁迫响应都会受到一种称为植物激素的小的信号分子的调控，文章作者在研究中关注的是两种特殊的胁迫通路：一种胁迫会受脱落酸（ABA）调控，ABA能触发某种程序保护植物免受非生物胁迫；另一种则会受到水杨酸（SA）激活，水杨酸能保护植物免遭病原体侵害。为了有效分配资源，激活ABA调控防御就会抑制SA响应。为了确认植物在同时受到物理性胁迫和病原体胁迫时哪种生物串扰更重要，文章作者首先对模式植物拟南芥的2种植物激素通路之间的生物串扰进行了更为细致的研究。出乎意料的是，研究人员发现预先暴露于ABA中的植物只会阻碍叶龄较大叶片的SA依赖性响应臂的活动，使得叶龄较大的叶片对于细菌感染更为敏感，而叶龄较小的叶片则不会发生SA响应阻碍。研究人员利用RNA测序技术，确认了一种称作PBS$_3$的基因，经证明可以保护叶龄较小的叶片免受ABA调控的免疫抑制剂作用。在干旱、高盐度等物理性胁迫情况下也有同样的发现。因此，可以证明，植物基于叶龄的不同能主动平衡协调生物性胁迫响应和物理性胁迫响应。

至关重要的是，如果缺乏PBS$_3$，不仅叶龄较小的叶片会在生物性和物理性的双重胁迫下受到影响，还会阻碍植物生长、减少种囊的数量，最终损害植物整体的生殖适合度。因此，依赖叶龄主动平衡协调生物性胁迫响应和物理性胁迫响应能够增加双重胁迫下的植物适合度。

然而仍有几个重要问题悬而未决：例如，像作物等其他植物也会平衡协调胁迫响应以维持生长和生殖吗？PBS$_3$怎样保护叶龄较小的叶片免受非生物胁迫激发的免疫抑制剂作用？鉴于两种胁迫响应之间会相互制衡，并对作物生产率产生显著的限制性影响，那么为了农业的可持续发展，这些问题的答案就变得至关重要了。

（来源：马克斯普朗克植物育种研究所）

大麦中发现的新型复合糖有巨大的应用潜力

澳大利亚阿德莱德大学（University of Adelaide）的研究员在大麦中发现了一种新型复合糖。这种30多年来首次发现的谷物多糖在食品、药品和化妆品上都有应用潜力。

阿德莱德大学农业、食品和红酒学院（School of Agriculture, Food and Wine）的这一研究已发表于美国化学学会（American Chemistry Society, ACS）的《ACS核心科学》（*ACS Central Science*）期刊。

该新型多糖是由高级研究员艾伦·利特尔博士（Dr Alan Little）和位于阿德莱德大学怀特（Waite）校区的前澳大利亚研究委员会植物细胞壁卓越中心（ARC Centre of Excellence in Plant Cell Walls）的一支团队发现，并有潜力被开发和应用到各个领域。

利特尔博士说："植物细胞壁中的成分可应用于很多行业，例如，供能源生产的可再生资源、复合材料和食品。对这种新型多糖的认知会为进一步的研究开辟道路，确定其在植物中的作用。我们知道在大麦根部可发现这种多糖，意味着该糖也许对植物的生长或是抵御外界压力，例如，盐或是疾病起着作用。"

利特尔博士说："我们观察了不同谷物中该多糖的自然变异体，旨在发现其和农业上的重要特征之间的联系。"

该新型多糖是常见于纤维素中的葡萄糖和木糖的混合物，存在于膳食纤维素中。根据每种糖类的相对比例，这种混合多糖可以作为墙面的结构成分增加强度或是反过来作为一种黏胶。

研究人员还需要进一步的研究，以了解新型多糖的潜在用处。目前发现的多糖有着广泛应用。它们可以提高粥中膳食纤维的质量，并且广泛应用于生物医学和化妆品行业。

利特尔博士表示："我们可以利用新型多糖的特性来实现所需功能，扩大其应用范围。我们的研究还发现了新型多糖的生物合成中的基因。不仅是在大麦中，而且在主要谷物中都发现相同的基因。我们可以利用这一发现来提高谷物中这些多糖的含量，为工业领域的应用提供具备不同物理性质的植物原料。"

（来源：澳大利亚阿德莱德大学）

一种新型作物抗旱小分子"药物"

干旱每年给全世界农民造成的损失达数十亿美元，提高植物水分利用效率是抵御干旱的生物学途径之一，而植物水分利用效率的核心是激素脱落酸（ABA）及其受体调控的信号通路。美国和日本的科研人员近日在一项合作研究中筛选了一组小分子，并采用结构导向设计优化了脱落酸受体激动剂的功能，开发出了一种作物抗旱剂，可大大提高植物的水分利用效率。研究论文发表在《Science》上。

气孔是分布在植物叶表面的微小毛孔，它们通过开放和关闭来调节植物与大气之间的水蒸气和二氧化碳的交换。这在植物生长和用水之间形成了一种调节机制：一方的改进往往以另一方的损失为代价。因此，开发产量和水分利用效率"双高"的作物已经成为一项重大的农业挑战。

农业化学"药品"，特别是那些模拟 ABA 的"药物"，可能被用来通过按需控制植物的用水来避开这个难题。因此，ABA 及其受体已成为提高作物抗旱性的遗传途径和农化途径中的一个有吸引力的靶标。

研究人员将这种新合成的 ABA 模拟物命名为 opabactin（OP）。生物学研究表明，OP 在多个单子叶植物和双子叶植物中均具有活性，在抑制种子发芽（由 ABA 驱动的反应）方面、控制作物水分利用方面的活性比 ABA 本身高约 10 倍。因此，OP 可以作为缓解干旱对农作物产量影响的工具。

研究小组发现，合成的 ABA 模拟物的生物活性稍差而且短暂，并且可能会受到它们对受体靶点的弱亲和力的限制。为了解决这个问题，研究人员采用虚拟筛选和结构导向的化学设计，发现并优化了一种更有效的 ABA 激动剂的功能。结果表明，这些分子在小麦和番茄植株上都表现出高效性，能防止长期水浸的不利影响。

这项研究工作证明了化学基因组学方法在提高作物水分利用效率方面的有效

性，即可以通过利用化学物质和遗传学，在重要的作物中创造出水分利用效率更高的品种。

（来源：EurekAlert 网站）

日本科学家解码植物的抗逆性

在真核生物细胞中，DNA 不是以松散的形式存在，而是以高度浓集的复合物形式存在，这种复合物由 DNA 和其他被称为组蛋白的蛋白质组成。这种浓集结构被称为染色质，对于维持 DNA 结构和序列的完整性很重要。然而，由于染色质限制了 DNA 的拓扑结构，染色质的修饰（通过组蛋白的修饰）是基因调控的一种重要形式，被称为表观遗传调控。日本东京理科大学的科学家发现了一种新的表观遗传调控机制，其核心是一种赖氨酸特异性去甲基化酶 1（LDL1）。这一表观遗传调控新机制与植物的 DNA 损伤修复有关。研究成果发表在《美国植物生物学家协会》杂志上。

生物体的基因组在受到外界胁迫的时候，会出现不稳定或出错，从而导致序列受损或"断裂"。这些断裂通过一个称为同源重组（HR）的过程进行自主修复，因此，HR 对于维持基因组的稳定性至关重要。像其他所有的基因调控过程一样，染色质结构需要被修饰，以使 HR 顺利进行。该研究小组之前发现了一种叫作 RAD54 的保守蛋白，这一蛋白参与了模式植物拟南芥染色质的重塑，从而有助于基因组的稳定性和对 DNA 损伤作出应答。

在拟南芥基于 HR 的 DNA 损伤修复过程中，科学家们利用免疫共沉淀和质谱等技术，首次发现并筛选出与 RAD54 相互作用并用染色质调节其动力学的蛋白质，也首次确认了组蛋白去甲基酶 LDL1 在 DNA 损伤部位与 RAD54 的相互作用。研究发现 RAD54 与染色质中的组蛋白 3 第 4 位赖氨酸二甲基化（H_3K_4me2）相互作用；LDL1 通过去甲基 H_3K_4me2 抑制这种相互作用。研究得出的结论是，LDL1 通过 H_3K_4me2 的去甲基作用从 DNA 损伤部位去除过量的 RAD54，从而促进拟南芥的 HR 修复。因此，LDL1 确保了 RAD54 从 DNA 的 HR 修复位点正确分离。

研究人员称，这一发现是对植物科学以及基础分子生物学的重要补充。先前的研究表明，RAD54 积累在拟南芥的受损部位，过量的 RAD54 会抑制植物的损伤修复。新的研究表明，LDL1 通过从受损部位去除 RAD54，有助于改善 DNA 损伤修复。

这项研究的重要性在于：与动物不同，植物是固定的，因此，更容易受到环境胁迫的影响，如高温、干旱、病原体、寄生虫和恶劣的土壤条件，这些胁迫通过造成 DNA 损伤来抑制植物的生长和发育。因此，有效的 DNA 损伤反应对于保证植物的存活与生长至关重要。这一研究揭示了一种可能的表观遗传调控机制，可以改善植物的 DNA 损伤反应。

这一研究成果可用来对植物进行人工控制的表观遗传修饰，使其对病害感染、环境胁迫、机械胁迫等更具耐受性，这将有助于创制出抗逆性更强的作物品种，从而促进全球粮食安全。

（来源：AgroPages 网站）

美国研究发现能够帮助植物抵抗细菌感染的机制

美国加州大学河滨分校植物病理研究小组发现，植物中有一种调节性遗传机制有助于抵抗细菌感染。通过这种分子调节机制，研究人员可以诱发作物对细菌性病原体的免疫反应。研究结果刊登于《自然通讯》杂志。

研究小组以拟南芥为试材研究发现，RNA 干扰机制中的主要核心蛋白 AGO 蛋白质，在细菌感染过程中被一个称为"翻译后修饰"（post-translational modification）的过程所控制。这个过程控制着 AGO 蛋白质及其相关的小 RNA 的水平，小 RNA 是通过干扰基因表达来调节生物过程的分子。这在调节 RNA 干扰机制方面提供了双重安全性。RNA 干扰（RNA interference，RNAi）是许多生物体用来调节基因表达的重要细胞机制，包括关闭基因，也被称为"基因沉默"。

此前的一项研究发现，拟南芥的 10 种 AGO 蛋白质中有一种由细菌感染诱发的蛋白有助于植物免疫——这种蛋白的水平越高，植物的免疫能力就越强。然而，高水平的蛋白质会限制植物的生长。

在正常的植物生长条件下，AGO 蛋白及其相关的小 RNA 被精氨酸甲基化（AGO 蛋白的一种翻译后修饰）很好地控制。这可以调节 AGO 蛋白并防止其积聚到高水平。与 AGO 蛋白相关的小 RNA 也被阻止积累到更高的水平，从而使植物为生长节省能量。

然而，在细菌感染过程中，AGO 蛋白质的精氨酸甲基化被抑制，从而导致 AGO 蛋白及其相关的小 RNA 的积累，这些小 RNA 有助于植物免疫。这 2 个变化共同作用，使植物既能生存又能自我保护。

如果在正常条件恢复后，AGO 蛋白质和相关的小 RNA 保持在如此的高水平，将不利于植物生长。但在正常条件下恢复的 AGO 蛋白质的翻译后修饰降低了 AGO

蛋白质和小 RNA 的水平以促进植物生长。

所有植物都具有 RNAi 机制以及与植物免疫相关的 AGO 蛋白质的等效物。RNA 沉默在所有哺乳动物、植物和大多数真核生物中都存在。

此这项研究之前，病原体攻击过程中，AGO 蛋白是如何被控制的以及植物的免疫应答是如何被 RNAi 机制调节的，一直是个谜。该研究首次揭示了翻译后修饰调控植物免疫应答中的 RNAi 机制。

（来源：Eurekalert）

利用植物的生物钟推动精准农业发展

就像人类的时差反应一样，植物也有生物钟，在昼夜交替的世界里，植物生物钟对作物的生长和作物对环境变化的反应起着至关重要的作用。

由布里斯托尔大学（University of Bristol）开展的一项新研究显示：植物能够报时，从而影响它们对农业中某些除草剂的反应。这项与先正达合作的研究发现，植物的昼夜节律是根据一天的时间来调节植物对广泛使用的除草剂的敏感性。这些发现将帮助减少作物损失，并提高产量。

生物科学学院的高级讲师和论文的作者 Antony Dodd 博士说："这一概念验证的研究表明，在未来，我们可以利用植物的生物钟，完善一些化学物质的使用，使它们更好地作用于农业。这种结合生物技术和精确农业的方法可以实现经济和环境效益的双赢。"

该成果于 2019 年 8 月 16 日发表在《自然通讯》（*Nature Communications*）上，研究人员发现，除草剂草甘膦导致的植物组织死亡和生长放缓取决于除草剂的使用时间以及植物的生物钟。

至关重要的是，生物钟还导致影响植物的最低除草剂用量每天都在变化，所以一天中某些时候需要的除草剂更少。这为减少除草剂的使用量、节省农民的时间、金钱和减少环境影响提供了机会。

在医学上，"时间疗法"认为生物钟在决定给药或治疗的最佳时间。这项新研究表明，在未来的农业耕作中，也可以采用类似的方法，在某些杂草或作物最适宜的时候应用作物处理。农业"时间疗法"可能在今后的可持续、集约型农业的发展中扮演重要角色，帮助满足日益增长的人口的需要。

（来源：Agropages）

升温或可在气候变化时保护作物营养

最新研究显示，二氧化碳水平升高很可能会提升作物产量，但会牺牲作物营养。一篇刊登于《植物杂志》（*Plant Journal*）、来自伊利诺伊大学（University of Illinois）、美国农业部农业研究局（USDA-ARS）及唐纳德丹佛斯植物科学中心（Donald Danforth Plant Science Center）的最新研究表明，对于各种复杂的会影响作物未来的环境互动来说，这一说法很不全面，事实上温度升高可能会有益于作物营养，但会牺牲作物产量。

根据 2 年的田间试验，温度升高约 3℃ 可有助于保存种子质量，抵消二氧化碳带来的减少粮食营养的影响。对于大豆来说，二氧化碳水平升高降低了种子中 8% ~9% 的含铁量和含锌量，而温度升高则会起到反作用。

"铁和锌对植物健康和人体健康都十分重要" 丹佛斯中心的主要研究员伊万·巴克斯特（Ivan Baxter）说道："植物有多种程序会影响到这些元素在种子里的积聚过程，而环境因素也会以各种方式产生影响，所以，要预测不断变换的气候对粮食的影响就变得很困难。"

USDA-ARS 科学家、联合首席研究员卡尔·贝纳祺（Carl Bernacchi）表示："通过这一研究证明，在全球气候变化的背景下优化产量和种子营养质量之间可能真的存在权衡取舍。" USDA-ARS 与 USDA 国家食品和农业研究所（National Institute of Food and Agriculture）共同资助了该项研究。

研究团队在伊利诺伊州的一处农业研究设施——大豆开放式空气浓度试验（Soybean Free-Air Concentration Experiment，SoyFACE）测试了现实条件下的大豆情况。该设施可将二氧化碳和温度人工提升到未来的水平。

"这是一种控制得当的方法，来更改作物在农业相关的条件下的生长环境，这种条件就和在美国中西部其他田地中种植、看管作物一模一样。" 贝纳祺说道。他同时也是伊利诺伊大学卡尔·R. 吴斯基因组生物学研究所（Carl R. Woese Institute for Genomic Biology）植物生物学和作物科学的助理教授。

下一步，他们进行的试验准备要弄清楚这一结果背后的机制。

（来源：伊利诺伊大学城市分校卡尔·R. 沃尔斯基因组生物学研究所）

光合作用

专家解锁光合作用的关键，助力全球粮食安全

科学家已经解锁了光合作用的一个关键组成部分的结构，这一发现可以让科学家们重新设计农作物未来的光合作用，以提高产量，满足全球人口增长对粮食安全的迫切需求。

这项由谢菲尔德大学开展的研究于 2019 年 11 月 13 日发表在《自然》杂志上，揭示了通过光合作用显著影响植物生长的蛋白复合物——细胞色素 b6f 的结构。

光合作用是地球上生命的基础，为生物圈和人类文明提供食物、氧气和能量。

利用高分辨率的结构模型，研究小组发现，蛋白质复合体提供了两种光动力叶绿素蛋白（光系统 I 和 II）之间的电连接，这 2 种蛋白是在植物细胞叶绿体中发现的，它们将阳光转化为化学能。

该研究的第一作者，谢菲尔德大学分子生物学和生物技术系的博士生 Lorna Malone 说："我们的研究为细胞色素 b6f 如何利用通过它的电流来为'质子电池'供电提供了重要的新见解。这些储存的能量可以用来制造 ATP，即活细胞的能量货币。最终，这种反应提供了植物所需的能量，将二氧化碳转化为碳水化合物和生物质，维持着全球的食物链。"

利用单粒子低温电子显微镜确定的高分辨率结构模型揭示了细胞色素 b6f 作为传感器的新作用的新细节，该传感器可根据不断变化的环境条件调节光合作用。这种反应机制可以保护植物在干旱或过度光照等恶劣条件下不受损害。

该研究的负责人之一、谢菲尔德大学生物化学讲师马特·约翰逊博士补充说："细胞色素 b6f 是光合作用的核心，在调节光合作用效率方面起着至关重要的作用。以前的研究表明，通过控制这种复合物的水平，我们可以种植更大更好的植物。利用我们从结构中获得的新见解，我们可以希望合理地重新设计作物的光合作用，以实现更高的产量。到 2050 年，全球人口预计将达到 90 亿~100 亿人。"

这项研究是与利兹大学阿斯特伯里结构分子生物学中心合作进行的，使用的是该机构的低温电子显微镜设备。

研究人员现在的目标是确定细胞色素 b6f 是如何反复地被调节蛋白控制的，以及这些调节蛋白如何影响这种复合物的功能。

（来源：英国谢菲尔德大学）

通过设计光呼吸捷径可提高作物生长量（40%）

植物通过光合作用将日光转变成能量，但是，一种称作光呼吸的耗费能量的过程极大地抑制了作物产量。美国农业部农业研究局和伊利诺伊大学的研究人员在《科学》杂志上发文称，在现实农业条件下，设计有光呼吸捷径的作物生长量可提高40%。

这一成果来自一项国际研究项目——增进光合作用效率方法的计划（Realizing Increased Photosynthetic Efficiency，RIPE）的一部分，得益于比尔及梅琳达·盖茨基金会、粮食和农业研究基金会（Foundation for Food and Agriculture Research，FFAR）以及英国国际发展部（DFID）的资助，该项目希望通过改造作物进行更为有效的光合作用，以可持续地提高全球粮食生产率。

光合作用利用核酮糖-1，5-二磷酸羧化酶/加氧酶（Rubisco）和太阳能将二氧化碳与水转变成糖分，促进作物生长。由于无法准确区分氧气和二氧化碳分子，Rubisco在大约1/5的时间里抓取的是氧气分子而不是二氧化碳分子，生成了一种对作物有毒的化合物，必须通过光呼吸进行再循环。

一般来说，光呼吸需要穿过植物细胞中3个区室的复杂路径。科学家们设计了3条替代路径改变了原有进程，极大地缩短了距离，节约了大量资源从而使植物产量增加了40%。这是首次经改造的光呼吸补救作物在现实农业环境中进行测试。

为了优化新路径，研究人员利用多套不同启动子和基因设计了基因结构，基本上创建了一套独特的路线图。他们将这些路线图在1 700种植物中进行了测试，筛选出表现最佳的几种。

经过两年不断重复的实地研究，研究人员发现这些经过改造的作物长得更快更高，并且生物质提高了约40%，主要表现为茎秆粗壮了一半。

研究团队在烟草上也测试了这一假设，因为作为理想的模式植物，烟草比粮食作物更易改造和测试，而和其他模式植物不同的是，烟草还能长出枝叶冠盖，并能在田野里进行测试。现在，研究团队正在将研究成果转移应用到大豆、豇豆、稻米、马铃薯、番茄、茄子上，以提升产量。

（来源：Science Daily）

英国科学家利用计算机模型更好地预测
作物产量和气候变化效应

伊利诺伊大学的研究人员于 2019 年 7 月 10 日在《光合作用研究》杂志（*Photosynthesis Research*）上发表了一项新的研究成果：用一种新的计算机模型推演出叶片上的微孔如何在光照下打开。这一进展可以帮助科学家创建虚拟植物，预测出更高温度和不断上升的二氧化碳浓度可能对粮食作物产生的影响。

光合作用是所有植物都可以利用的一个自然过程，它将阳光转化为能量，促进作物生长，保证作物产量。

该研究是伊利诺伊大学主导的 RIPE 计划的组成部分，通过改善光合作用，在不使用更多水的情况下，提高作物产量。

"几十年来，我们都知道光合作用和气孔的开放是紧密相关的，但这一过程的工作原理还不明确。有了这个新的计算机模型，我们就可以更好地计算，并了解响应光线的气孔运动。"伊利诺斯大学的作物科学和植物生物学教授 Stephen Long 说："最终的目标是掌握这些气孔开关是如何控制，并使作物更耐旱。我们现在正在接近这个缺失的环节，光合作用通过什么样的方式让气孔打开，气孔会何时打开。"

此项研究将气孔模型与光合作用模型结合起来，一起用于对未来作物的管理和产量预测，如缺水时作物的响应方式。此外，这些模型还可以帮助科学家预测到二氧化碳含量上升和温度升高对小麦、玉米或水稻等农作物产生的影响。

RIPE 计划已得到比尔和梅林达·盖茨基金会、美国食品和农业研究基金会（FFAR）以及英国政府国际发展部（DFID）的资助支持。

（来源：Agropages）

根际微生物

真菌可以减少作物对肥料的依赖

英国利兹大学的一项研究表明，在小麦根系中引入真菌可以提高它们对关键营养元素的吸收，并因此可能产生新的"气候智能"作物品种。研究人员证明了小麦和土壤真菌之间的伙伴关系，可以利用这种关系开发新的对肥料依赖性较小的粮食作物和农作制度，从而减少农业对不断升级的气候危机的影响。该结果近日发表在《*Global Change Biology*》杂志上。

这是首次证明与植物根部形成伙伴关系的真菌为谷类作物提供了大量的磷和氮。预计在2100年大气中较高CO_2水平下，这种关系也依然存在，这对未来的粮食安全具有重要意义。

利兹大学生物学院和全球食品与环境研究所的首席科学家凯蒂·菲尔德（Katie Field）教授表示，真菌可能是一种有价值的新工具，可以在面对气候和生态危机时未来的粮食安全。这些真菌并不是提高粮食作物生产力的"灵丹妙药"，但它们有可能帮助我们减少目前对肥料的过度依赖。

农业是全球碳排放的主要贡献者，一部分原因是肥料等的大量投入。尽管肉类生产对全球变暖的贡献远大于农作物，但减少肥料的使用可以帮助降低农业对气候变化的总体贡献。

植物—真菌伙伴关系

大多数植物的根系与真菌形成伙伴关系，使它们能够更有效地从土壤中吸收养分。反过来，植物将碳水化合物作为交换提供给真菌，这种关系被称为共生。

植物可以将它们从空气中吸收的10%~20%的碳提供给真菌，以换取高达80%的所需磷的摄入量。这些真菌还可以促进植物生长，增加氮的含量和吸收水分，并保护植物免受病虫侵害。但是在过去的1万年中，持续不断的育种无意间阻断了某些品种与有益真菌之间的紧密联系。

小麦是全球种植面积最大的粮食作物。据FAO统计2017年达2.18亿公顷，是数十亿人的主粮。增施氮肥和磷肥使小麦的单产不断提高，但近年来，小麦产量已进入平台期。尽管一些小麦品种与有益真菌形成了这种伙伴关系，但许多品种却没有。因此，利兹大学的研究人员认为，开发较少依赖肥料的新小麦品种潜力巨大。

可持续粮食生产

研究人员注意到，已经驯化的某些农作物与土壤中的真菌缺乏这种重要联系。因此，有必要培育新的农作物品种，以恢复与有益真菌的联系，并提高未来粮食生产系统的可持续性。

科学家在实验室中将这种真菌接种于3种不同小麦品种的根部，并分别种植在2个小温室中，其中，一个温室模拟的是当前的气候条件；另一个模拟的是2100年大气中的气候条件（如果不限制排放，彼时大气中的 CO_2 浓度预计是目前的2倍）。科研人员想知道不同品种从其真菌伙伴处能够获得什么好处以及大气中 CO_2 含量的增加将如何影响这一伙伴关系。

通过化学标记土壤中的磷和氮以及空气中的 CO_2，可以证明在两种气候情景下，不同品种的小麦都通过其真菌吸收了养分。结果显示，这3个小麦品种与真菌的交换水平不同，某些品种从伙伴关系中获得的收益要比其他品种高得多。例如，Skyfall 小麦品种从真菌中吸收的磷更多，比 Avalon 品种高570倍，比 Cadenza 品种高225倍。3个小麦品种对于磷或氮的交换水平在较高的 CO_2 浓度下也是如此。因此，即使在未来的气候条件下，真菌似乎仍可以继续将营养物质转移至作物。研究人员认为，有可能培育出更适应真菌伙伴关系的小麦新品种，通过真菌获得更多所需的营养，这样农民就可以少施肥料。

关于真菌对谷类作物的生长是正影响还是负影响，目前还在争论中，因为有一些证据表明真菌可以成为其植物宿主的寄生虫。以前曾有人预测，大气中较高的 CO_2 含量将导致真菌从其植物宿主中吸收更多的碳，但这项研究发现，至少这3种小麦并非如此。

研究人员建议，现在需要进行田间规模的试验，以了解该研究中证明的真菌对小麦的有益作用在农场中是否存在。

（来源：Leeds University）

植物微生物抑制根系免疫反应促进植物生长

有益微生物被认为是可持续作物生产的主要希望。荷兰乌得勒支的研究人员发现，就像引起病原的致病菌一样，植物根部的有益微生物会抑制宿主免疫力，使其完全定殖宿主植物并使其宿主植物受益。这项发现于10月24日发表在《当代生物学》（*Current Biology*）上。

所有植物都同时与数十亿种被统称为植物微生物群落的微生物相互作用。其中，一些微生物会导致疾病，对农作物产量造成毁灭性的影响。为了防止病原体感染，植物进化出了一套复杂的先天免疫系统，能够识别大多数病原体所拥有的保守细胞表面分子。植物免疫系统的激活阻止了入侵的病原体，但这也伴随着健康成本，大大降低了植物的生长速度。

幸运的是，植物微生物群落中的大多数微生物对植物是无害的，甚至是有益的，因为它们促进植物生长或提供抗病保护。有趣的是，这些有益微生物拥有与病原体非常相似的细胞表面分子，但不会像病原体那样刺激植物免疫系统的反应。

双重受益

来自乌得勒支大学的第一作者 Ke Yu 表示，发现某些有益的根系细菌能够通过排泄特定的有机酸来抑制根系免疫力，从而酸化根系环境。此外，发现有 42% 的被测试的根系微生物能够抑制局部根的免疫反应。

这种免疫调节能力使寄主植物获得双重受益：它允许有益的微生物在植物根部定植，并可能阻止生长—防御权衡，这种权衡通常与植物免疫反应的激活有关。

乌得勒支的发现揭示了根微生物群落的一种新功能，这对于自然界和农业中植物的生存至关重要。这些知识可用于制定更可持续发展的微生物群落辅助的农业的新策略。

（来源：Agropages）

根部微生物可以保护植物免受感染

生活在植物根部的微生物共同促进植物的生长和对胁迫的耐受能力。由荷兰生态学研究所和瓦格宁根大学牵头的一个国际研究小组在《Science》上报道了这一发现。

某些种类的"常驻"细菌可以保护植物根部免受真菌感染。来自荷兰、巴西、哥伦比亚和美国的研究人员利用宏基因组学进行了这项研究，研究结果发现，一种 DNA 技术可以分析环境中的基因，揭示当地微生物群落先前隐藏的多样性。

荷兰生态学研究所的 Jos Raijmakers 表示，他们能够仅基于 DNA 测序来重建这个群落在植物根中的组成和功能，这是史无前例的。

可持续作物生产

研究者指出，细菌对植物、动物和人类的功能至关重要。他们的主要目标是发现根部的微生物，当植物受到真菌病原体的攻击时，这些微生物就会被植物吸收。这项研究朝着减少农药使用、开发更可持续的作物生产系统方面迈出了一大步。

那么，当植物根部处于被感染的边缘时，它们究竟会发生什么？研究人员发现，根内的"助手"开始产生各种有用的物质。例如，几丁质酶，一种分解攻击真菌病原体细胞壁的酶等。

这一发现使研究人员能够利用几丁质噬菌体和黄杆菌物种，为植物开发量身定制微型后备部队。在甜菜上的试验一致证明了这种方法在抑制根部真菌感染方面的有效性。

基因宝藏

研究者指出，生活在根部的微生物还拥有大量迄今未知的基因特性。瓦格宁根大学研究人员开发的一种新软件，可以同时对数千种物种的 DNA 进行比较。

使用这种方法，研究人员发现了 700 多个产生独特物质的未知基因簇。截至目前，全世界的数据库中只记录了 12 个。通过这项研究，他们发现了一个真正的基因宝藏，有些甚至还不知道它的功能。然而这只是冰山一角。

荷兰生态学研究所的研究人员强调，这些发现之所以可能，是因为这项研究采用了多学科的方法，它包括生态学家、微生物学家、分子生物学家、生物信息学家和统计学家等。

该团队的研究是 Back To Roots 项目的一部分，获得了荷兰研究委员会的资助。Back To Roots 的目标是通过探索有益的微生物群落来促进植物生长，提高作物生产力。

（来源：荷兰生态学研究所）

美国尝试用微生物固氮种植玉米

2020 年春天，明尼苏达州莫顿附近的农场开始种植玉米，少数做玉米田间测试的农民在玉米种子旁边的土壤里，除了施放促进植物生长的基肥，还添加了一些新东西：细菌。

这种由加利福尼亚 Pivot Bio 公司进行基因改造和开发的细菌将帮助玉米把大气中的氮转化为玉米植物可利用的肥料。这一想法是最终用微生物替代合成氮肥。

这些产品在明尼苏达州还未上市，但部分农场已进行了第二年的微生物反应测试。Joel Mathiowetz 是少数几个正在玉米田测试的农民之一，他和几个家庭成员一起在明尼苏达州南部约 1 000 公顷的土地上种植玉米、大豆和豌豆。

这是一个相当简单的过程："我将一些材料放入溶液中并在使用前把它激活。"

Mathiowetz 介绍。2018 年，他施用微生物的试验田每英亩产出的玉米比他只使用化肥的田地多 6 蒲式耳。

这是一种共生关系。随着玉米开始生长，细菌附着在植物的根部。然后以玉米根系中的糖为能量，将空气中的氮转化为植物可利用的肥料。它被称为固氮。

细菌经过数千年的进化，已经与植物形成了这种共生关系。通过确保植物的良好生长，细菌也确保了自己的食物来源。

Pivot Bio 公司的研究副主任 Sarah Bloch 说，农业增加了土壤中合成氮的含量，破坏了这种平衡。"固氮需要很多能量。一旦发现氮的存在，细菌将有效地关闭其固氮基因以节省能量。"

因此，如果土壤中含有丰富的氮，细菌从玉米根部取食，但不会帮助植物利用这种可自然生成的氮。

植物需要的土壤中的氮通常以肥料的形式存在，帮助植物苗壮成长。但合成氮是水污染的一个常见来源。鉴于氮、磷等营养物质的使用会导致湖泊和溪流水质恶化，农民和农企越来越关注寻找改善土壤健康和减少氮、磷使用的方法。

"我们需要解决一个特定的问题，即合成氮对环境造成的负面影响。" Bloch 说。

针对这种情况，Pivot Bio 推出一种固氮细菌，它生活在玉米根部，由于基因得到调整，即使土壤中含有丰富的氮，它也不会关闭固氮功能。该公司称这是市场上第一种能增强氮的微生物。

Mathiowetz 虽然是测试微生物并收集测试数据的受雇农民之一，但他用对待所有新技术的态度来审视这个产品。"我们总是对进入我们农场的新产品持怀疑态度，"他说："对新技术，它们能不能帮到我们，以及它们可能产生的直接结果或意外后果心怀疑虑。"

但他说他看到了使用微生物的前途。他们还不会取代氮肥，但 2020 年在他的试验地块上，他计划在玉米高几英寸时不再追肥。跳过这一步将节省他的时间和金钱。

他仍在密切关注结果，他的顾虑是："这是否真的节省了成本？节省了氮？节省了投入？这是否能使我们的作物生长得更好？"

Bloch 和她的同事希望这个产品是用微生物取代合成肥料的第一步。最终的目标是改造微生物，使其能够提供作物所需的全部氮。

布洛赫说："我们认为，我们可以提供一种产品，既能提供足够的氮，又能让农民保持足够的利润，最终将使他们减少合成氮的使用。"

她承认，这种转变需要时间。土壤中数十亿微生物之间的相互作用还没有被完全了解，一些持怀疑态度的人质疑，科学能否驯服仍未被充分开发的土壤微生物群。但布洛赫认为该公司将通过专注研究几种擅长固氮的微生物而取得成功。

Pivot Bio 已吸引到资金雄厚的投资者，其中，包括孟山都公司（Monsanto）、比尔和梅林达·盖茨基金会（Bill And Melinda Gates Foundation）。布洛赫表示公司计划为玉米以外的作物开发固氮细菌。

Mathiowetz 完成种植测试后，仍不确定他是否会购买这种细菌用于他的农场。但是，他说，如果这项技术证明它具有经济和环境效益，他希望在下一个播种季，在他把玉米种子播种到地里之前，能再次激活微生物。

（来源：MRP News）

科学家成功地在盐渍化土壤中种植作物

研究人员可能已经找到了一种方法，来扭转农田日益盐渍化导致的农作物减产。这项研究最近发表在《微生物学前沿》（*Frontiers in Microbiology*）上。

在杨百翰大学（Brigham Young University）微生物学和分子生物学教授布伦特·尼尔森（Brent Nielsen）的带领下，科学家们利用在耐盐植物根部发现的细菌，成功地将苜蓿植株接种到盐渍化土壤上。

研究者解释说，他们将这些耐盐植物（称为盐生植物）的根磨碎，然后在实验室的培养皿中培养细菌，分离出了40多种不同的细菌菌株，其中，一些能够耐受一定的盐含量。然后，研究小组通过溶液将细菌分离物施用于苜蓿种子，并测试苜蓿在高盐条件下生长的能力。他们在试验中发现了苜蓿能够显著生长。

该项研究确定了两种特殊的细菌分离株—盐单胞菌和芽孢杆菌。它们在1%氯化钠存在下刺激植物生长，这一水平显著抑制了未接种植物的生长。这一发现意义重大，因为中国、澳大利亚和中东地区以及美国西南部的主要农田盐渍化越来越严重。

如果一个地区的土地被反复用于农业，由于灌溉用水中含有盐分，当水分蒸发或被植物吸收时，盐分就会被留在土壤，导致土壤盐度上升。研究者表示，根据他们的发现，现在由于高盐度而无法维持植物生命的土地，可以再次被用于种植农作物。

除对美国第四大农作物紫花苜蓿的研究外，研究小组已经开始对水稻、绿豆和生菜进行实验室和温室试验。下一步是对接种的作物进行田间试验。

（来源：Brigham Young University）

植物营养

植物磷养分感知蛋白研究获得突破

由拉筹伯大学（La Trobe University）牵头的一项研究结果表明，一种名为 SPX_4 的蛋白质能感知作物体内的营养状态，并改变基因调控，从而调节植物关闭或开启磷的获取，并改变生长和开花时间。该研究发表在《*Plant Physiology*》期刊上，由来自浙江大学（中国）、根特大学和 VIB 植物系统生物学中心（比利时）、法国替代能源和原子能委员会（CEA）以及澳大利亚植物能源生物学研究委员会的合作者共同发表。

来自拉筹伯大学植物、动物和土壤科学系的第一作者里卡达·乔斯特博士指出，这项研究对农民的环境和经济效益可能是显著的。在澳大利亚等土壤磷缺乏的国家，农民正在使用大量昂贵的、不可再生的磷肥，例如，过磷酸钙或磷酸二铵（DAP）等，其中，很多养分并没有在合适的时间被农作物有效吸收。

一方面，该项研究小组使用拟南芥嫩芽，通过添加磷肥并观察蛋白质的行为来进行遗传测试。研究者首次观察到 SPX_4 蛋白对磷吸收和植物生长具有正调节和负调节效应。这种蛋白质能感知植物吸收了足够的磷，并告诉植物的根部停止吸收磷。如果磷库供应泵过早关闭，就会限制植物的生长。

另一方面，SPX_4 似乎具有"兼职"活性，可以激活作物发育的有益过程，如激发作物开花和种子生产。这种对 SPX_4 更深入的理解可能会导致对其调控基因更精确的识别与鉴定以及利用基因干预来控制蛋白质活性的机会——打开正效应，关闭负效应。

在澳大利亚的免耕种植制度中，磷在土壤的表层分层分布。当表层变干时，养分就不能进入作物根部，进入磷缺乏状态。土壤中有磷，但是在干燥的土壤里，作物无法获得磷。如果能在表层土壤湿润时控制作物品种吸收更多的磷，那么当表层土壤变干时，就会在磷库中存入更多的磷，以备以后作物生长之用。这项研究结果与澳大利亚农民在投入昂贵化肥的情况下尽可能提高效率的必要性相吻合。

这一发现有助于人们加深对植物在多大程度上以及何时摄入必需磷营养元素以达到最佳生长机制的理解。该项研究有助于减少肥料资源的浪费，进而为澳大利亚农民节省数百万美元。未来研究小组将进一步更详细地探索 SPX_4 控制植物发育和控制开花时间方面与基因调节器之间相互作用。

（来源：La Trobe University）

量化土壤有机质与作物产量关系

近年来，全球的决策者都启动了增加"土壤有机质"的种种举措，以改善土壤质量，提高作物产量。然而，令人意想不到的是，仅有有限的证据可以证明此项措施能够一直提高农作物产量。

众所周知，构建和保持土壤有机质对于土壤健康至关重要。有机质能够增强土壤的蓄水和保持养分的能力，支撑促进排水和通风的结构，同时，有助于减少因侵蚀导致的表土流失。

多年来，决策者一直在一系列计划中强调土壤有机质的作用，包括从《21 世纪行动纲领》谈判中提出的"土壤促进粮食安全"倡议以及美国的"联邦土壤科学战略计划框架"。

然而，能够证明有机质可以提高作物产量之间的量化研究证据较少，2010 年国家可持续农业研究委员会发布的关于可持续农业的报告将有机质描述为大多数可持续性和土壤质量倡议的基石，却没有提供相关信息来说明增加多少有机质可以提高作物产量，从而降低化肥的施用量。

耶鲁大学的研究人员在《Soil》期刊上发表了一篇论文，量化了全球范围内土壤有机质与农作物产量之间的关系。研究结论得出，较高的有机质浓度的确会带来更高的产量——但会有一个限度，产量并不会一直增加。

这篇论文是第一次真正公布数据的综合性尝试，通过帮助设立目标来指导实践。为此，他们收集了有关玉米和小麦作物产量的现有数据，这些数据与世界各地土壤有机质测量数据相结合。他们发现，当有机质浓度在 0.1% 和 2% 之间时，产量增幅最大，增加土壤有机质可以提高产量。例如，有机质浓度在 1% 时的产量是浓度为 0.5% 产量的 1.2 倍。但是当浓度达到 2% 时，此时的浓度往往趋于饱和，再增加有机质浓度，产量趋于平稳甚至降低。

尽管如此，他们发现，世界上最重要的两大主食（玉米和小麦）的土壤中约有 2/3 的土壤有机质低于 2% 的临界点，这意味着鼓励提高土壤有机质的农业政策仍有巨大的潜力。

研究者表示，众多可持续土地管理实践认为如果增加土壤有机质，产量也会随之提高。但是当深入研究文献时会发现，很少有实证研究来直接量化两者关系。这些研究结果对于为许多土地管理计划设立土壤有机质目标是有意义的，但是我们必须摆脱土壤有机质越多土壤越健康的思想，而是要针对具体的区域设定科学合理的目标。

现在是获得了数据支撑，而不仅仅是未经证实的想法，这些数据可以证明，适量的有机质可以减少施肥和提高产量，这是一个加强土壤管理措施以保护土壤健康、保障粮食安全的有效途径。这项研究为决策者和研究人员评估土壤碳素与作物产量之间的关系提供了有价值的见解。

（来源：耶鲁大学）

玉米杂交种的氮肥利用效率与产量同步提高

在过去的 70 年里，杂交玉米品种产量和氮素利用效率提高的速度几乎相当，这在很大程度上是通过在籽粒灌浆期间保持叶片功能而实现的。美国普渡大学的研究结果为那些希望继续提高产量和营养效率的玉米育种家提供了新思路。

自 20 世纪 30 年代以来，玉米经过几十年的遗传改良，产量比应用杂交种之前增加了 3 倍。但增产是需要增施氮肥的，过量施用氮肥所造成的肥料流失会对水、空气质量以及野生动物造成危害。

普渡大学农学系 Tony Vyn 教授领导的研究小组从先锋公司 1946—2015 年的商业杂交种中，每 10 年选择 1 个，共选择了 7 个重要的杂交种，将它们种在一起进行氮肥管理试验，并在生长发育的各个阶段进行取样分析，以了解氮在植物组织中的吸收和分布。

结果表明，玉米杂交种的氮肥利用效率因产量增加而逐步提高，这是因为现代杂交种能够捕获越来越多的氮量。该研究结果发表在《科学报告》杂志上。

研究发现，在过去的 70 年里，基因改良使籽粒产量增加了 89%，而氮肥利用效率也比早期杂交品种提高了 73%。

研究人员介绍说，自 20 世纪 80 年代以来，美国玉米氮肥施用水平一直处于平稳状态，但植物吸收的肥料却多了。当更多的氮被植物吸收时，氮的损失就会减少。在本研究中，植物每吸收 1 磅（约 0.454 千克）的氮所产生的籽粒从 42 磅（约 19.068 千克）增加到了 65 磅（约 29.51 千克）。这意味着，为了实现比 50 年或 70 年前更高的产量可以不以牺牲环境为代价。

该研究小组还发现，虽然茎秆对光合作用几乎没啥贡献，但在生长季节中保持较高的叶片氮浓度可以促进光合作用和提高产量。很多现代杂交玉米粒会从茎秆中获取大量的氮，因此，在叶片中尽可能多地保留氮对于玉米增产是非常重要的，这样植株就可以满足玉米粒数和粒径增加对氮素的需求。

研究结果为育种人员提供了如何继续提高产量和氮素利用效率的思路，重点应放在氮素由茎秆转到籽粒的时间和轨迹上。

（来源：美国普渡大学网站）

生物燃料

最新研究表明玉米的内部结构与之前的预想不同

一项对美国经济最重要的农作物——玉米的最新研究表明玉米的内部结构与之前的预想不同，这一发现可以帮助优化玉米转化成乙醇的方式。

该项研究将发表于 2019 年 1 月 21 日的《自然通讯》（*Nature Communications*），研究牵头人为路易斯安那州立大学（Louisiana State University, LSU）化学系（Department of Chemistry）助理教授王拓（Tuo Wang），他表示："我们的经济依赖于乙醇，所以，我们直到现在还没有对玉米的分子结构有着全面、更为准确的认知，这是令人着迷的。目前，几乎所有的汽油中都含有 10% 的乙醇。美国玉米总产量的 1/3，即每年大约约 12 700 万吨的玉米会用于乙醇生产。即使我们最终只能提高 1% 或是 2% 的乙醇生产效率，对社会也是个巨大贡献。"

该研究团队首次使用高分辨率技术从原子层面研究了完整玉米植物茎秆。

之前科学家认为纤维素是一种厚而坚硬的复合糖，在玉米和其他植物中其作用类似于一个支架，直接连接一种称为木质素的防水聚合物。然而，王拓和他的同事们发现，木质素与植物内的纤维素接触有限。相反，一种称作木聚糖的坚硬的复合糖像胶水一样将纤维素和木质素相连。

之前科学家还认为纤维素、木质素和木聚糖分子是混合在一起的，但是最近科学家发现它们有各自的结构域，而且这些域起着不同功能。

具有防水性能的木质素是植物中的关键结构成分。木质素也对乙醇生产构成挑战，因为它会阻止糖分在植物中转化成乙醇。科学家已经做了一项重要研究，试图发现如何分解植物结构或是培植更易消化的植物，以生产乙醇或其他生物燃料。然而，这项研究没有全面了解植物的分子结构。

王拓表示，乙醇生产方法中有大量工作需要进一步优化，但是这也为我们改进处理乙醇这一重要产品的方式提供了新机会。

这意味着科学家可以设计更好的酶或是化学品，有效分解植物生物质的核心。这些新方法也可以应用于其他植物和生物体中的生物质。

除了玉米，王拓和他的同事还分析了其他 3 种植物物种：水稻、同样用于生物燃料生产的柳枝稷和与卷心菜有关的一种开花植物拟南芥。科学家们发现这 4 种植物的分子结构很相似。

　　科学家通过 LSU 和位于佛罗里达州塔拉哈西（Tallahassee）的美国国家科学基金会（National Science Foundation）国家高磁场实验室（National High Magnetic Field Laboratory）使用的固态核磁共振光谱仪发现了这一点。之前使用显微镜或是化学分析方法进行的研究没有展示完整本土植物的细胞结构的原子级结构。王拓和他的同事是第一个直接测量这些完整植物分子结构的团队。他们正在从桉树、杨树和云杉入手分析木材，帮助提高纸张产量、推动材料开发行业发展。

（来源：路易斯安那州立大学）

植物遗传

基因发现

研究人员解开控制玉米红色色素的基因谜团

研究人员发现了一个突变基因，该基因能"开启"另一个控制玉米红色色素的基因，这一发现解开了一个近 60 年的谜团，而且对未来的植物育种有着启示作用。

这一未解之谜涉及一种自然基因突变，导致红色色素在几代玉米植株的不同组织中显现，例如，谷粒、穗轴、雄穗、花丝甚至是茎秆，然后在接下来的后代中又消失。这一现象在外行人看来似乎无足轻重，但是因为玉米遗传一直作为模式系统得到研究，所以，这一问题对植物生物学有着重要影响。

这项工作开始于 1997 年，至今已开展了 20 多年。当时，宾夕法尼亚州立大学玉米遗传学博士苏林德·乔普拉（Surinder Chopra）从一排基因突变的玉米中获得了种子。乔普拉开展的研究将突变玉米基因（命名为 Ufo1，橙色 1 的不稳定因子）导入各种待研究的自交玉米系中，并在宾夕法尼亚州农场和校园温室种植和回交了玉米植株。过去 3 年里，研究人员在《The Plant Cell》上发表了他们的研究成果，并种植了 4 000 多株回交植物，以绘制出导致 Ufo1 的基因在基因组中的位置。

研究人员利用这些杂交玉米植株中的组织，并运用核糖核酸测序技术和基因克隆工具，结合下一代测序、遗传图谱和数据分析技术，揭示了导致玉米中时有时无的红色色素的机制，而且他们发现了 Ufo1 只存在于玉米、高粱、水稻和谷子中。

但事实上 Ufo1 突变基因并没有导致玉米中出现红色色素，而是一种被称为果皮色素 1（pericarp color1，p1）的基因导致的。研究员们发现 Ufo1 基因实际上是由一个位于 Ufo1 基因附近的转座子"跳跃基因"控制的。转座子是从基因组中的一个位置移到另一个位置的 DNA 序列，可以影响附近基本基因的表达。

当这个转座子被打开时，Ufo1 基因也被打开，它触发 p1 基因向植物发出信号，产生红色色素。但当转座子关闭时，Ufo1 基因沉默，p1 控制色素通路。这就是 Ufo1 基因长时间没有被发现以及秘密一直未被解开的主要原因。

研究人员指出，现在可以从野生玉米植株中 Ufo1 基因突变表现异常的几千个基因中缩小范围到一个基因上。这是一个有意义的发现，也是基础科学中的跨越式一步，因为这对于植物育种价值重大。

但是目前还不完全清楚 Ufo1 如何与 p1 基因相互作用。这一发现的意义可能不是红色色素，而是 Ufo1 突变基因如何控制玉米植株。研究者认为这可能是一种"主要调控器"，在植物处于胁迫或非胁迫时，它向植物发出信号。有趣的是 Ufo1 基因控制的植物中，糖在叶片中大量积聚，并且玉米植株中的天然杀虫剂可凝性球蛋白含量在花丝中急剧上升。

研究人员表示，了解控制正常或是非突变 Ufo1 基因的物质会进一步帮助实现育种，并在育种过程中可以改变基因表达，从而提高玉米的可凝性球蛋白含量或是糖含量，这两者分别对预防害虫和生产生物燃料至关重要。

此外，由于这对细胞功能有着显著影响，因此，可以进一步理解植物通常在胁迫作用下发生的基本分子途径。由于气候变化，了解极端条件如高温、严寒和干旱对植物产生的胁迫至关重要。

（来源：Science Daily）

科学家揭开植物根系分支获取水分的秘密

新的研究结果显示，科学家们发现了植物根系是如何感知到土壤中的水分，并调整自己的形态，以达到获取水分的最佳状态。

这一发现或可让研究人员培育出最能适应诸如水资源短缺等各种气候状况的作物，以保证未来的粮食安全。

以上研究成果发表于《科学》期刊（*Science*），主要内容为诺丁汉大学（University of Nottingham）和杜伦大学（University of Durham）的合作团队研发的新分子机制，主要资金来源为生物技术和生物科学研究委员会（BBSRC）的联合奖学金。

根系能帮助植物获取土壤中的水分和可溶性营养物，因此，对植物十分重要。而水分是植物生长的必备要素，但是不断变化的气候状况让植物从土壤中获取水分变得越来越难。虽然植物能够改变自己的根构型以适应不同的土壤状况，然而直到目前为止，其背后的原理仍然是个谜。

只有利用适应性反应"向水生根模式"（hydropatterning）与土壤水分进行直接接触时，根分支才会形成。诺丁汉大学的马尔科姆·本尼特（Malcolm Bennett）教授与杜伦大学生物科学系（Department of Biosciences）的阿里·萨达南顿（Ari Sadanandom）教授共同发现了向水生根模式由一个称为 ARF7 的分支主导基因控制。他们的团队观察到，缺少 ARF7 的植物根系便无法再实施向水生根模式。研究人员认为，如果植物根系能够获得充足水分，ARF₇就能保持活性，促进形成根分支；而如果根系暴露在空气中，ARF₇就会发生变化，失去活性，妨碍形成根分支。

萨达南顿教授解释道："因为植物基本没法移动，因此生长发育大部分都依赖于所处的环境。我们的研究已经确认某种特殊的蛋白质可以更改根分支的形成、甚至让其失去活性，从而限制植物的生长。"

"这个发现非常激动人心，因为它让我们看到了更改这一蛋白质互动的可能性，这样就算环境恶劣比如缺乏水分，我们也能培育出在这种环境下持续形成根分支的植物。"

本尼特教授总结道："水对植物的生长至关重要，也是植物最终能存活下去的必备要素。但是这么多年来，科学家一直没能搞明白植物是怎样感知到水源的，这一点很让人惊讶。我们通过研究植物根系如何在水资源短缺的环境下更改自己的分支体系，最终发现了全新的分子机制。这代表科学界向前迈进了一大步，为育种人员打开了新的大门，有利于他们培育出更好适应环境变化的新作物，保证全球粮食安全。"

粮食安全是全球必须面对的一个严峻问题。为了与全球人口增长相适应，作物产量必须在 2050 年前增长 1 倍。这一目标正在变得越来越具有挑战性，因为气候变化对水资源短缺造成了巨大影响，而全球也在呼吁减少使用肥料，以减少农业生产对环境可持续发展影响。不论是哪种情况，如果能培育出提高水分和营养摄取效率的作物，就能为达成这一目标提供一种解决之道。

（来源：英国诺丁汉大学）

万建民院士团队揭示水稻粒型调控分子机制

Plant Physiology 在线发表了中国农业科学院作物科学研究所作物功能基因组研究创新团队题为 "Ubiquitin Specific Protease 15 Has an Important Role in Regulating Grain Width and Size in Rice" 研究论文，利用水稻粒型突变体 lg1-D，发现通过调控 OsUBP15 基因表达量可以改变水稻粒宽。

粒型是决定水稻籽粒重量，进而影响水稻产量和品质的重要农艺性状。水稻粒型性状的研究对提高稻米产量具有重要的现实意义和理论价值。该团队以水稻粒型突变体 lg1-D 为材料，通过图位克隆的方法鉴定了一个编码具有去泛素酶活性的粒宽调控基因 OsUBP15。增加 OsUBP15 基因的表达量可以显著增加转基因株系籽粒宽度，而干扰或功能缺失 OsUBP15 基因均使转基因株系种子变窄。

OsUBP15 蛋白可以与另一个粒型调控因子 OsDA1 互作。在 lg1-D 突变体中，突变的 OsUBP15 蛋白稳定性增加，这可能是导致该突变体籽粒变宽的根本原因。该基因可能与其在基因组上紧邻的粒型调控基因 GW2 存在着某种关系，两者共同控制籽粒宽度。此项研究丰富了水稻粒宽调控的分子遗传网络，也为在生产上改良水稻粒型奠定了基因和材料基础。

（来源：植物科学最前沿）

植物基因的发现有助于减少肥料污染

农田过度施肥是一个巨大的环境问题。农田中过量施用的磷经常进入附近的河流和湖泊。由此导致的水生植物生长的繁荣会引起水中的氧气含量骤降，进而导致鱼类死亡和其他有害影响。

来自 Boyce Thompson Institute 的研究人员发现了一对植物基因的功能，这些基因可以帮助农民提高磷的捕获能力，潜在地减少与施肥相关的环境损害。这项研究于 2019 年 9 月 2 日发表在《Nature Plants》期刊上。

这一发现源于 Maria Harrison 对植物与丛枝菌根真菌共生关系的关注。AM 真菌在植物根部定居，形成一个界面，使植物用脂肪酸交换磷酸盐和氮。这种真菌还可以帮助植物从逆境中恢复，如抵抗干旱。但是用脂肪酸喂养 AM 真菌是昂贵的，所以，植物不会让这种定殖不受控制。

为了发现植物是如何控制真菌定殖量的，文章作者 Harrison 和她的实验室的博士后 Müller 研究了植物中编码短蛋白的基因，这些短蛋白被称为短肽（CLE peptides）。

CLE 肽参与细胞发育和对胁迫的反应，并且它们存在于从绿藻到开花植物的整个植物王国中。研究人员发现其中 2 个 CLE 基因是 AM 真菌共生的关键调控因子。一种称作 CLE53 的基因，一旦根被定殖，就会降低定殖率。另一基因 CLE33 在植物有足够的磷酸盐时，会降低定殖率。

研究者表示，能够控制真菌在植物根部的定殖水平，即使在较高的磷酸盐条件下也能维持共生关系，这可能对农民有用。例如，你可能想要 AM 真菌的其他有益效果，如氮吸收和从干旱中恢复以及磷的进一步吸收等，可以通过改变植物中这些 CLE 肽的水平来实现这些效果。

Müller 发现 CLE 肽通过一种称作 SUNN 的受体蛋白起作用。他与阿姆斯特丹大学合作，发现这 2 种 CLE 肽调节植物合成一种称作 Strigolactone 的化合物。

植物根向土壤中分泌麦角内酯，该化合物刺激 AM 真菌生长并定殖于根系。一旦根被定殖或存在大量的磷酸盐，CLE 基因就会抑制 Strigolactone 的合成，从而减少真菌的进一步定殖。

研究人员的下一步将包括找出在定植和高磷酸盐水平下启动 CLE 基因的分子。CLE 肽非常相似，但它们具有完全不同的功能，Müller 还计划将来自本研究的两种 CLE 肽与具有不同功能的另外的 CLE 肽进行比较。

（来源：Boyce Thompson Institute）

科研人员发现小麦小花育性的遗传基因

高产量无疑是谷物的一个理想性状。小花育性是决定普通小麦或大麦等谷物每一花序籽粒数的关键因素。但是，至今人们仍然对其遗传基础知之甚少。一组来自日本、德国、以色列的研究人员正在调查小麦的小花生育能力，他们研究发现籽粒数基因座 GNI1，是小花生育能力的重要贡献者。

虽然后续的 GNI-A1 基因本身会导致谷物产量下降，研究人员仍然证明了该基因的突变体，即功能减弱的 GNI-A1 的等位基因能够增加小花可育性的数量以及籽粒总数。正是由于这一正面作用，研究人员一直在小麦驯化过程中筛选突变的等位基因。

庞大的小麦家族中包括了普通小麦和大麦等多种重要的谷类作物。在驯化精选小麦品种的过程中，一个主要成果就是由于作物的小花生育能力的提升，现代栽培品种的每一个花序籽粒数会随之增加。

所有的小麦作物都会生成不分支花序，即穗状花序。小麦的穗状花序由多个小穗组成，每一个小穗都会长出数量不确定的小花来生成籽粒。在花器官发育阶段即"白色花药"时期，每一株小麦的小穗一般都会长出多达 12 个可能孕育小花的花原基。但是，70%以上的小花会在发育阶段终止。虽然科学家已知每株小穗的籽粒数由每棵小花的育性决定，但是小花育性的遗传基础直到最近仍然没有得到广泛确认。如今，一支国际研究小组开始进行合作，尝试揭秘小麦小花育性的遗传基础，该研究小组包括了多名来自德国植物遗传和作物研究所的科学家。

研究人员重点研究了能够增加每株小穗籽粒数的数量性状基因座（QTL），该基因座之前是由欧洲冬小麦的全基因组关联分析确定的。他们能够在染色体臂 2AL 上绘制出 QTL 基因图谱，并鉴定出小麦通过基因复制进化而来的 GNI-A1 基因。

科学家证明，最终形成的 GNI-A1 基因编码一种同源域亮氨酸拉链 I 类（HD-

Zip I）转录因子。转录因子的表达则抑制了小麦穗轴小花的生长和发育，从而对小花的育性和产量产生了负面影响。

在驯化过程中，GNI1 基因表达的减少能够增加更多的可育小花以及每株小穗籽粒的数量。但是，通过后来又对高产的普通小麦栽培品种的分析，研究人员发现了一个功能降低的 GNI-A1 基因等位基因。这种突变等位基因在小花育性较高的现代小麦中被发现，这意味着它提高了小花育性，并且在进一步的小麦驯化过程中，对携带功能降低等位基因的小麦品种进行了选择。这项研究首次表明，小花育性的提高、每穗粒数的增加和田间种植的小麦产量的提高之间存在直接联系。

作为国际合作的进一步结果，GNI-A1 被证明是大麦 VRS1 基因的一个同源物，它控制着小花的侧生能力，并导致小花发育受到抑制。与 GNI-A1 的功能等位基因相似，VRS1 功能突变体的缺失导致了籽粒产量的增加。研究者先前也对阐明大麦 VRS1 的分子基础作出了贡献，现在发现了 GNI1 在小麦中的实际作用。GNI1/VRS1 的出现和突变等位基因的平行选择似乎符合遗传热点假说，这意味着进化相关的突变倾向于聚集在特定基因和基因内的特定位置。

对小花育性遗传基础的认识，为进一步研究小麦的植株结构和提高产量提供了新的选择。这一认识可能有助于找到与此方向一致的相关基因，从而进一步改良谷物育种，以满足生产生活需求。

（来源：AgroNews）

利用生物技术识别白锈病基因促进作物改良

全球的卷心菜类作物都在遭受病原体的袭击，欧洲科研人员已经确认是哪些基因让这些作物得以抵抗该病原体。卷心菜如今遍布世界各地。尽管看起来有些奇怪，味道也大相径庭，但是诸如抱子甘蓝、花椰菜、西蓝花、卷心菜，甚至是芥菜类蔬菜等，均拥有共同的敌人：白锈病，或者说至少是某一种白锈病。具体来说，威胁卷心菜类作物的疾病是由一种称作白锈病菌（*Albugocándida*）的病原体引起的，它虽然和真菌起到的作用一样，实际上却不是真菌。这种病菌会在湿度和温度合适的条件下传播，并吃光其所袭击的植物的营养成分。

白锈病虽然不会致命，但却十分常见。如果植物叶片上出现白色疱斑即可确认染病，不久疱斑转成褐色，对染病叶造成损害直至无法食用。由于白锈病菌和真菌有相似之处，也推动了基于杀真菌剂来处理白锈病菌的方法。然而，国际科学界仍在寻找长期的解决方案，以改变低收成的现状。

《美国国家科学院院刊》（*PNAS*）刊登了一篇来自欧洲研究团队的研究成果，该团队由英国诺维奇（Norwich）的塞恩斯伯里实验室（Sainsbury Laboratory）牵头，研究人员来自 8 个欧洲院校和研究中心，其中，包括科尔多瓦大学（University of Cordoba）遗传学系研究人员艾米·瑞德卡尔（Amey Redkar）。该研究团队已确认了多个能抵抗白锈病菌的基因。这些基因是富含亮氨酸的核苷酸结合重复序列（也称 NLR），通过植物生物技术实验室常用的植物模型拟南芥（*Arabidopsis thaliana*）进行鉴定，该模型允许将结果外推到其他作物。事实上，识别这些抗白锈的基因可以为不同的栽培植物设计新的基因改良策略。

该研究团队专注于该领域的研究。确切来说，瑞德卡尔是欧盟玛丽·斯克沃多夫斯卡居里行动计划（Marie Sklodowska Curie Actions）资助的基金项目的研究人员。该计划旨在研究一种重要的真菌病原体尖孢镰刀菌（*Fusarium oxysporum*）的致病机理，该病菌能致番茄和香蕉等 100 多种作物感染枯萎病。科尔瓦多大学团队旨在确认新的致病机理，以减少该病原性真菌造成的危害。

（来源：科尔多瓦大学）

科学家发现提高植物油产量的可持续方法

新加坡南洋理工大学（NTU Singapore）的科学家开发出一种可持续的方式来展示一种新的基因改造方法，这种方法可以在实验室条件下将种子中天然油脂的产量提高多达 15%。该研究结果发表在科学杂志《植物信号与行为》上。

NTU 团队正在申请专利的方法涉及改造称为"Wrinkled1（WRI1）"的关键蛋白质，该蛋白质能够调节植物的油脂产量，经基因改造后，种子表面出现皱纹，种子油产量提高。研究还揭示了对产油功能至关重要的 WRI1 蛋白的结构特征、WRI1 与其他调控蛋白的相互作用以及 WRI1 在籽油调控以外过程中的作用。

与以往提高籽油产量的研究方法相比，该方法稳定了关键的 WRI1 蛋白，加强了与其他蛋白的互作能力，不仅提高了生产天然油脂的效率，而且能够稳定、持续地提高籽油产量；此外，由于 WRI1 是控制玉米、大豆、油菜和棕榈中油脂生物合成的一种普遍存在的调节因子，因此，该方法很容易应用于油菜籽、大豆和向日葵等其他作物。目前，该团队正在探索工业合作，以使这项技术商业化并进一步发展，同时，进一步研究其他新方法，以最大限度地提高植物油储量，例如，利用植物的茎等其他部分来生产油脂。

随着全球植物油需求迅速增长，该方法以可持续且经济有效的方式增加种子油产量，有助于高油植物的培育；此外，种子油产量的增加也将有利于生物燃料的开发与应用，对实现更可持续、更绿色的未来至关重要，将有助于解决 21 世纪全球人口不断增长发展可再生能源方面面临的重大挑战。

（来源：EurekAlert 网站）

最新研究发现可将高粱产量提高 1 倍

冷泉港实验室（CSHL）和美国农业部农业研究局（ARS）的植物科学家们在寻找全球粮食生产挑战的解决方案的过程中，将高粱作物的产量提高了 1 倍。

高粱是世界上最重要的食物、动物饲料和生物燃料的来源之一，因其对干旱，高温和高盐条件具有很高的耐受性，因此，被认为是研究的典范。对于植物育种者、农民和研究人员而言，提高谷物产量对他们解决和克服与气候变化、人口增长以及土地和水资源短缺有关的粮食安全问题变得更加重要。

在美国农业部 CSHL 兼职教授兼研究科学家 Doreen Ware 和 USDA 同事 Zhanguo Xin 的带领下，研究小组发现了高粱 MSD2 基因中发生的新型遗传变异，使谷物产量提高了 200%。MSD2 是基因系的一部分，该系通过降低茉莉酸（一种控制种子和花卉生长的激素）的含量来提高花卉的繁殖力。

最近发表在《国际分子科学杂志》（*International Journal of Molecular Sciences*）上的这项研究的第一作者、Ware 实验室的博士后尼古拉斯·格莱德曼（Nicholas Gladman）表示："当这种激素减少时，就会释放出一种通常不会发生的发育过程。这使得这些花中的雌性性器官得以充分发育，从而提高了生育能力。"

MSD2 受 MSD1 调控，MSD1 是去年 Ware 团队发现的一种基因。操纵任一基因都能增加种子和花的产量。

"主要谷物作物在进化上非常接近。他们共享的许多基因都具有类似的功能。"Ware 实验室的博士后研究员，该研究的作者 Yinping Jiao 说："该基因在控制高粱产量中起着重要作用，它也有可能帮助我们提高玉米或水稻等其他农作物的产量。"

Ware 实验室利用这种基因研究来了解植物是如何随着时间而变化的。

她说："这些基因分析实际上为我们提供了分子机制，为未来的转基因作物提供了更多的机会。"

（来源：Cold Spring Harbor Laboratory）

基因组学

基因组学研究推动科技创新应对农业挑战

加拿大农业与食品行业正在蓬勃发展。但是，行业面临的挑战也在不断增加，气候变化、成本上升、全球竞争以及《美国—墨西哥—加拿大协定》等国际贸易协议都要求创新发展，以帮助提升行业的效率和竞争力。

面对这一挑战，安大略省基因组学（Ontario Genomics）奋起应对。该机构联合科学家与合作组织，针对行业挑战携手研发、应用基于基因组学的解决方案，目前各项新技术正在彻底改革农业行业。

基因组学领域取得的进步能够为现在以及未来的农民提供改变传统农业的可持续解决方案。例如乳制品行业率先引入了基因组学技术，使奶制品产量在近 10 年里提高了 2 倍。安大略省基因组学相关人士表示，在育种领域使用了基因组学，就能在植物生长期间减少使用杀虫剂和杀菌剂以及减少在畜禽身上使用抗生素。

更多选择 更多口味

番茄是加拿大出口最多的新鲜蔬菜，占每年农场交货销售的 5 亿美元以上。但是不断上涨的生产成本和日趋激烈的竞争都让加拿大生产商承担着巨大的创新压力，要为市场提供差异化的产品，从而获得竞争优势。得益于安大略省基因组学的支持，该项工作正在瓦恩兰研究与创新中心（Vineland Research and Innovation Centre）进行，以应对这一挑战。

传统的做法都是一次追求一种性状，如这次先培育出尺寸更大或者味道更好的番茄，然后等到下一代再培育出抗疾病能力更强的番茄，但是基因组学的工具能够同时增强多个性状特征，如果加快植入这些理想特征的进程能够对农业的经济发展带来巨大的影响。

农产品行业的回报远远超过超市货架上提供的品种。种植者也能从产量上获得报酬，因此，他们看到了产品销量的增长，同时，由于抗病性的提高，在病害控制上的花费也会减少。

高产、高效的作物生产

油菜行业占到加拿大所有作物农业生产总值的近 1/3，在加拿大创造了 193 亿美元，提供了近 25 万个就业岗位。该行业的目标是在未来 10 年内增加 53% 的产量。而传统的培育技术无法达成这一目标，只能借助新技术。通过安大略省基因组学的一个合作项目，由公司和大学研究人员联合应对挑战，合作生产能够改变传统育种的油菜品种，让农民和消费者受益。研究团队确认了与理想特征相关的基因，利用 CropOS 云计算平台，研发高产、光合作用效率更高、营养更全面、更健康的品种。这些创新将会大幅度提升作物产量、增加碳捕获、并减少温室气体排放。

研究人员表示，如果能够利用植物自身拥有的组织高效地提供更多的营养，种植人员就能减少水和肥料的投入，从而减少成本。目前得到的结果很乐观，有力地证明了光和效率和光合能力的提高增强了作物的生产力，促进农业可持续发展。我们都很期待发现其他还有什么植物会表现出相同的结果。

类似的项目都突出了基因组学能为农业提供巨大机遇，而这些研究成果也可以应用于许多其他植物和农田作物。除让农民和生产商受益外，基因组学创新还能为安大略省创造新的就业机会、培育出更为健康的食物、打造更具可持续和全球竞争力的农业行业。

（来源：AgroNews）

西瓜基因组精细图谱绘制和驯化历史解析

近日，北京市农林科学院蔬菜研究中心许勇团队联合国内外多家科研机构在《自然遗传学》（*Nature Genetics*）在线发表文章，完成了新一代西瓜基因组精细图谱绘制和驯化历史解析，首次系统揭示了西瓜果实品质性状进化的分子机制。这是继 2013 年完成世界首张西瓜基因组序列图谱后，许勇团队的又一次重大突破性成果，奠定了我国在西瓜基因组学与分子育种技术研究领域的国际领先地位。

该研究采用单分子测序、光学图谱与 Hi-C 三维基因组联合分析策略，完成了全新一代西瓜基因组高质量精细图谱绘制，基因组组装大小 365 Mb，N50 提高到 21.9Mb，是迄今为止最高质量的西瓜基因组序列图谱。

在此基础上，对覆盖世界上现存的西瓜属全部 7 个种的 414 份代表性西瓜种质资源开展了基因组变异分析，在基因组水平上证实了非洲苏丹地区西瓜资源与高糖栽培西瓜的祖先遗传关系最近，并发现黏籽西瓜（*Citrullus mucosospermus*）是距现代栽培西瓜（*C. lanatus*）亲缘关系最近的种群且具有共同的祖先。基因漂移等证据表明饲用西瓜（*C. amarus*）与这 2 个种群之间可能存在独立进化，首次从全基因组层面明确了西瓜 7 个种之间的进化关系。

通过进化和驯化分析，系统解析了野生西瓜到栽培西瓜的驯化历史，鉴定获得了果实大小、果肉含糖量、苦味等重要品质性状的候选基因，并对α-半乳糖苷酶基因 ClAGA$_2$ 等重要基因进行了功能验证。研究还发现了人类利用野生西瓜种质进行抗性改良的基因组渗入痕迹，揭示了人类及动物活动在西瓜品质形成进化中的重要作用，为西瓜功能基因深入研究及优异基因资源的利用提供了重要数据支撑和理论基础，具有重要实践意义和科学价值。

（来源：北京市农林科学院）

甘蔗基因组测序是迈向更好品种的重要一步

根据联合国粮农组织的数据，甘蔗是世界上按重量计算产量最大的农产品，按美元价值计算排名第九。目前，甘蔗的改良依赖于传统的杂交和田间试验，这一过程需要 10 多年时间，而且不能保证栽培品种可行。

由于甘蔗复杂的基因组，其细胞核中每对染色体含有 8~14 个版本，额外的染色体会带来相应大量的 DNA 序列，沿着基因组发生的类似序列增加了将它们组装成不同染色体的难度。因此，它也是最后一批进行测序的粮食作物之一。近日，得克萨斯州 A&M AgriLife 研究机构的科学家对野生甘蔗品种 *Saccharum spontaneum*（具有较好的抗病性）进行了测序，构建了细菌人工染色体（BAC），即 *S. spontaneum* 文库，使用这些 DNA 片段帮助挑选出物种中的同源染色体，并协助加快序列组装。这项研究揭示了该物种抗性更高的原因及其高恢复力的潜在遗传机制，发现了现代甘蔗甜度的起源以及 *S. spontaneum* 和 *Saccharum officinarum* 之间的杂交——包括当今最常见的甘蔗生产品种的杂交种。

在这个测序过程中发展起来的方法，为我们如何在未来获得更多高质量的其他复杂基因组序列提供了深刻的见解，使世界距离更快生产更高品质品种（这些品种更能抵抗疾病和环境压力）的目标更近。

（来源：Texas A&S AGRILIFE RESEARCH）

国际研究小组解码硬粒小麦基因组

硬粒小麦是从野生 2 粒小麦进化而来的，在 1 500~2 000 年前成为地中海地区的一种主要作物，是意大利面用粗粒面粉的主要来源。目前，一个由来自 7 个国家

60 多名科学家组成的国际联盟已经成功解码硬粒小麦基因组，研究成果发表在《自然遗传学》上。研究还揭示了如何通过选择性育种，显著降低硬粒小麦中的镉含量，确保谷物的安全性和营养价值。

硬粒小麦是含有 2 个基因组的多倍体。该团队首次组装了优质 Svevo 品种的完整基因组。有了这个图谱，科研人员就可以快速地识别那些控制产量、抗病性和营养特性的基因，也能更好地了解麸质蛋白质的遗传学和控制粗粒小麦营养特性的因素。这将有助于改善面食品质。

研究小组将硬粒小麦基因组序列与野生亲本进行了比较，发现了人类几个世纪以来一直在选择的基因；而且与野生小麦相比，硬粒小麦的基因组多样性有所损失。研究人员能够绘制出这些损失区的图，并精确地恢复数百年育种过程中丢失的有益基因。

在这项基因发现中，研究人员确定了导致有毒重金属镉积累的硬粒小麦基因。该基因的鉴定使科学家们可以有效地选择那些不积累镉的谷物品种，其镉含量远低于世界卫生组织的标准，这将确保硬粒小麦产品在营养上更安全。

硬粒小麦目前主要种植在加拿大、欧洲、美国和南亚，仍是北非、东非以及中东地区小型农场的主要作物。这项突破性的工作将带来硬粒小麦育种及其衍生产品安全性的新标准，为生产高产、优质的硬粒小麦品种，以更好地适应气候挑战铺平了道路。

（来源：Science Daily）

花生基因组精确测序为花生改良提供基因组工具

佐治亚大学、USD-ARS 以及美国、阿根廷、巴西、中国和印度的其他合作组织的科学家团队进行了花生基因组测序的深度研究，作为"国际花生基因组倡议"的延续，通过研究已经清楚地了解了栽培花生的复杂基因组历史。最新进展发表在《自然遗传学》杂志上。

国际花生基因组研究倡议（IPGI）致力于提供指导花生育种未来发展方向的工具，每年 IPGI 举办国际会议以分享能够实现 3 种调查途径的研究结果：（1）花生基因组的详细遗传图谱；（2）标记辅助选择工具的开发；（3）标记和遗传图谱在育种计划中的应用。IPGI 是一项持续性的战略计划，迄今为止已完成了 3 个阶段计划，目前正处于第四个阶段计划即 IPGI 战略计划 2017—2021 年，该阶段的目标是：①描述遗传多样性并促进有益基因在花生品种间的转移；②开发和实施促进花生改良的基因和基因组工具；③使用基因和基因组工具加强作物改良。

在最新的研究中，研究人员使用先进的 DNA 测序设备，对一个商业种植的花生 "Tifrunner" 中 2 个合并的基因组进行了测序，填补了前期计划遗漏的知识空白；通过对构成野生花生物种的植物种群进行基因组分析，发现了栽培花生亲本的地理起源，并推测出栽培花生可能的进化路径；通过杂交 2 个古老的花生品种，分析 7 代子代植物结果，重现了这种基因组合并，揭示出在后代植物中发生的 DNA 交换和缺失模式，明确了当今商业花生不同种子大小、形状、颜色和其他特征产生的机制。

通过对花生基因组进行精确测序，使我们更好地理解调控花生生长发育以及理想性状（如高产、改善的油质、对代价高昂的病虫害如根结线虫等的抗性）表达的分子和细胞机制，为未来花生品种改良提供了基因组工具，将有效推动标记辅助育种技术在花生基因组层面的开发与应用。

（来源：AgroNews，Peanut Base）

科学家发现栽培草莓的遗传路线图

长久以来，人们对栽培草莓的进化起源知之甚少。大多数物种都是具有 2 个基因组拷贝的二倍体（每个亲本提供 1 个拷贝），而草莓是 1 个八倍体，有 8 个完整的基因组拷贝，由多个不同的亲本物种构成。发表于《自然遗传学》上的一项新研究揭示了草莓变成八倍体的进化过程以及决定重要水果品质性状的遗传学。该研究第一次通过基因组分析，确定了栽培草莓现存的 4 个具有亲缘关系的二倍体物种，这些二倍体原产于欧洲、亚洲和北美洲，经过有序杂交形成了八倍体草莓；而野生八倍体几乎只分布在美洲，在北美产生八倍体之前，亚洲形成了一系列中间多倍体、四倍体和六倍体，包括加拿大和美国特有的六倍体和 1 个二倍体物种。大约 300 年前，育种家开始繁殖这些八倍体，世界各地也使用它们来进一步促进品种发展。这些野生八倍体祖先与栽培草莓一起为生物和农业研究提供了天然的遗传多样性。

同其他多倍体一样，八倍体草莓也存在亚基因组优势。研究发现了八倍体中主要控制果实质量和抗病特性的一个亲本物种，并确定了与抗病性、产量、风味、香气、果实坚固性、货架期等性状相关的基因，将有助于指导和加速未来的草莓育种工作。栽培草莓基因组的测序和分析，揭示了其起源和性状的大量新信息，基因组是草莓育种和品种开发中应用预测性基因组信息技术的重要载体。该基因组发现将推动性状选择过程，带来更精确的育种方法，使以前在草莓上不可想象的研究成为可能，并将成为解决育种和遗传学难题的催化剂。

美国作为世界上最大的草莓生产国，产量约占世界草莓总产量的 1/3。对于美国而言，改良品种可以为已经蓬勃发展的市场带来福音。该研究已获得密歇根州立大学 AgbioResearch、加州大学戴维斯分校、美国农业部、加利福尼亚州草莓委员会和国家科学基金会的支持。

（来源：欧盟委员会）

基因库与生物信息学的融合——从种质收藏向生物数字资源中心的转变

生物多样性保护是分布在世界各地大约 1 750 个基因库的任务。到目前为止，它们总计存储了 740 万种植物样本，有时还存储了额外的表型或遗传信息。随着改进的、更快的和更经济的测序以及其他基因组学技术的便利获取，预计需要与生物材料一起存储的具有良好特征的植物样本数量和详细信息量将迅速和持续增长。莱布尼茨植物遗传学和作物植物研究所（IPK）的科学家发表了关于自然遗传学的前瞻性论文，展望了基因库未来的挑战和可能性。

在 20 世纪早期到中期，作物地方传统品种正逐渐被现代作物品种所取代，并面临消失的危险。为了防止遗传多样性和生物多样性的丧失，科学家建立了第一个基因库，以保护这些植物的遗传资源。如今，基因库作为植物多样性的生物储存库，对生物多样性的保护机制发挥了作用，但最重要的是，它将植物遗传信息和植物材料转变为一种可自由获取但仍有价值的资源文库。因此，科学家、植物育种家甚至世界各地的任何人都可以申请并使用世界各地 1 750 多个基因库中存储的资源进行研究或育种。

位于 Gatersleben 的莱布尼茨植物遗传学和作物植物研究所基因库是目前世界上拥有最全面的作物及其野生亲缘植物的基因库之一，共整理了 2 933 个物种和 776 个属的总计 151 002 份材料。大多数植物种质样本在-18℃环境以干种子的形式保存，而繁殖的种质则永久性地在田间种植（异地）或保存在-196℃的液氮中。植物遗传学和作物植物研究所基因库的在线门户允许用户查看和筛选所存储的植物材料及其相应的"档案数据"以及以非商业规模申请的植物材料。Martin Mascher 博士和他的同事撰写了一篇观点论文，研究基因库目前和即将面临的挑战以及进一步发展的机会。

在这篇文章中，研究者提出了基因库需要面临的三大挑战。其中，2 个分别是管理数以万计的种子批次的基本要求，即跟踪种源的身份以及避免基因库内和基因库之间不必要的重复。第三个挑战是保持种质的遗传完整性，这是由于利用异地保育的固有缺陷，如在储存和再生过程中的差异生存、漂移和遗传侵蚀。

然而，作者认为，在应对这些挑战时，对基因库采取更强有力的基因组驱动方法可能会有所帮助。例如，传统上基因库材料的"档案信息"描述了物种的分类和来源。通过添加单核苷酸多态性（SNPs）作为登记的特征，这种基因型信息可以作为档案信息数据来补充和纠正传统档案信息记录，并帮助清洗和预防重复登记，提高收集的质量和完整性。

通过在植物科学中实现向生物信息学和大数据分析的转变，专注于保存种质资源的传统基因库将能够转变为生物数字资源中心，将植物材料的存储和价值与它们的基因组和分子特征结合起来。

目前基因库的资助方案还不允许系统地为基因库中提交的每个植物样本生成档案信息数据。然而，已经朝着整个集合的高通量基因分型方向迈出了第一步。此前，由 IPK 领导的一个国际研究联盟展示了这一点，该联盟通过测序进行基因分型，在分子水平上展示了世界上超过 22 000 个大麦品种。该篇文章的一些作者也参与了这个案例研究，并因此为创建网络信息门户作出了贡献，其目的是弥合基因库中基因信息与利用基因多样性之间的鸿沟。该信息门户是一个获得大麦基因组信息的数据存储库，与 IPK 主办的农业和园艺作物物种联邦原位基因库整理的表型信息的链接。

虽然网络信息门户已经为 Gaterslebener 基因库发展为 "一站式便利地利用作物生物多样性" 铺平了道路，但 DivSeek 等国际合作组织正在建立促进基因共享的国际框架，使基因库、植物育种家和全球研究人员能够更有效地处理和调动植物遗传多样性，从而开始弥合生物信息学家、遗传学家和基因库管理者之间的鸿沟。因此，自由共享数据的全球生物数字资源中心网络的建立，可能在不久的将来成为现实，从而有助于促进植物科学和植物育种方面的研究进展。

（来源：莱布尼茨植物遗传学和作物植物研究所；Nature Genetics）

美国首次从单个昆虫样本中获得斑衣蜡蝉基因组

美国农业部农业研究局（ARS）的科学家与太平洋生物科学公司以及宾夕法尼亚州立大学合作，在《Giga Science》杂志上首次发表了入侵物种斑点灯笼蝇

（SLF，学名斑衣蜡蝉）的基因组，而且是从一个野生样本中得到的。

据美国太平洋盆地农业研究中心昆虫学家 Scott M. Geib 介绍，这不仅是首次公布这种害虫的基因组，而且目前也没有对它的任何近亲物种进行过基因组测序，因此，这些数据就显得更加重要。

SLF 是中国、孟加拉国和越南的原生物种，2014 年首次在美国宾夕法尼亚州被发现，目前已蔓延至弗吉尼亚州、马里兰州和纽约州。这种入侵性昆虫损害杏、苹果、蓝莓、樱桃、桃、葡萄等多种果树和啤酒花以及诸如橡树、核桃和白杨等硬木树种。如果任其在美国蔓延，可能会造成数十亿美元的经济损失。

Geib 说："拥有这种害虫的基因组为更好地了解其生物学习性和行为打开了大门，并使得提出潜在控制方法的可能性增大，例如，通过了解昆虫的嗅觉基因来开发诱捕器，或探索诸如基因编辑与 RNA 干扰等途径。"

既然拥有 SLF 基因组对于管理和控制这种入侵性害虫至关重要，那么获取遗传数据的方法也是一项令人瞩目的成就。这只提供了全基因组测序所需的所有 DNA 的 SLF 是从宾夕法尼亚州雷丁市的一棵树上采集到的。

破解该物种基因组的障碍之一是它的基因组相对较大，约有 22 亿个碱基对。在以前通常需要多次测序才能完成整个工作，每次测序都会耗尽被测序生物体的可用 DNA。所以，完成一个完整的基因序列要有足够的 DNA，即需要将多个有机体集合起来，而这样也增大了出错的概率。

该项目与太平洋生物科学公司合作，利用他们新的测序平台——PacBio Sequel Ⅱ——一次测序产生的数据是原来的 10 倍，这样就能够从一个样本产生足够的覆盖范围。如此一来也降低了成本，消耗品的价格低于 2 000 美元。

由于没有太多相关的基因组可以与 SLF 的基因组进行比较，为了确保基因组的完整性，研究小组检查了一组"核心基因"，并验证了在这个基因组项目中发现了多少。最终研究人员发现了该物种 97% 的单拷贝核心基因。

Geib 介绍说："对如此庞大的昆虫基因组进行快速测序，而且不需要大的昆虫群体，这就提高了科研人员完成 AG100PEST 项目的可行性。"美国农业部农业研究局的 AG100PEST 计划的重点是破译 100 种对农作物和牲畜危害最大、预计对农业和环境具有深远生物经济影响的昆虫基因组。现在，有了新的测序平台，做 100 个甚至 1 000 个基因组也或为可能。

从少量 DNA 中获得完整基因组的能力，也使研究人员可以考虑在不捕获或培育大量物种群体的情况下，对微小昆虫的基因组进行测序。这也扩大了可能被基因测序的昆虫名单。

（来源：EurekAlert 网站）

科学家开展了果蝇的新陈代谢演化研究

各个动物物种的饮食选择非常多样化，有些专业物种只以某一种食物为生，如富含糖分的水果或富含蛋白质的肉类，而其他物种如人类则是多种食物物种，能以多种食物为生。

由于存在以上差异，各个动物物种摄取的碳水化合物、氨基酸等营养素数量也有所不同。可以想到，新陈代谢必须与每种动物的饮食选择相匹配。但是，我们对动物新陈代谢的演化所知甚少，如其根本的基因变化是什么，这些变化又是如何决定某一特定物种的最佳营养组成的？

赫尔辛基大学（University of Helsinki）副教授维勒·希耶塔坎加斯（Ville Hietakangas）带领的研究小组利用2种非常相近的果蝇种类，对新陈代谢的演化进行了研究。

第一种为拟黄果蝇（*Drosophila simulans*），为多种食物物种，通常以高糖的多种水果蔬菜为生。第二种为塞舌尔果蝇（*Drosophila sechellia*），为单一食物物种，仅以低糖的橄树（*Morinda citrifolia*）果实为生。

"我们发现这2种物种的新陈代谢差异很大，塞舌尔果蝇的幼虫实际上是不会接触到糖分的，所以，如果摄入富含糖分的饮食就不能继续生长了。而拟黄果蝇就完全可以适应富含糖分的饮食。"希耶塔坎加斯解释道。

由于以上2种果蝇非常相近，科学家们得以对其进行杂交繁殖，培育出的杂交物种大部分遗传塞舌尔果蝇，但也同时包括耐糖所需的拟黄果蝇的基因组区域。

希耶塔坎加斯表示："我们研究的一大关键优势就是能够分析杂交动物，这样一来，我们不仅能使各项发现相互关联，而且还能确认那些非常重要又似乎毫无章法的基因变化。此外，我们还发现物种耐糖是需要付出代价的。拟黄果蝇和耐糖的杂交物种如果以低糖饮食为生，存活情况就会很不理想。这就表明塞舌尔果蝇已经演化到能在低糖环境下生存，这就需要改写新陈代谢的机制，拒绝高糖饮食。"

该研究引发了许多同时也与人类相关的有趣的问题。未来研究拥有不同饮食习惯的人类也将十分有趣，如经历了好几代营养极其有限的人类对于现代高糖饮食可能会作出不同的反应。

（来源：芬兰赫尔辛基大学）

蛋白质组学

美国甘薯蛋白质组学研究新发现

甜甜的、含淀粉的橙色甘薯无论是做成薯条、炖菜，还是馅饼，都是美味并富含营养的菜品。虽然人类几千年来一直在种植甘薯，但科学家对这些块茎的蛋白质组成仍然知之甚少。在发表在美国化学学会蛋白质组研究杂志（ACS'Journal of Proteome Research）上的文章里，研究人员分析了甘薯叶和根的蛋白质组，并在分析的过程中，揭示了对植物基因组的新发现。

除了用作动物饲料和工业产品，如生物燃料，甘薯（*Ipomoea batatas* Lam.）在世界上一些地区是餐桌上的主食。这种植物有着惊人的复杂基因组，其编码的预测基因比人类基因组还多。甘薯的化学成分也很复杂，根部（人们吃的部分）的蛋白质含量很低，叶子中有很多次生代谢产物，很难从中提取足够的蛋白质进行分析。Sorina 和 George Popescu 及其同事很想知道同时对蛋白质和遗传数据进行分析，这种"蛋白质基因组学"方法是否能帮助他们更好地了解甘薯根和叶的组成成分。

研究小组用 2 种不同的方法从甘薯的根和叶中提取到蛋白质，把它们切成肽段，然后用液相色谱法和质谱法进行分析。结果从甘薯叶中鉴定出 3 143 种独特的蛋白质，从根中鉴定出 2 928 种。他们将蛋白质组数据与甘薯基因组进行比较，在已发表的基因组序列中确定了一些可以提供更详尽信息的区域。该分析预测了 741 个以前不被认为是基因的新蛋白质编码区域。该组织表示，研究结果可用于帮助进一步表征和生物强化甘薯块茎。

（来源：美国化学学会）

生物技术

基因编辑

美国调查基因编辑婴儿事件之后的民意认识

据美联社-NORC 公共事务研究中心的最新民意调查显示,美国人倾向于接受疾病治疗为目的的基因编辑,但不接受以追求长得更快更高或更聪明为目的的婴儿改造。

这是在中国南方科技大学贺建奎进行基因编辑婴儿事件之后进行的调查,如今更多人在对基因编辑的人体应用有所认识。

这次对 1 067 名美国成年人中进行的调查结果显示,71%的人支持以基因编辑技术来预防遗传病如囊性纤维化和亨廷顿舞蹈病,只有 16%的人反对此类应用。有 67%的人支持基因编辑技术来降低癌症风险,有 18%的人反对。支持基因编辑来预防先天性失明的比例为 65%,反对的人为 19%。

支持基因改造婴儿智力或运动功能的比例只有 12%,反对的比例高达 69%;反对在眼睛颜色或身高方面基因改造婴儿的比例更高,达到 72%,支持者只有 10%。

那么,是否接受政府项目来进行基因编辑研究呢?总体而言,有 48%的人反对这么做,支持者只有 26%,其中,共和党人尤其反对这么做。

对于未来,美国人更担心的是,基因编辑技术会被不道德地滥用以及影响人类进化,并且这项技术会成为少数人的专利,而不会惠及大众。

(来源:基因农业网)

基于 CRISPR 的精确遗传控制害虫新技术

加利福尼亚大学的科研人员利用 CRISPR 基因编辑工具,设计了一种改变控制昆虫性别和繁殖能力关键基因的方法。该方法被称为"精确引导不育昆虫技术",于 2019 年 1 月 8 日在《Nature Communications》期刊上发表。

据研究人员报告,将经精确引导不育昆虫技术处理的卵子植入目标昆虫群体后,仅形成了成年雄性不育昆虫,这样科学家就获得了一种环境友好型且相对成本低廉的新方法来控制害虫种群数量。

CRISPR 技术让科研团队研发出了具有物种特异性的新方法，有效、自限、安全，能用于控制大规模的遗传种群，具有极大研发潜力并应用于大量的昆虫虫害和疾病载体。科研人员确信未来这一技术可以安全应用于生物领域，帮助抑制甚至是根除目标物种，从而彻底改革昆虫的管理和控制方式。

自 20 世纪 30 年代以来，农业研究人员一直采取精选的方法将雄性不育的昆虫放回大自然，以控制、消灭害虫种群。20 世纪 50 年代，美国利用经过辐射的雄性昆虫来消灭一种称作新世界螺旋蝇的害虫种群，这种昆虫食用动物的活组织，伤害了大量家畜。这种基于辐射的方法后来也被墨西哥以及一些美洲中部地区使用，并沿用至今。

与辐射方法不同，科研人员通过果蝇实验研发了一种新的精确引导不育昆虫技术，利用 CRISPR 技术同时扰乱昆虫种群中控制雌性生育能力和雄性繁殖力的关键基因。研究人员表示，精确引导不育昆虫技术能形成雄性不育后代。由于大量具有代表性的昆虫都拥有一样的目标基因，因此，研究人员相信该技术可以应用于许多昆虫，包括传播疾病的蚊子。

研究人员设想存在一个系统，科学家们能够在其中更改目标昆虫群体的卵子基因并生成新的卵子，然后运至世界各地的虫害地点，这样就避免了在现场建造生产设施。研究人员表示，一旦卵子被安置在虫害地点，新出生的不育雄性就会和大自然中的雌性交配，让雌性无法孕育后代，从而减少种群数量。

对于传统技术来说，这是一个新的转折点，这一新的变化能够让科学家从一个种群轻便地转移到另一个种群，以抑制蚊子或者农业虫害的种群数量。这项新技术有别于传统技术不断自我繁殖的"基因驱动"系统，新技术由于不育的雄性昆虫能有效关闭生产后代的大门。研究人员提到这种昆虫不育技术被证实是一种环境友好型技术，其目标是开发出一种新的、安全可控的、非侵入性 CRISPR 基因技术，可以应用于全世界各个物种，短期内减少野生种群的数量。

由于精确引导不育昆虫技术已证实能有效作用于果蝇，科学家希望能将该技术研发应用于埃及伊蚊（*Aedes aegypti*），这种蚊子会将登革热、兹卡热（Zika）、黄热病等其他疾病传播给数百万人。把这项研究扩展到其他昆虫虫害可以成为通用有效的方法，解决许多通过病媒传播的疾病，这些疾病困扰着人类，也给全球的农业活动造成严重破坏。

（来源：Science Daily）

美国研究人员提出保护 CRISPR 基因驱动试验的有效策略

基因驱动是指设计用于在种群中传播的基因包。基因驱动通过一种被称为"驱动转换"的过程完成，Cas9 酶和 gRNA 分子会在基因组中的某个特定位点进行切割；当 DNA 断裂被修复时，驱动即被引入。

基于 CRISPR 的基因驱动可能会彻底改变整个物种的基因，因而激起了科学家极大的研究热情和深切的担忧，同时，也提出了另外一个问题：怎样预防这些基因驱动意外地从实验室扩散到自然界？目前，避免意外扩散的方法是对含有驱动的生物进行物理限制，但由于可能出现人为错误，这种方法不可能完全避免意外扩散的可能性。

日前，美国康奈尔大学的科研人员研究提出了更为先进的两种分子保护策略，并首次证实了 2 个分子策略如何在实验室里保护 CRISPR 基因驱动试验的过程。第一种策略为合成靶位点驱动，位于野生生物中不存在的基因组工程位点；第二种策略为分裂驱动，其驱动结构缺少一种叫作内切酶的酶，只能依赖于一个较远位点的酶。研究结果表明，利用合成靶位点与分裂驱动来开展基因驱动研究，能够有效防止基因驱动从实验室范围扩散出去。

研究团队想要了解这些策略是否具有与标准归巢驱动相似的性能以及是否能成为早期基因驱动研究中合适的替代品。为此，研究设计并测试了黑腹果蝇中的 3 个合成靶位点驱动。每个驱动器靶向在基因组中 3 个不同位点之一处引入的增强型绿色荧光蛋白（EGFP）基因。研究团队为分裂驱动设计了一个驱动器构造，针对 X 染色体连锁黄体基因和缺少的 Cas9 酶。分析表明，具有合成靶位点（如 EGFP）的 CRISPR 基因驱动器显示出与标准驱动器类似的行为，因此，可以用作大多数测试中这些驱动的替代品。分裂驱动也表现出类似的性能。

基于以上发现，该成果建议在未来基因驱动的开发和测试中采用这些保护策略，以提高将成功的驱动释放到自然界的可行性，同时，减少基因驱动逃逸的风险。

（来源：Science Daily）

NPPC 再次呼吁美国农业部对基因编辑进行监督

基因编辑是有望为动物健康和环境带来重大利好的新兴技术，其开发工作在美国食品药品监督管理局（FDA）的监管之下陷入停滞。促使美国猪肉生产商委员会（NPPC）再次呼吁美国农业部对家畜的基因编辑进行监管。

"FDA 为这一重要创新制定监管框架的过程非常缓慢，这只会让我们更加相信，美国农业部最适合监督牲畜生产的基因编辑工作。"俄亥俄州约翰斯顿的猪肉生产商、NPPC 主席吉姆·海默尔说，"美国农业是我国最成功的出口产品之一，我们不能把基因编辑的领导权让给其他国家。"

基因编辑加速了遗传改良，这在传统育种中需要很长的时间才能实现。它允许在不引入其他物种基因的情况下，对猪的原生基因结构进行简单的改变。新兴的应用包括饲养抗猪繁殖和呼吸综合征的猪，这种高传染性的猪疾病严重影响了猪只健康，并让全球猪肉生产商损失数十亿美元。

NPPC 的科学和技术主任 Dan Kovich 博士将在美国农业部副部长 Greg Ibach 主持的第 95 届农业展望论坛的农业创新小组上倡导美国农业部对基因编辑的监督。按照 Kovich 的说法，"除改善动物健康和降低农民的经济风险外，基因编辑的还可以减少养殖过程中抗生素的使用以及更高效的农场运作以减少对环境的影响"。

尽管没有法律规定，FDA 目前对食用动物的基因编辑拥有监管权力。FDA 的监管将把任何经过基因编辑的动物视为活的动物药物，而把农场视为为药物生产设施。这将削弱美国对于其他采取更积极的基因编辑监管政策的国家的农业竞争力。

（来源：NPCC 网站）

"等位基因驱动"使基因编辑具有
选择精确性和广泛意义

加州大学圣地亚哥分校的科学家们开发出一种新的基因驱动版本，它为特定的、有利的细微基因变异（也称等位基因）在种群中的传播打开了大门，该研究发表在 2019 年 4 月 9 日的《自然通讯》杂志上。

"等位基因驱动"配备了一种引导 RNA（gRNA），用于引导 CRISPR 系统剪除不需要的基因变体，并被该基因的一个优先版本替换。目前研究人员开发了 2 个版本的等位基因："复制—切割"（"copy-cutting"）版和更广泛适用的"复制—移植"（"copy-grafting"）版，前者可以使 CRISPR 系统选择性切除不需要基因，后者可以促进与 gRNA 裂解选择性保护位点相邻的有利等位基因的传播。

新的基因驱动使科学家不仅能够编辑遗传信息句子，也能进行逐字编辑（以文字编辑类比），扩展了其通过精确编辑来改变生物体种群的能力。研究人员通过选择性交换单个蛋白质残基（氨基酸）的等位基因驱动将农业害虫对杀虫剂产生抗药性的特定基因替换为原始的自然基因变体，重新赋予其杀虫剂敏感性；同时，研究人员开发出使蚊子对疟疾产生免疫的等位基因驱动，当这种双作用驱动遇到抗杀虫剂等位基因时，它将使用野生型易感等位基因对其进行切割和修复，最后使得几乎所有新出生的后代都对杀虫剂敏感，而对疟疾传播不敏感。利用等位基因的驱动力迫使这些物种回归自然敏感状态，将有助于打破不断增长的、对环境有害的农药过度使用的恶性循环。

此外，研究还发现这种等位基因驱动产生的错误不会遗传给下一代，这些突变反而产生了一种不同寻常的致命性，被称为"致命的嵌合现象"。这一过程通过立即消除基于 CRISPR 驱动所产生的不必要突变，有助于提高等位基因驱动的效率。

这项新技术目前只在果蝇身上得到证实，但它也有可能在昆虫、哺乳动物和植物上得到广泛应用。据研究人员称，等位基因驱动技术的几种变体可以与作物的有利性状结合开发，例如，在贫瘠的土壤和干旱环境中茁壮成长，以帮助养活不断增长的世界人口。等位基因驱动还可用来协助环境保护工作，保护脆弱的地方性物种或阻止入侵物种传播。现在基因驱动和活跃的遗传学系统正被开发用于哺乳动物，科学家们表示，等位基因驱动可能会加速实验室培育出新的人类疾病动物模型菌株，有望使下一代动物模型工程用于研究人类疾病，解决基础科学中的重要问题，有助于开发出新治疗方法。

（来源：EurekAlert 网站）

CRISPR 碱基编辑有助于创制抗除草剂小麦新种质

中国科学院遗传与发育生物学研究所高彩霞、李家洋教授和中国农业大学姜临建教授领导的研究团队利用碱基编辑工具创制了一系列抗除草剂小麦新种质，为麦田杂草防控提供了育种新材料及技术路径。该研究获得了国家重点研发计划、国家自然科学基金委、中国科学院和北京市科委的研究经费支持，研究成果于2019 年 4 月 15 日在线发表在《*Nature Plants*》上。

研究人员通过对商用小麦品种科农 199 的乙酰乳酸合酶（ALS）和乙酰辅酶 A 羧化酶基因进行碱基编辑，获得了对磺酰脲类、咪唑啉酮类或芳氧苯氧丙酸类除草剂具有抗性的突变体。其中，小麦 ALS p174 密码子（TAALS-p174）的突变使其对磺酰脲类除草剂烟嘧磺隆（对后种植作物具有较低风险）产生抗性，具有较高的田间应用价值。TAALS-P174 和 TAALS-G631 位置的突变使小麦对一种亚胺类除草剂甲咪唑烟酸的抗性提高了 3～5 倍。研究人员还通过编辑 Taaccase-A1992 获得了耐精喹禾灵的小麦。

此外，研究团队还在小麦中建立了无外源选择标记、直接筛选碱基编辑事件的方法。研究发现 TAALS-P174 碱基编辑使小麦在 MS 生长培养基中对烟嘧磺隆除草剂具有足够抗性，从而可以用于筛选。当 TAALS-P174 编辑器与其他目标性状编辑器耦合时，耐烟嘧磺隆植物发生协同编辑，生长培养基中的抗性选择使耦合目标的频率增加了数倍，使用含有烟嘧磺隆的生长培养基即可筛选获得含有该目的基因突变且无外源 DNA 插入的小麦植株。由于 TAALS-P174 是跨植物物种保存的，因此，这种共筛选的方法可被广泛应用于其他作物的碱基编辑中。

（来源：AgroNews）

CIBUS 发布植物基因编辑新专利

作为先进植物育种技术的领导者——CIBUS 宣布，美国专利商标局对其专有的精确基因编辑技术——快速性状发展系统（RTDS）授予 9957515 号专利。该技术通过基因修复寡核苷酸（GRON）与成簇规律间隔短回文重复（CRISPR）核酸酶结合使用，将 GRON 引入植物细胞以实现介导的遗传变化，从而更精确地进行基因编辑。

CIBUS 的 RTDS 是一个受专利和商业秘密保护的技术家族，它能够精确地定位和指导植物的天然基因编辑过程，其结果类似于天然植物杂交育种。该技术能够向植物引入改善营养、提高产量、减少环境影响的有益性状，而且在过程和产品中使用区别于非转基因的方法，从单个编辑细胞中再生整个植物，所有这些都不需要整合能使植物转基因的外来 DNA。

当下，整个农业行业和全球监管机构正在走向一个没有新转基因（GMO）性状的世界。全球主要作物包括油菜、水稻、大豆、土豆和玉米将具有多重堆积的非转基因性状，涵盖从抗病性、抗虫性和除草剂耐受性到质量特性，如减少过敏原。许多作物，如水稻和小麦，从未经历第一阶段的转基因性状，将成为新的非转基因性状运动的主要受益者。

RTD 技术在某些关键商业市场中已被公认为非转基因，并提供了快速引入多种植物性状的途径。该技术专利将是 CIBUS 在非转基因性状发展方面成为全球领导者的重要一步。预期在未来，该技术将使主要作物拥有堆叠非转基因性状家族。

（来源：AgroNews）

澳大利亚基因编辑的抗病毒番茄
获批在美国进行田间试验

澳大利亚的 Nexgen Plants 公司通过基因序列的"粒子轰击"育成了 6 个抗病毒番茄品系，能够抵抗番茄斑萎病毒和花叶病毒。这种方法使用的是植物天然的 DNA，而未插入任何外来 DNA。美国农业部已经确定，由澳大利亚 Nexgen Plants 公司开发的这 6 个基因编辑番茄品系不是潜在的有害生物，因此，不属于生物技术作物监管机构的管辖范围，可以在美国进行田间试验。

番茄和其他植物都是依赖 RNA 分子来识别和切断病毒 DNA 的入侵序列，但病原体的进化绕过了这一机制。一旦病毒发生变异，植物就需要一定的时间进化出新的防御系统。这是病毒和植物之间一场永无休止的斗争。

Nexgen Plants 公司并没有等待这一过程的自然发生，而是针对最新病毒株重组了番茄现有的 DNA，从而加速了抗性开发。包裹着这种重组番茄 DNA 的颗粒被反复轰击到植物的细胞中。当番茄植株自然地将 Nexgen 的模板整合到它们的基因中以抵御病毒时，就产生了这 6 种抗病毒品系。

Nexgen Plants 公司只是为番茄植株提供了最新版本的 DNA 模板，以便在不干扰植物防御机制的情况下对抗病毒。这种对植物 DNA 的改变可以通过农杆菌来完成，但这样会被认为是一种有害生物，将会置于美国农业部对基因工程作物的监管之下。而该公司通过粒子轰击和天然 DNA 所育成的抗病毒番茄新品系就无需接受美国生物技术作物管制。

传统上，农民通过控制传播疾病的昆虫来预防病毒感染。然而，现在可以使用的杀虫剂却越来越少了，增加了病毒传播的可能性。新的抗病毒番茄品系为控制病毒感染提供了新的路径。Nexgen Plants 是一家研究公司，而非植物育种公司，因此，他们想找一家具备这方面专业知识的合作伙伴（公司）将这项技术推向市场。

一个被称作食品安全中心的非营利性机构主张，联邦政府应该对生物技术进行更严格的监管，Nexgen 基因编辑的这类作物应由美国农业部进行管理。该机构认为，在这些番茄中产生的干扰性小的 RNA 很可能具有非靶向效应，也就是说，它们可能会使那些不是针对抗病毒的基因沉默，这对植物生理有不可预测的影响。

（来源：AgroPages 网站）

CRISPR-Cas9 技术培育耐雨小麦品种

日本的科学家们利用基因编辑技术培育出一种耐雨小麦品种，这一突破可以促进优质面粉的开发。该研究结果已被发表在美国科学杂志《细胞报告》（*Cell Reports*）上。

来自日本国家农业和食品研究组织（NARO）和冈山大学的研究团队表示，基因组编辑帮助他们在短短一年内开发出新的小麦品种。而在过去，利用传统育种技术需要近 10 年时间才能培育出这样的小麦品种。

由于小麦原产于干旱地区，容易受潮，如果在收获前经历长期雨水浇灌，植物种子就会在穗上发芽，降低面粉品质。

冈山大学的基因组研究教授 Kazuhiro Sato、NARO 的首席研究员 Fumitaka Abe 和其研究小组瞄准了一种与发芽密切相关的基因 -Qsd1 基因。Qsd1 基因调节种子的休眠或发芽，研究小组利用农杆菌介导的 CRISPR-Cas9 基因组编辑技术开发了功能异常的 qsd1 小麦品系，其 Qsd1 基因被基因操控以抑制其活性。

在给处理过的种子浇水 7 天后，研究人员发现只有 20%~30% 的种子发芽。而几乎所有暴露于相同条件下的普通小麦种子都发芽了。

研究结果表明，该技术可以用于小麦的性状改良。该小麦品种目前还未在市面上出售。

（来源：《朝日新闻》）

利用高保真 Cas9 变体优化实现高效敲除和碱基替换

北京市农林科学院玉米 DNA 指纹及分子育种北京市重点实验室基因组编辑团队在国际知名学术刊物《BMC Plant Biology》上发表了题为 "Multiplex nucleotide editing by high-fidelity Cas9 variants with improved efficiency in rice" 的研究论文。利用 3 种高保真 Cas9 变体在植物中实现了多靶点 C/T 碱基编辑和基因敲除，并降低了脱靶效应。

碱基编辑技术（Base editing）是基于 CRISPR/Cas 系统发展起来的新型靶基因编辑技术，在 2017 年被 Science 杂志评为年度十大科学技术突破之一。由于单碱基基因编辑器不引入双链 DNA 断裂，被认为比传统方法更加高效而安全，2019 年 3 月，中国科学院杨辉和高彩霞团队分别在 Science 杂志上发表研究论文，发现 C/T 单碱基编辑器系统可在小鼠胚胎以及水稻中导致单核苷酸脱靶突变，因此，C/T 单碱基编辑器保真性还需要进一步优化提高。

该研究首先对 PmCDA1 和 rAPOBEC1 介导的 2 种常用的 C/T 碱基编辑器 SpCas9-pBE 和 SpCas9-rBE 在基因组多个位点进行了比较，发现 pBE 的碱基编辑效率明显高于 rBE。在此基础上，将 3 种高保真 eSpCas9（1.1）、SpCas9-HF2 和 HypaCas9 分别与 PmCDA1 融合，形成 3 种新的碱基编辑器 eSpCas9（1.1）-pBE、SpCas9-HF2-pBE、HypaCas9-pBE。当使用串联 tRNA 及强化的 sgRNA 进行多靶点编辑时，3 种高保真酶碱基编辑器表现出不同的增效作用，其中，eSpCas9（1.1）-pBE 的效率最高可以提升 25.5 倍，并在多个靶点上保持着更低的脱靶效应。另外，本研究还对 3 种高保真酶在水稻中的基因敲除进行了系统分析，发现 eSpCas9（1.1）和 SpCas9 本底效率相当，经过串联 tRNA 强化及 sgRNA 优化后都可以提升 2~3 倍。综上所述，在植物中进行碱基编辑或基因敲除，且需要更低的靶点依赖性脱靶效应时，高保真性的 eSpCas9（1.1）可能是普通 Cas9 的理想替代酶。

（来源：北京市农林科学院）

新技术

从野生植物中快速获取抗病基因的新方法将加速抗病育种

在追求高产和理想农艺性状的过程中，现代优良的作物品种失去了许多遗传多样性，尤其是抗病基因的多样性。为了培育抗病作物，重新引入野生近缘种中的抗病基因是一种既经济又合乎环境可持续发展要求的方法。但是，采用传统育种技术将这些基因注入作物的基因渗入过程十分耗时耗力。一支由多国研究人员组成的团队首创了一种新方法，能从野生植物中快速提取抗病基因，再转移到栽培作物中去。这一技术有望彻底变革抗病品种的研发，助力全球粮食供给。

这一称作 AgRenSeq 的技术由英国约翰英纳斯中心（John Innes Centre）和澳大利亚以及美国的研究人员共同研发，刊登于《自然—生物技术》（*Nature Biotechnology*）杂志上。

通过 AgRenSeq 技术，研究人员得以在现代作物野生近缘种的抗病基因库中进行搜索，以快速鉴别与植物抗病能力相关的基因序列；然后克隆这些基因，并注入到栽培作物的优良品种中去，保护它们免受锈病、白粉病等病原体和小麦黑森瘿蚊（Hessian fly）等虫害的侵扰。

研究团队拥有庞大的抗病基因库，并已开发出了一种算法，可以快速扫描基因库，从中挑选出所需的抗病基因。新方法结合了高通量 DNA 筛选和最先进的生物信息学，可大大缩短这一操作过程，所耗时间之短创下了历史纪录。曾经，这一过程需要 10~15 年，并耗资数百万美元，犹如大海捞针。现在，这一改进的方法，只需几个月便可完成基因克隆，且仅需花费数千美元。研究结果证实，AgRenSeq 技术能在野生作物近缘种的各种基因小组中快速发现抗病基因，是一种十分有效的试验方案。

目前，AgRenSeq 技术已在小麦的野生近缘种上试验成功——短短数月间，研究人员就确认并克隆了具有极强破坏力的秆锈病病原体的 4 个抗病基因。今后，如果农作物暴发传染病，就可以将病原体注入各个基因小组的基因库中去寻找抗病基因，快速克隆和快速育种技术能使抗病基因在几年之内便转移到优良品种中去。该研究成果将加快抗击威胁全球粮食作物病害的步伐。

（来源：Science Daily）

纳米颗粒进入基因工程研究实现植物品种改良

麻省理工学院的研究人员开发了一种新的基因工具，可以更容易地设计出能够抗旱或抵抗真菌感染的植物。这一技术利用纳米颗粒将基因传递到植物细胞的叶绿体内，能应用于包括菠菜和其他蔬菜在内的许多植物上。

这一新方法能帮助植物生物学家克服基因改良植物过程中的许多困难，这一过程在现阶段仍然十分复杂耗时，需要根据受改良的特定植物物种进行量身定制。麻省理工学院的化学工程教授 Michael Strano 在谈到新方法时表示，这是一种跨物种工作的普遍机制，能通用于所有植物物种。

该项研究的作者为新加坡国立大学淡马锡生命科学实验室（Temasek Life Sciences Laboratory）副主席 Nam-Hai Chua 和 Strano 教授等，已于 2020 年 2 月 25 日发表在《自然纳米技术》（*Nature Nanotechnology*）期刊上。

Nam-Hai Chua 表示，这对于叶绿体改造是十分重要的第一步，这一技术能用于在作物中快速筛选可用于叶绿体表达的候选基因。该研究是新加坡-麻省理工学院研究与技术联盟项目在颠覆性技术与可持续技术发展农业精准技术方面发布的第一项成果。

瞄准叶绿体

多年前，Strano 和他的同事们发现通过调整纳米颗粒的大小和电荷，他们可以设计出能够穿透植物细胞膜的纳米颗粒。这一机制称为脂质交换包膜渗透（lipid exchange envelope penetration，LEEP），使研究人员通过将携有荧光素酶的纳米颗粒（一种发光蛋白质）嵌入叶片中，创造出会发光的植物。

当麻省理工学院的研究小组报告使用 LEEP 将纳米颗粒植入植物，植物生物学家就开始询问它是否可以用于基因工程，更具体地说，是用于将基因植入叶绿体。植物细胞有几十个叶绿体，因此，诱导叶绿体（而不仅是细胞核）表达基因可能是产生更多所需蛋白质的一种方法。

Strano 指出把遗传工具带到植物的不同部位是植物生物学家非常感兴趣的事情，他们都会提及能否利用这一技术将基因植入叶绿体。

叶绿体是光合作用位点，它包括了 80 种基因，为进行光合作用所需的蛋白质指定遗传密码。叶绿体也有自己的核糖体，使其能够合成叶绿体内的蛋白质。到目前为止，科学家们都很难将基因导入叶绿体：目前唯一的技术使用的是高压"基因枪"，强迫基因进入细胞。这一方法会损伤植物，且效率不高。

麻省理工学院的团队使用新方法创造出了包含碳纳米管的纳米颗粒，这种碳纳米管包裹在自然生成的壳聚糖中。带有负电荷的 DNA 与带有正电荷的碳纳米管相吸，但非常松散。为了让纳米颗粒进入植物叶片，研究人员使用充满了粒子溶液的无针注射器注入叶片表面较低的那一面。气孔负责植物的水分蒸发，粒子通过气孔进入叶片。

一旦进入叶片，纳米颗粒就会穿过植物的细胞壁、细胞膜，然后穿过叶绿体的双层膜。进入叶绿体后，叶绿体的弱酸性环境会让纳米颗粒的 DNA 释放出来。一旦离开纳米颗粒，DNA 就能转变成蛋白质。

在这项研究中，研究人员提供了一种黄色荧光蛋白基因，这样他们就能很方便地观察到哪些植物细胞表达这种蛋白。他们发现大约有 47% 的植物细胞产生了这种蛋白质，但是他们相信，如果能输送更多的颗粒，这种蛋白质可能还会增加。

有专家表示，已经有多个成熟的非模式植物品种实验表明，该种方法能为促进植物转基因表达的叶绿体选择性基因传递开辟新的研究途径。

更多抗性植物

这一方法的一大优势是可以用于许多种类的植物。在这项研究中，研究人员尝试了菠菜、西洋菜、烟草、芝麻菜和普遍研究用的拟南芥，结果显示，这一技术不限于碳纳米管，可能还能使用其他类型的纳米材料。

研究人员希望通过这一新工具，能帮助植物生物学家更方便地将大量理想性状植入蔬菜作物中。例如，新加坡和其他地区的农业研究人员都希望能够培育出适宜高密度种植的绿叶蔬菜和作物，以用于都市农业。其他可能性还包括培育出抗旱作物、改良香蕉、柑橘、咖啡等作物以抵抗可能将它们彻底摧毁的真菌感染以及改良稻谷使其不再从地下水中吸收砷。

由于工程基因仅存在于母系遗传的叶绿体中，因此，这些基因可以传给下一代，但不能转移到其他种类的植物中去。

专家表示，这是一个很大的优势，因为，如果花粉经过了基因修饰，就能传播给野草，然后就能让野草抗除草剂和杀虫剂。而由于叶绿体是母系遗传，不会通过花粉传递，含有基因的成分就会更高。

（来源：AgroNews）

利用量子点技术追踪花粉以提高作物授粉效率

一名来自南非斯泰伦博斯大学（Stellenbosch University, SU）的传粉生物学家正在使用量子点追踪研究个体花粉粒的命运。一个多世纪以来，由于缺乏通用的花粉追踪方法，这一领域的研究一直停滞不前，现在则开辟出了一片新天地。

刊登于本周《生态和进化方法》（*Methods in Ecology and Evolution*）上的一篇文章中，科尼尔·米纳尔（CorneileMinnaar）博士对这种新方法进行了说明。利用这一方法，传粉生物学家能够追踪从第一个传粉媒介到其终点的整个授粉过程，既包括成功转移到另一朵花的柱头上的过程，也包括途中遗失的过程。

米纳尔表示，即便对于授粉过程已经进行了200多年细致的研究，研究人员仍然无法确定大多数用显微镜才能看见的花粉粒在离开花朵之后究竟落在了何处。"植物会生成大量花粉，但是似乎90%以上的花粉都到不了柱头。小部分总算到达柱头的花粉，其间它们经历了怎样的旅程我们也不清楚，如是哪种传粉媒介帮助了它们以及是从哪里开始的？"

米纳尔从2015年开始决定踏上一条许多其他科学家无功而返的道路，借由他在SU植物学和动物学系（Department of Botany and Zoology）的博士研究接受了这一挑战。

"地球上的大多数植物都依赖昆虫进行传粉，包括30%以上我们食用的粮食作物。然而全球的昆虫数量正在急剧减少，这就迫切需要我们了解哪些昆虫能够对不同植物进行传粉，这样我就开始追踪花粉粒了。"他解释道。

米纳尔看到一篇文章中讲到利用量子点追踪老鼠体内的癌症细胞，之后他想到了利用量子点追踪花粉粒的方法。量子点是体积微小的半导体纳米晶体，像人工原子一样行动。暴露在紫外线下时，会发出强烈的不同颜色的荧光。如果使用到花粉粒上，理论上量子点和"喜欢脂肪"（亲脂性）的配体会附着在花粉粒含有脂肪的外层上，即花粉鞘，然后量子点绚烂的颜色就能给花粉粒贴上独特的"标签"，追踪它们最后在哪里落地。

下一步就是找到经济划算的方法，在视野立体显微镜下观察发出荧光的花粉粒。到了这一步，米纳尔使用的设备还是从家族经营的餐馆中拿的一支玩具笔和从教授那里借来的一台小型紫外线LED灯。

"我当时决定设计一个能放在立体显微镜下的荧光盒。而且，我希望别人也能使用这种方法，所以，我设计的荧光盒用3D技术就可以打印出来，成本大约5 000兰特（约2 050.00元人民币），包括了所需的电子元件。"

到目前为止，这一方法以及荧光激发盒都证明了是一种简单易行，并相对成本低廉的追踪个体花粉粒的方法。"我用量子点给植物的花药贴上标签，然后捕获了拜访过这些植物的昆虫并进行了研究，就能看到花粉被带到了哪里，哪些昆虫实际上携带了较多或较少的花粉。"

但是贴标签之后，仍然需要数小时的辛勤的计数和检查工作。米纳尔笑着说：

"我想这 3 年里我可能已经数了有十几万颗花粉粒了。"

（来源：南非斯泰伦博斯大学）

科学家研发出验证基因调控网络的新方法

来自纽约大学由生物学家和计算机科学家组成的研究小组绘制出了植物基因协调其氮反应的互作网络。这项研究发表在《自然通讯》杂志上，提供了一个潜在的、用于研究任何有机体各种重要途径的框架和更有效的方法。

为了确定由生物体编码的基因是如何被调控以及如何在允许植物和动物对环境作出反应的网络中协同工作，纽约大学基因组学和系统生物学的科学家们专注于基因调控网络，这些网络由转录因子及其调控的靶基因组成，能够使生物体适应波动的环境。研究小组结合创新的实验和计算机方法，被科学家称为"网络行走"（利用大量数据绘制转录因子从根细胞直接基因靶到植物间接基因靶的路径）来表征氮反应的基因网络。研究以拟南芥为对象，采用一项基于细胞的技术，通过试验确定了 33 个早期氮反应转录因子与其调控的目标基因之间超过 85 000 个链接。

"网络行走"方法提供了一种快速发现和验证这些复杂关系的手段，为设计或培育更高效、经济、环保的种植植物和作物的方法提供了一条潜在途径，可以应用于生物、农业、医学的任何系统。

（来源：AgroNews）

普渡大学预测蛋白质复合物新技术

活细胞通过形成稳定的蛋白质复合物来生存和适应，这些复合物使它们能够调节蛋白质活性，进行机械工作，并将信号转换成可预测的反应，但要识别这些复合物中的蛋白质在技术上具有挑战性。普渡大学的研究人员开发了一种方法，可以同时预测数千种蛋白质复合物的组成，这一发现将加速对细胞功能的发现。

该方法预测了从活细胞中提取的天然蛋白质复合物的组成。与使用大规模克隆、亲和标签或抗体来识别蛋白质复杂成分的传统方法相比，这种方法明显更快、更便宜。这种方法有可能帮助科学家了解成千上万的蛋白质复合物如何协同工作，使植物细胞能够正常生长并对不断变化的环境作出响应。

普渡大学植物学和植物病理学教授 Daniel Szymanski 与研究生 Zach McBride 和 Youngwoo Lee 根据大小和电荷分离了数千种蛋白质，并用质谱分析法预测哪些蛋白质可能相互结合，形成稳定的蛋白质复合物。在这种通过缔合产生蛋白复合物的方法中，形成稳定复合物的蛋白质可以使用任何一种分离策略进行协同纯化。

Szymanski 的团队也验证了这一过程。该团队证实了许多已知的和新的蛋白质复合物的存在，这些复合物是通过分析方法预测出来的。

"从这些分离中，我们得到了数千种蛋白质的洗脱曲线。" Szymanski 说，他的发现发表在《分子和细胞蛋白质组学》杂志上。"我们可以结合所有来自色谱柱的蛋白质图谱数据，识别彼此最相似的洗脱图谱，并预测哪些蛋白质在物理上相互关联。"

一旦确定了蛋白质复合物，科学家就可以确定它们在细胞中的功能、细胞途径如何调节、这些蛋白质如何影响细胞信号传导，等等。Szymanski 说，这种方法适用于任何有基因组序列的生物，包括玉米、大豆、水稻和棉花。

"这种方法已被全球用于分析不同基因型植物或在不同条件下生长的植物的蛋白质复合物。这就像一个新的表型工具，用来分析系统水平上蛋白质丰度、蛋白质结合合作伙伴和亚细胞定位的变化。" Szymanski 说。

该方法可以作为一个大规模的假设生成机器，它将加速对植物细胞复杂工作原理的理解，并为研究人员提供有关植物如何适应高温、水分和其他压力的广泛知识。

（来源：普渡大学）

未来或可通过基因来控制有害杂草

水麻和长芒苋是威胁北美粮食生产的主要杂草，而且越来越难以用商用除草剂杀死。一种被称为基因控制的新方法将来或许可以控制这些杂草。

近期发表在《杂草科学》（Weed Science）上的一项研究成果显示，美国伊利诺伊大学的研究人员发现了区分雄性、雌性水麻和长芒苋的遗传特征。这一发现是开发有害杂草基因控制系统的关键一步。

研究人员的目标是将来可以将转基因雄性植物引入一个种群，与野生雌性植物进行交配。改良后的雄性植物将包含一个基因驱动，一段编码雄性的 DNA，它会代代遗传，从而最终使一个特定种群中的所有植物都变成雄性，停止繁殖，种群崩溃。

但这是一个有争议的策略。该项目的首席科学家、伊利诺伊大学农业、消费和环境科学学院作物科学系的教授、副主任 Pat Tranel 介绍说，这项研究目前还只是处于基础研究阶段，还没有到释放转基因水麻和长芒苋的地步。

在这项研究中，研究人员分别种植了水麻和长芒苋的雄性和雌性植株各 200棵，然后提取 DNA 以测定是否存在雌雄性的特定基因。研究小组目前还没有在这两种杂草中发现特定的雄性基因，而是发现了与雄性区域相关的小的基因序列，推测其位于特定的染色体上。因而，研究人员认为雄性特有的基因就在该区域内。

研究人员在雄性水麻和长芒苋中发现了雌性植株所没有的基因序列，但没有发现雌性的特有序列。研究还证实了这些植物的雄性异配子性。雄性水麻和长芒苋产生的花粉与人类的雄配子类似，要么具有雄性特异的 Y 区，要么没有。由于雄性基因是显性的，因而更容易控制。如果能够鉴定出雄性特异基因，那么，就可以在这两个杂草种群中扩散雄性基因了。

与此同时，拥有能够在开花前准确识别雄性的基因序列，可以帮助研究人员更好地了解植物的生物学特性及其对环境的反应。这一发现可能有助于确定杂草是否能够在特定条件下改变性别，或者某一性别是否对除草剂更敏感。

除研究这些基本问题外，该研究小组目前正在努力寻找雄性遗传区域内的雄性基因。如果能够找到，水麻和长芒苋的基因控制也还需要一段时间才能成为现实。但即便如此，研究人员也认为使用杂草管理的其他工具仍然很重要。

（来源：Science Daily）

生物育种

植物育种

分子玉米地图集强化种质管理与品种选育

国际玉米和小麦发展中心（CIMMYT）于9年前发起了一项名为"发现种子（SeeD）"的倡议。在该倡议的支持下，CIMMYT对自身托管的世界上最大、最多样化的公开玉米资源的玉米种质库进行了高密度基因分型鉴定，并为种质库建立标签程序——分子玉米地图集，帮助使用者根据需要来选择种质，降低了育种者和研究人员获取种质库材料的交易成本，便于更容易获取和使用玉米和小麦遗传资源。

SeeD 通过遗传信息分析深度挖掘种质资源

SeeD研究和表征玉米和小麦的遗传多样性，用于通过传统技术开发优异小麦品种和玉米杂交种的育种计划。其目标包括（1）通过对墨西哥基因库中数十万粒种子的分析，深入探讨玉米和小麦的原始基因组成；（2）向国家和国际科学界提供有关抗热、抗旱或抗重要害虫等关键农艺特性的信息；（3）通过对玉米和小麦两种谷物的常规改良计划，提供利用玉米和小麦最佳特性的遗传分析服务；（4）在受气候变化和水、营养素和石油等自然资源短缺的影响下，为墨西哥和世界其他地区的长期粮食安全作出贡献。SeeD通过5个主要组成部分实现影响：基因分型、表型、软件工具、预育种和能力建设。

分子玉米地图集使种质资源管理更精准

分子玉米地图集是一个集基因型数据资源和相关工具于一体的信息平台，其涵盖的信息包括特定玉米种质的基因型、种质来源、收集时间、收集的环境、加入时测量的任何表型特征以及给予研究人员重要见解的其他信息。分子玉米地图集提供数据与知识、工具和培训资源，以允许种质库用户、玉米育种者、研究人员、推广人员等，从他们可用的成千上万的地方品种中确定符合其特定需求的可能种质。

应用分子玉米地图集以推动品种选育

目前，分子玉米地图集不仅为育种者绘制数据，甚至创建战略观点，以确定哪些材料对于育种者和研究人员在其研究中使用的价值更高。在种质库用户的帮助下，玉米分子地图集推动了地方品种的积极利用，包括在耐热性研究中使用地方品种、开发新的耐旱育种系以及与小农进行参与式玉米育种以提高抗病性等。

未来，研究人员将尝试借助下一代基因分型技术提供有价值的本地遗传变异，并被广泛用于种质价值链的各个环节，从提高地方品种的稳定性到在商业化的环境中为亲本发展提供新性状。

（来源：SeedWorld）

培育抗病、美味的有机番茄新品种

一项多家机构参与的研究项目致力于培育出既能抵御叶部病害也能迎合消费者口味的有机番茄新品种。

美国农业部（U.S. Department of Agriculture）国家粮食与农业研究所（National Institute of Food and Agriculture）有机研究与推广计划（Organic Research and Extension Initiative）授予研究人员 200 万美元的研究经费，供他们探索既能减轻病害又能保护土壤和水质的管理措施。

根据普渡大学（Purdue University）2019 年 10 月 1 日的公告，普渡大学园艺学助理教授洛里·霍格兰（Lori Hoagland）正在领导该项目，该项目成员包括北卡罗来纳州立大学（North Carolina State University）、北卡罗来纳农工大学（North Carolina A&T University）、俄勒冈州立大学（Oregon State University）、威斯康星大学麦迪逊分校（University of Wisconsin-Madison）和有机种子联盟（Organic Seed Alliance）等机构的研究人员。

普渡大学农业学院格伦·桑普尔（Glenn W. Sample）院长杰·阿克里奇（Jay Akridge）在声明中说道，这项研究反映出消费者对有机农作物的兴趣不断增加。

研究人员将探索农民如何避免农作物的叶部病原体病害，例如，早疫病、晚疫病和 Septoria 叶斑病等。这个问题在美国中西部和东南部地区尤为重要，因为在这些地区，温暖潮湿的环境会助长农作物病害，病害严重时会对番茄作物带来毁灭性的影响。

由于传统番茄品种味道鲜美，农民通常种植传统品种而不是新型的抗病害杂交品种。但是，传统品种往往极易感染叶部病害。

频繁使用含铜杀菌剂可以帮助有机作物的种植者对抗农作物的叶部病害。但是铜会杀死土壤中有助于植物生长的微生物，也会影响水质。声明中说道，如果能生产出一种新型抗病害、味道鲜美的品种，种植者就可以不使用含铜杀菌剂。

传统的种植者也可以从这种新品种中受益，因为新品种会让他们减少农药的使用量，从而降低成本。

霍格兰说，研究人员会努力培育一种可以与根系中有益的土壤微生物相联系、从而抵抗病害的番茄品种。研究人员也会研究对土壤中有益微生物比较友好的管理措施，并研制出更环保的新型有机杀菌剂。

（来源：AgroPges 网站）

研究人员发现提高藜麦耐热性的有效方法

藜麦是许多人都知道和喜爱的健康食品。随着其受欢迎程度的增加，越来越多的农民对种植它产生兴趣。但是，这种植物在高温下表现不佳，因此，植物育种者正在努力提供帮助。

当前测定藜麦植物是否耐热的许多方法既耗时又昂贵。由华盛顿州立大学的凯文·墨菲教授领导的研究人员一直在研究测定藜麦耐热性的更有效方法。

"95 华氏度（约35℃）以上的温度通常会导致种子产量下降，"墨菲解释说："因此，这项研究的目的是在该领域测试新的、有效的方法，在育种计划中找到耐热植物类型，并将这些耐热基因加入到新品种中。"

为了进行这项研究，人们把手持设备放在核电站附近，测量它们吸收和反射的光。例如，植物可以反射近红外光，同时吸收红光。

通过测量藜麦植物的这些特征，研究人员可以了解其在某些条件下（例如，高温）的生长状况。这为他们提供了有关耐热性或可能产生多少谷物的信息。

这些测量尽管涉及复杂的数学运算，但在现场即可轻松、便宜且快速地进行。它们被称为光谱反射率指数，可以完成对收集到的能量波长的快速测量。

"这些技术使耐热植物的选择更便宜、更快，也更有效。"墨菲说，"当我们在测试过程中的不同时间查看数千条不同的基因序列时，这些优势尤为突出。"

在他们的最新研究中，墨菲的团队从112种基因不同的藜麦开始，通过对这些植物进行热胁迫，测量它们的叶绿度和种子产量，他们确定了对8个品种进行进一步的测试。在这8个品种中，有4个被认为是潜在的耐热品种，另外4个被认为是热敏感品种。

接下来，他们在田间进行了种植，并进行更多测量，试图预测在不同条件（例如，高温）下的谷物产量。

墨菲和他的团队发现一种测量方法，即叶子的绿色指数，可以用于评估藜麦的耐热性。他们还发现一种称为归一化差异植被指数的测量方法可以预测藜麦的产量。

墨菲解释说："我们最初的想法是将归一化差异植被指数应用到育种活动中，这将帮助我们了解选择过程，甚至可以把该指数作为耐热性选择指标的一部分进行考虑。"

他补充说，耐热性育种正变得越来越重要。这是因为一些地区的气温要么缓慢上升，要么出现更频繁、更极端的峰值，这使植物在生长季节的不同时期承受到更大的压力。

墨菲研究藜麦的动机源于它作为一种健康食品的重要性，特别是它可能包含所有九种必需氨基酸，这些氨基酸能够产生完整的蛋白质。他说，这项工作的下一步是继续探索和开发新的方法来选择耐热和耐旱的藜麦品种。

（来源：美国农艺学会）

普渡大学"橙色玉米"项目获百万美元资金支持

美国普渡大学（Purdue university）附属的初创公司 NutraMaize LLC 最近获得了美国国家科学基金会（National Science Foundation）提供的近 75 万美元的第二阶段小企业技术转移研究拨款，用于继续橙色玉米的研究。此前，美国国家科学基金会第一阶段拨款为 22.5 万美元，另有美国农业部第一阶段拨款以及印第安纳州提供的配套资金总额约 20 万美元。

这家初创公司是由普渡大学农业学院（Purdue College of Agriculture）农学系作物改良转化基因组学教授托伯特·罗什福德（TorbertRocheford）和其子埃文·罗什福德（Evan Rocheford）共同创立，旨在将美国的橙色玉米商业化。

NutraMaize 首席执行官埃文表示："这些资金正在帮助我们开发橙色玉米的改良品种，使其能够在全人类范围内提供更好的营养。"早在 20 多年前，托伯特就开始致力于提高玉米中有益健康的类胡萝卜素的含量，以帮助解决撒哈拉以南非洲地区维生素 A 缺乏的问题。直到很久以后，他才意识到他独特的品种也能使美国人受益。

托伯特指出，在美国，对营养的需求非常迫切，大多数美国人缺乏足够的类胡萝卜素的摄入，随着年龄的增长，他们视力丧失的风险也在增加。而橙色玉米可以帮助解决这个问题。

目前，NutraMaize 正通过其零售品牌"Torbert 教授橙色玉米"（Professor Torbert's Orange Corn）向消费者推出橙色玉米，该品牌销售优质研磨产品。长线看，NutraMaize 计划与食品加工商合作，生产广泛消费的主食，如早餐麦片和零食。此外，NutraMaize 正在与畜牧行业合作，以改善动物饲料和由此产生的动物产品（如鸡蛋）的营养质量，这也是他们由美国农业部资助的工作的重点。

埃文·罗彻福德指出，玉米是美国最大的主食作物，也是我们粮食系统的重要组成部分。这意味着，如果我们提高玉米的品质，就能从根本上改善美国人的饮食质量。

（来源：Purdue）

无褐变生菜正在走向市场

农业一直致力于减少食物浪费。为付诸实践，英特克森公司（Intrexon Corporation）宣布，他们正在推动无褐变生菜 GreenVenus 长叶生菜进入商业试验。在商业化温室生产中获得的初始数据显示，GreenVenus 的保质期长达 2 周，并且有可能在没有尖端枯萎的情况下达到更高的市场产量。

除延长保质期外，GreenVenus 无褐变生菜已由美国农业部评估为非基因工程改造或生产的植物，因此，不受《联邦规例》第 340 部第 7 条规定的管理约束。

"我们致力于开发精确遗传学的新方法，以实现更可持续的食品生产，同时，减少食物的损失和浪费，"Intrexon Ag 生物技术部总裁 Sekhar Boddupalli 博士说。"我们很高兴能够在 2 年内从概念到商业试验迅速推进我们的 GreenVenus 生菜，使它的市场产量和保质期都有所提高。美国农业部透明的、基于风险的判定，有助于明确 GreenVenus（非转基因）生菜的市场定位和发展，也极大地推动了我们将精确基因平台扩展使用到其他蔬菜的研发上。"

除了无褐变生菜，Intrexon 正在开发其他产品以减少食物浪费，包括 Artic Golden Apple，Artic Granny Apple，Artic Fuji Apple，无褐变鳄梨，无褐变梨和无褐变樱桃。

据估计，美国绿叶蔬菜的零售额每年为 100 亿美元。然而，每年因浪费而损失的生菜价值约达 33 亿美元，其中，半数是长叶生菜。无褐变生菜可以在生产、加工、运输和储存方面提供更大的灵活性，以减少健康、营养食品的浪费。由于 Intrexon 希望将该产品推向商业化，在推出之前，食品和环境安全等标准也将成为该产品的考量因素。

（来源：AGDAILY）

紫玉米可以帮助对抗肥胖和糖尿病

紫玉米不仅好吃，而且外观引人注目。此外，伊利诺伊大学厄巴纳—尚佩恩分校（University of Illinois at Urbana-Champaign）的研究人员发现紫玉米可能有助于降低罹患重大疾病的风险。

在开发紫玉米新品种的过程中，研究人员发现，一些紫玉米中富含一种天然物质，这种物质可以对抗肥胖、炎症、糖尿病、心血管疾病和某些类型的癌症。他们还发现，玉米粒的外层可以用作天然食用色素。

美国农业部的国家粮食和农业研究所通过哈奇法案（Hatch Act）为这项研究提供了资金支持。哈奇基金支持农业研究，以解决涉及多个国家的问题。

在伊利诺伊大学厄巴纳—尚佩恩分校，由食品科学教授 Elvira Gonzalez de Mejia 和作物科学教授 John Juvik 带领的研究团队培育了 20 个阿帕奇红玉米品种，每一种都含有不同数量和类型的花青素，花青素是赋予玉米独特颜色的元素。研究表明，食用花青素含量高的食物可以降低患病的风险。

在研究中，科学家们测试了紫玉米的酚类化合物对胰岛素的抵抗能力。他们在小鼠脂肪细胞中诱导胰岛素抵抗，用花青素化合物处理细胞，并监测葡萄糖的摄取。他们发现胰岛素抵抗降低了 29%~64%。虽然还需要更多的研究，但目前的研究表明，酚类化合物可能会改善肥胖者的胰岛素水平。

Juvik 还描述了紫玉米的其他价值：紫玉米中的天然色素有可能被用作食用色素，替代红色染料 40 号。红色染料是美国使用的主要染料之一。人们可以很容易地通过在食物和饮料中添加一种天然的、富含花青素的色素染料来获得一些健康益处。

（来源：美国农业部）

新老小麦品种化学物质依赖性比较

一项新的研究驳斥了现代小麦品种比老品种更严重依赖杀虫剂和化肥的说法。

昆士兰大学的 Kai Voss-Fels 博士说，现代小麦品种在最佳和恶劣的生长条件下，在并排进行的田间试验中表现优于老品种。"有一种观点认为，集约选育使现代种植中使用的高产小麦品种的抗逆性降低，作物的茁壮成长更依赖化学物质的使用。"

然而，今天公布的数据明确显示，即使在化肥、杀菌剂和水的用量减少的情况下，现代小麦品种的表现依然优于老品种。

"我们还发现，即使在相对狭窄的现代小麦基因库中，基因多样性的丰富程度也足以使产量进一步提高23%。"

研究人员比较了过去50年西欧农业中必不可少的200个小麦品种，将他们的表现就矿物肥料和植物保护化学品的投入水平进行了对比。

"即使在干旱等恶劣的生长条件下，使用更少的化学物质，现代小麦品种所表现出的韧性也会让相当多人大吃一惊"。

Voss-Fels博士和昆士兰农业与食品创新联盟（QAFFI）的Ben Hayes教授开发了一种方法，可以将不同的性能和不同品种的遗传基因组成相匹配。"这些基因信息使我们能够将这一发现提升到一个新的水平。"

"我们希望新制定出的育种策略可以在尽可能短的时间内将新品种中有利的等位基因组合在一起。""我们正在使用人工智能（AI）算法来预测最优的杂交组合，以尽可能快地将最有利的片段组合在一起。"

近年来，全球最重要粮食作物的产量已经因为干旱有所下降。

Voss-Fels博士说，随着人们对气候风险的预期越来越高，现代小麦品种的耐寒性已成为一个具有全球意义的问题。"需要加大育种力度，增强小麦品种对环境的适应能力。"这项研究发现对提高有机种植系统的生产力也具有重要意义。

来自Justus-Liebig-University Gießen（JLU）的Rod Snowdon教授以及来自其他7所德国大学的研究者共同开展了该项研究，研究发表在《自然植物》杂志上。

（来源：澳大利亚昆士兰大学）

美国能源部出资将传感技术从实验室推向市场

派遣育种人员到田间人工测量植物的特性既耗时、耗费人力且成本高昂。将遥感技术和先进的分析技术结合使用，将有望更快、更准确地收集数据，从而提高植物育种者将更好的品种推向市场的速度。

普渡大学的研究者于2015年获得美国能源部高级研究项目局660万美元的ARPA-E拨款，在可再生农业运输能源（TERRA）计划下开发了这项技术。目前，又获得450万美元TERRA项目的第二阶段拨款以及战略合作伙伴提供的450万美元的配套资金。战略合作伙伴包括 Ag Alumni Seed、CortevaAgricience、Beck's Hybrids 和 Headll Photonics。

人工显性分析既耗时又昂贵。普渡大学植物育种与遗传学教授、维克沙姆卓越农业研究主席、该项目的首席研究员米奇·图恩斯特拉说："所有手工测量都需要大量人手，且获得的数据有限。""下一代表型技术使植物科学家和植物育种家能够通过遥感自动收集数据，并使用计算算法进行处理。"

在 TERRA 项目下开发的平台使用了多种类型的传感器，包括高分辨率 RGB 相机以及高光谱成像、激光雷达和热红外传感器。它们可以被一起安装在地面农业机械或无人机上，以探测植物高度、树冠结构、植物结构、生物产量等。

美国能源部对将高粱作为纤维素生物燃料原料的传感平台十分关注，这项技术可用于多种其他饲料、纤维和生物燃料作物。

印第安纳州的基金会种子公司 Ag Alumni Seed 是普渡大学的一个非营利性附属机构，目前正与 GRYFN 合作，希望看到遥感技术的进步，从而降低育种项目的投入成本。

（来源：Seed World）

新工具为不同气候区选择最佳玉米品种

荷兰瓦赫宁根大学和生物计量研究所的统计学家开发了一种新模型，可以相当准确地预测不同气候区的许多玉米品种的产量。有了这个工具，植物育种家可以在规划育种计划的时候将天气变化因素考虑其中。生物计量研究所与法国 INRA 研究所以及其他欧洲研究伙伴合作，组成了一个农作物表型研究联盟，其研究目的是测量环境条件对玉米产量的影响。

品种及产量

计量生物研究员 Emilie Millet 参与了欧洲 30 个田间试验网络的协调工作，试验中，250 个不同的玉米品种生长在不同的环境条件下。在每个测试点，试验人员测量了作物所处生长季节的产量、温度、土壤湿度和光照强度。

这些田间试验为研究环境对玉米产量的影响提供了大量数据佐证，如卡尔斯鲁厄的德国试验站有很好的作物生长条件（平均 20℃，雨量均衡），每公顷产量 13 吨；而意大利博洛尼亚试验站气候干燥炎热，每公顷产量仅为 3 吨。

预测精度

研究人员还在法国南部的蒙彼利埃植物表型平台上种植了相同的玉米品种，

在那里他们可以更详细地研究天气条件对植物发育的影响。Fred van Eeuwijk 的瓦赫宁根研究组开发了一种统计方法来分析大量的植物和环境数据。此外，他们还建立了一个模型，根据玉米品种的 DNA 及其对环境条件的反应，可以预测不同环境条件下玉米品种的产量。

Millet 及其同事通过预测另外一个研究项目中其他 56 个玉米品种在 4 种不同生长条件下的产量对这个模型进行了测试。结果表明，该模型具有较高的精度。例如，当玉米产量为每公顷 10 吨时，该模型预测的产量为 9~11 吨。Millet 在《自然遗传学》（Nature Genetics）上发表的文章的第二作者、生物计量学研究员 Willem Kruijer 说，这种准确性是前所未有的。

品种评级

该模型还可以对每种环境下的玉米品种进行等级评定，进而预测出哪些品种在给定的气候区表现最佳。植物育种家可以利用这个评级功能，通过使用最适合特定气候的植物材料来培育新品种。这个模型还包括模拟的环境条件，例如，来自 IPCC-reports 的环境条件。这将有助于植物育种家对玉米品种在预期的气候变化中的表现做出预测。该模型也可以用于番茄和土豆等作物，前提是育种者拥有足够的不同品种和生长条件的相关数据。

（来源：AgroPages 网站）

植物新品种

Tozer 种子公司首次推出英国杂交超级辣椒品种

Tozer 种子公司刚刚推出了它的第一个英国杂交辣椒品种：Armageddon。

经过 5 年的研发，Armageddon 是诞生自英国辣椒育种项目的第一个超级辣椒杂交品种。这个品种在英国本土大型连锁超市 Tesco 的热销量榜上得分 130 万分，仅次于最辣的辣椒品种 Carolina Reaper，后者创下了 150 万分的纪录。

超辣辣椒的发芽率低、生长速度慢、产量低，因此，很难种植。Tozer 种子公司的育种项目采用传统的育种方法，针对杂交品种进行研发，开发出的品种比 Carolina Reaper 等老品种更具活力、易于生长、采摘期早、产量也更高。

该辣椒育种项目不仅提高了辣椒的辣度，还对其他辣椒品种进行了研发，其中，包括另一款销售定位在英国市场的青辣椒。此外，该公司还有一个针对盆栽辣椒的育种项目，预计将开发出早熟、紧凑的辣椒品种，用以满足英国超市对生鲜农产品日益增长的销售需求。

（来源：Seed World）

加州大学戴维斯分校发布草莓新品种

加州大学戴维斯分校（University of California, Davis）的公共草莓育种计划（Public berries Program）又推出了 5 个新品种。这些新品种将有助于农民做好病害管控，成本控制以及用更少的水、肥料和杀虫剂生产出大量品质优良的大浆果。其中两个新品种可使产量提高近 30%。

该草莓育种计划负责人加州大学戴维斯分校教授 Steve Knapp 表示："这些新品种与它们所取代的品种有着本质上的不同。""经过 3 年多的田间试验，我们看到了更高的产量、更强的抗病性和收获后更好的品质。"

加州大学戴维斯分校公共草莓育种计划自 20 世纪 30 年代启动以来，已经开发了 60 多个专利品种，将草莓转化为全年作物，并将草莓产量从 20 世纪 50 年代的每英亩 6 吨增加到如今的每英亩 30 吨以上。美国是世界上最大的草莓生产国，其中，近 90% 的草莓生长在加利福尼亚州凉爽的沿海气候带。加利福尼亚州 60% 的草莓田都种植着加州大学戴维斯分校开发的草莓品种。

研究小组预计，到 2020 年年初，他们还将推出 1~2 个新品种，这些新品种可以在夏季种植，并在冬季假期前收获。

与此同时，从今年秋季开始，农民们可以在苗圃里买到加州大学戴维斯分校最新培育出的草莓品种。此外，关于每个品种在整个育种试验中表现的详细数据均可以在加州草莓委员会（California Strawberry Commission）的网站上找到。

（来源：Seed World）

先正达的紫色番茄新品种受到市场关注

YOOM 番茄是先正达蔬菜种子公司通过自然选择育种项目培育出来的新品种，具有独特的紫色表皮。口感丰富，酸甜平衡，为消费者带来独特的口感。

先正达将该品种通过创新品牌活动（包括包装、广告、专门的网站和社交媒体活动）推出。该品种可以实现全年供应，这一特性促进了顾客消费习惯的养成以及对品牌的忠诚度。

YOOM 番茄在 2019 年的水果物流展上首次亮相，就立即受到了包括西班牙、意大利和葡萄牙在内的不断增长的欧洲市场关注，这些市场还将向法国、荷兰、比利时、卢森堡、德国和英国供应水果。

目前，YOOM 品牌已经拓展到北美和大洋洲。试种植者证实该产品在产量和货架期方面都具有优良的植物性能。这些特性，加上 YOOM 基因易于适应现代温室环境的种植特点，将增加种植者向零售商提供差异化产品的机会。

先正达产业链主管 Jeremie Chabanis 认为，鸡尾酒番茄品种 YOOM 的大小、质地、和松脆多汁的口感，让它极具竞争力。

"根据先正达公司的内部试验，与普通番茄相比，YOOM 番茄含有更高水平的花青素，既健康又美味，"Chabanis 介绍，"花青素的含量越高，果皮就会呈现出独特的紫色。花青素被认为具有预防一系列健康问题的积极作用，包括高血压、糖尿病和炎症。""YOOM 番茄在藤上自然成熟，呈现出迷人的深紫色、坚实的质地，并含有天然糖分。消费者会对这种新鲜的味道和独特的口感印象深刻。"

Yoom 还提供大量人体必需的矿物质和维生素，包括维生素 C、钾和硒，它试图提供一种方便快捷的健康生活方式。

（来源：Seed World）

动物育种

奶牛基因组选择育种 10 年成就与未来趋势

美国农业部动物遗传改良实验室的 Paul VanRaden 在 2019 年奶牛育种委员会（CDCB）会议上总结了奶牛基因组选择育种过去 10 年取得的成就，并对未来的发展趋势进行了展望。

奶牛基因组选择育种 10 年成就

奶牛基因组选择过去 10 年的成就主要体现在提高了预测可靠性，扩展了测试变异型的数量，测试的附加性状增多和基因分型的新用途，全球范围内奶牛及其他物种中基因型数量的增长，加快了动物遗传育种的进程。2019 年全球范围内奶牛基因型分型数 4 960 000 个，较 2009 年增长了 100 倍以上。CDCB 统计的每年可用的公牛、母牛的基因型分别由 2008 年的 13 616 个、3 557 个增长为 2018 年的 38 496 个、610 169 个。2018 年数据库记载的动物个体基因型地区分布，美国和加拿大为 2 585 255 个，亚洲国家包括中国为 23 408 个。

单核苷酸多态性（SNP）分析上，开发了很多新的芯片。CDCB 自 2018 年 12 月采用 79 239 个 SNP 位点的数据集替换了原有的 60 671 个 SNP 位点数据集，且基于高密度和序列数据的 SNP 具有更大的净价值效应，基于最新的芯片和高产的单倍型开展了更多的基因测试，通过改进 SNP 系统，使预测可靠性提高了 1%~3%。而很多国家自 2009 年以来仍在使用 50 000 个 SNP 位点的数据集。

奶牛基因组选择育种的新趋势

杂交牛的基因组预测。自 2009 年以来，基因组预测主要在纯种内进行。2019 年 4 月起将在更多的杂交品种内进行预测，通过纯种预测的加权组合和每个品种的遗传贡献的形式体现。

更早的母牛初产年龄。母牛产犊日期提前 1 天产生 2.5 美元的价值，目前已有大型数据库（2 300 万条记录）支持更早的母牛初产年龄，该性状遗传力为 2.7%，用于荷斯坦奶牛基因组预测的可靠性为 66%。

未来美国农业部的研究将测试了更多的性状，包括更多奶牛的单头采食量数据（目前已测 5 000 头），热应激、泌乳后期生产性能和泌乳高峰持续时间等。另外，还有一些新特性需要整合地方数据与全国数据进行研究。

简析

美国奶牛基因选择育种基础技术开发方面处于引领地位，如 SNP 芯片的知名厂商大多为美国企业（Illumina，Affymetrix，Agilent）。奶牛育种策略根据产业发展调整优化，如在杂交牛中开展基因组预测这一新特征的出现，跟其养殖产业中杂交牛规模越来越大，出现了杂交牛基因组预测的需求紧密相关。目前大约有 60 000 头牛超过 10% 的遗传物质来自其他品种，约 17 000 头牛 6%~10% 的遗传物质来自其他品种。

（来源：美国奶牛育种委员会网站）

基因研究有助于培育适应气候变化的山羊品种

科学家发现，一些山羊不受天气变化的影响，比其他山羊更能抵抗气候变化带来的不利因素。研究显示，对天气变化的适应能力，或者这种能力的缺乏，部分原因来自遗传因素。研究结果可用于进一步改善选择性育种，从而提高农场的可持续性运营和盈利能力。

遗传原因

这项由苏格兰农村学院（SRUC）和罗斯林研究所（Roslin Institute）的研究人员进行的研究，将动物的表现记录与天气数据（如日平均温度和湿度）以及英国 2 个奶牛场 10 620 只山羊的基因组成结合起来进行了研究。研究显示，动物个体对多变的天气条件反应不同，这些差异与它们的基因有关。

罗斯林研究所的恩里克·桑切斯·莫拉诺（Enrique Sanchez Molano）博士说："我们开发了新的方法来测量山羊对环境变化的适应能力，发现它们具有足够的遗传潜力可用于育种计划。我们还分析了山羊的遗传组成，发现了一些可能与这些新性状相关的候选基因。"

罗斯林研究所的乔治·巴诺斯（Georgios Banos）教授说："气候的变化导致天气波动加剧，家畜应对这种变化的能力也有所不同。我们的研究将使我们能够继续进行选择性育种来提高动物的性能，例如，高产水平和健康状况。"

成果发表及项目支持

这项研究成果发表在 *BMC Genetics* 杂志上，该研究是"地平线 2020 计划"iS-AGE 项目的一部分。iSAGE 是一项由欧盟资助的、耗资数百万英镑的研究项目，旨在为绵羊和山羊养殖业的未来提供保障。

iSAGE 项目将持续至 2020 年，研究团队由来自英国、法国、芬兰、西班牙、意大利、希腊和土耳其的 34 个合作伙伴组成，由希腊亚里士多德塞萨洛尼基大学（Aristolian University of Thessaloniki）兽医学院（School of Veterial Medicine）协调。

（来源：英国爱丁堡大学）

资源与环境

优化农业耕作模式可改善径流水质

20 世纪 90 年代早期，位于俄亥俄州（Ohio）西南部的阿克顿湖（Action Lake）面临湖水浑浊的问题。附近农场的大量沉积物流入湖中，这些沉积物途经该地区的溪流，填满了阿克顿湖。

因此，美国农业部（USDA）当时给当地农民提供了优惠政策让他们改变一些农业活动。其中之一便是减少犁田的保护性耕作，以此减少沉积物流出。

一项新研究就减少保护性耕作对阿克顿湖近 10 年造成的影响进行了研究。1994—2014 年，研究人员测量了流入湖中的悬浮沉积物、氮、磷的浓度。

"我们发现水质的短期趋势可能没法反映出长期的变化。"该研究的共同作者迈克·瓦尼（Michael Vanni）说到。

瓦尼是俄亥俄州迈阿密大学（Miami University）的一位生物学家，他表示追踪长期的水质变化至关重要，他说："对于溪流或者湖泊的水质会对农业实践的改变作出何种反应，这方面的长期数据我们其实掌握得很少。"

这一说法可能会让人大吃一惊，因为有许多生态学家都在研究农业流域。但是瓦尼称，对于特定生态系统的研究通常都是短期研究。"像我们这样的长期研究可以揭示水质的重要转变，"瓦尼说道，"许多我们观察到的变化需要研究 20 多年的溪流才会看到。"

瓦尼和他的同事们发现，在研究进行的前 10 年（1994—2003 年）和后 10 年（2004—2014 年）中，水质的反应不尽相同。此外，悬浮沉积物、氮、磷的浓度也都发生了不同的变化。

悬浮沉积物的含量水平在整个研究期间都出现了下降，而前 10 年的下降程度更甚。

磷和氮的含量水平则出现了截然不同的结果。"前 10 年里溪流中溶解的磷浓度出现了大幅下降，"瓦尼说到，"不过后来的 10 年里，磷含量水平就上升了。"

与之相反的是，氮含量水平在前 10 年中没有出现太大变化，却在后 10 年里急剧降低。

该研究的重点研究领域为流入阿克顿湖的四英里溪的北部流域（Upper Four Mile Creek），周围大部分地区都是玉米地和大豆地。研究人员从 1989 年起便开始监测这些地区的农业实践，从 1994 年起开始监测水质。

该研究观察到的长期变化显示出，在管理水质的不同方面时，可能存在一些相互平衡关系。"鼓励保护性耕作的主要原因是要减少土壤侵蚀和阿克顿湖里的沉积物，"瓦尼说到，"这个做法显然奏效了，流入湖里的沉积物已经减少了。"

氮含量水平也在下降。瓦尼表示："这对当地的淡水生态系统是好事，对于某些径流最终流向的墨西哥湾（Gulf of Mexico）来说也有好处。"

从另一方面来说，不断上升的磷含量水平则令人担忧。瓦尼说："磷含量上升可能会让下游出现藻华现象，也许我们需要考虑管理沉积物、氮、磷含量间的相互平衡关系。"

虽然现在还不明确如何将以上研究成果应用到其他领域中去，但是，该研究观测到的水质变化与部分流入伊利湖（Lake Erie）的河流发生的变化类似。

这些河流同样存在磷含量水平过高的问题。事实上，"很可能就是磷含量过高造成了伊利湖有害藻华的增多。"瓦尼说到。

瓦尼和他的同事们希望能继续对阿克顿湖流域中悬浮沉积物、氮、磷的变化进行测量。

"我们也很期待看到阿克顿湖的生态系统是如何变化的"瓦尼说道，"如果未来10年能观测到这些变化，不仅是从科学的视角也是从水质管理的角度去观测，将会是有趣的发现。"

（来源：美国农学会）

外来物种入侵是近期全球物种灭绝的首因

伦敦大学学院（University College London，UCL）研究人员的一项新研究发现，外来物种是近年来导致动植物灭绝的主要原因。

这项研究近期发表在《生态学与环境前沿》（*Frontiers in Ecology and the Environment*）上，使用了2017年国际自然保护联盟（IUCN）濒危物种红色名录中自1500年以来被认为已在全球灭绝的物种总数据。研究发现，在全球953个灭绝的物种中，有300个物种的灭绝在某种程度上归因于外来物种入侵，这其中有126个物种灭绝完全归因于外来物种，占灭绝物种总数的13%。在所有灭绝物种里，782种动物中的261种（33.4%）和153种植物中的39种（25.5%）的灭绝原因之一是外来物种。相比之下，本地物种的影响仅与2.7%的动物灭绝和4.6%的植物灭绝有关。

该研究的一项新证据表明，外来物种的入侵通常足以导致本地物种灭绝，而物种的生物地理起源决定着其影响作用。

"IUCN 红色名录"确定了 12 大类导致物种灭绝的因素，包括外来物种、本地物种、生物资源利用（狩猎和收获）和农业。外来物种是导致动物物种灭绝的首因，其影响远远超过第二大因素，即生物资源的利用，后者影响了 18.8% 的动物灭绝。总体而言，由外来物种造成的动物灭绝的数量比由本地物种造成的动物灭绝的数量多 12 倍。

威胁最严重的入侵者是一些哺乳类动物，如黑鼠、褐鼠、太平洋鼠和野猫。其中，一些动物最初是通过船只输送而入侵，但有些动物，如猫和狐狸，则是人为引入的。还有许多植物也是人为从国外引入的，例如，种植园树种或园林观赏植物。一旦扎根，它们就开始蔓延并威胁到周围的本地植物群；外来植物比本地植物更有可能达到至少 80% 的最大覆盖率。

对于起源并不明确的物种，研究小组会把它们假设为本地物种。但是，它们更可能是外来物种。因此，就外来物种对灭绝的影响程度而言，研究结果是相对保守的。

研究小组建议，提高生物安全性来防止未来的物种入侵，在许多情况下，必须考虑采取控制甚至根除外来物种的措施。

（来源：Science Daily）

气候变化促使植物改变自身生态系统

《全球变化生物学》（*Global Change Biology*）发表的田纳西大学（UT）的一项新研究探索了气候、进化、植物和土壤之间的联系方式。该研究首次证明，树木种群受气候驱动的进化，能更改树木直接与邻近土壤环境互动的方式。

研究人员调查了 17 种自然生长的窄叶三角叶杨（窄叶杨）之后发现，温暖地区的树木种群发生的遗传变异较少。这一差异反过来也会对树木土壤的微生物群落和化学成分产生一些影响。

"未来的气候变化可能会降低植物的适应能力，尤其是遗传变异较少的植物种群。为了应对这种充满压力的情况，植物也许会与自己的土壤微生物和营养物培养出一种更为坚实的关系，这个机制也许能在这个瞬息万变的世界中坚持下去。"UT 生态学和演化生物学系（Department of Ecology and Evolutionary Biology）博士生、该研究的第一作者伊恩·韦尔（Ian Ware）表示。

南部树木种群能享受到较高的温度，就能更早发芽长叶，在这一时段内先是芽，然后是叶片，逐次出现在生长中的植物上。这种演化过程减少了遗传变异，并改变了树木种群与土壤环境互动的方式。

韦尔表示，"我们证明了当天气越来越暖和干燥时，种群中的遗传变异就会减少，树木对与其相关的土壤微生物和养分库的影响就会更大。"

这一研究发现表明，如果植物要在充满挑战的气候条件下持续生存下去，必定存在一个机制。

"如果能弄清在气候变化的条件下，各个栖息地的植物、土壤、微生物之间的联系是如何演化的，也许就能提供有关提升植物适应性的信息，这将有助于促进氮素有效性和土壤碳储量，"韦尔说道，"这些研究结果对气候变化下的辅助迁移、种群管理等保护和恢复实践都会产生直接的影响。"

（来源：田纳西大学诺克斯维尔分校）

法国农林业应对气候变化的主要措施

政府间气候变化专门委员会（IPCC）的一份报告明确指出，气候变化所构成的严重威胁以及采取必要行动控制温室气体排放以将全球变暖限制在 1.5℃ 以内的紧迫性。遵循《巴黎协定》，法国制订了一项应对气候变化的行动计划，设定了到 2050 年实现碳中和的目标。为了落实该行动计划，法国农业、林业和生物经济部门采取了相应措施。2018 年年底，法国农业和食品部公布了一份报告，概述了该部门所采取的具体措施。

根据法国的最新评估，该国 2016 年的温室气体（GHG）排放总量为 4.22 亿吨 CO_2 当量。农业的温室气体排放（指与农业活动有关的直接排放以及与农场能源消耗有关的排放）在所有部门中排名第二，占全国排放总量的 21%。同时，土壤和多年生植被吸收了相当于全国排放量的 11%（通过陆地碳汇特别是森林和草原减少农田的平均排放量）。与此同时，农业和林业部门也首当其冲会受到气候变化的影响。不仅作物产量将受到影响，而且牲畜也会受到热浪和干旱的影响，从而降低产出，导致患病甚至死亡。极端天气事件将更加频繁，夏季地表水和雨水减少，冬季降水量增加。

应对气候变化需要减缓排放，即减少实际排放和增加碳汇。另外，还必须努力适应气候变化的影响。以下 6 种途径可以作为农业和食品行业应对气候变化的控制措施，助力全球在 1990—2050 年将农业排放减少一半。

（一）氮肥管理

2016 年，通过施用氮肥和牲畜粪肥产生的一氧化二氮（N_2O）占农业排放量的 40%。通过以下几种方式可减少 N_2O 的排放。

①优化氮肥投入；

②扩大具有固氮作用的豆科作物种植面积；

③施用畜禽粪肥和有机肥；

④调整动物饲料中的蛋白质量；

⑤改善土壤（物理和化学性质、微生物学）和种子质量。

（二）畜禽

由于反刍动物的肠内发酵（CH_4 排放）、畜禽废弃物管理（CH_4 和 N_2O 排放）、能耗（CO_2 排放）和饲料生产（N_2O 和 CO_2 排放），畜禽与近 70% 的农业排放有关。不过，草地吸收了相当每年农业排放量的 13%。行动措施如下。

①减少粪肥的储存时间、甲烷的燃烧利用、改变饲料成分；

②提高能源效率和可再生能源的使用；

③减少"非生产性"动物；

④基于氮、甲烷、碳贮量优化草场管理；

⑤建立育种、牧群管理、预警系统。

（三）土壤和水

土壤参与水和营养循环，并固定了大量碳。多种措施可以实现碳在土壤中的封存：农林间作，少免耕技术、植草。而保护碳汇的措施主要有保护草原、防止人为因素造成的土壤退化。

保护土壤有助于保持土壤肥沃。当水资源短缺时，可以通过改善土壤结构，调整作物类型（种类和品种）和生长季节，维持湿地面积等措施来应对水资源挑战。还要根据环保措施和公平分享的原则进行灌溉或限制灌溉。

（四）林业与生物经济

森林和采伐的林木产品吸收了法国 13% 的温室气体排放量，并在减缓气候变化方面发挥着关键作用。与生物经济一样，它们提供的材料和能量可以用来替代那些排放大量温室气体的物质和能量。

在适应气候变化方面，林业面临的挑战是双重的：森林受到气候变化的影响，但同时也提供了支持其他部门适应气候变化的至关重要的产品生产、径流调节和环境保护服务。鉴于当前的气候问题，可持续森林管理必须通过长期优化碳流量和增强森林生物多样性来协调适应和缓解。

在农业和林业方面，生物经济将依据循环经济原理，通过明确生物质能的各种用途和产品的级联利用进行产业部署。

（五）能源

一方面，农业和林业部门能源消耗巨大，所排放的二氧化碳占法国温室气体排放总量的 10%；另一方面，农林部门也生产了大量脱碳能源，如甲烷、木材能源、能源作物、用于建筑物上的太阳能以及液体生物燃料。

（六）食物供应

食物供应是农业的主要目的。《巴黎协定》承认粮食安全是全球的优先事项。减少食物浪费对限制排放、能源消耗和节约用水至关重要。可以通过开展宣传和提高认知的活动（特别是营养建议），以指导消费者的行为，从而减少粮食生产系统的温室气体排放，并转而生产面向当地、季节性和加工较少的产品。

为了使这些减缓气候变化的措施取得实效，必须重新定位生产（特别是畜牧业）和扩大生产范围，通过生物经济促进系统的良性运转和市场机会的多样化来支持农业收入。

（来源：法国农业和食品部）

气候变化加剧了全球经济产出不平等

《国家科学院院刊》发表美国斯坦福大学的一项最新研究成果表明，自 20 世纪 60 年代以来，气候变暖加剧了全球经济不平等。气候变化使得挪威和瑞典等气候凉爽的国家更加富有，却拖累了印度和尼日利亚等气候温暖国家的经济增长。

研究发现从 1961—2010 年，全球变暖使世界最贫穷国家的人均财富减少了 17%~30%。与此同时，人均经济产出最高和最低的国家组之间的差距比没有气候变化的国家组要高约 25%。尽管近几十年来各国之间的经济不平等有所缩小，但根据这一研究结果，如果没有全球变暖，差距的缩小会更快。

"我们的研究结果表明，地球上大多数最贫穷的国家比没有全球变暖的时候要穷得多，同时，大多数富裕国家比以前更富有。"论文的主要作者、气候学家诺亚·迪芬堡（Noah Diffenbaugh）说。

研究人员分析了 165 个国家 50 年来的年均温和国内生产总值（GDP），以估计气温波动对经济增长的影响。结果证明，在平均气温较高的年份，气候凉爽国家的增长速度加快，而气候温暖国家的增长速度放缓。

研究人员解释说："历史数据清楚地表明，在温度既不太热也不太冷的情况下，作物的产量更高。这意味着在寒冷的国家，变暖一点点是有利的，但在已经很热的地方则正好相反。"

在这一研究中，研究人员利用 20 多个气候模型分离了每个国家由于人为造成的气候变化已经变暖了多少，这样就能够确定如果没有变暖，每个国家的经济产出可能是多少。

研究人员说："对于大多数国家来说，全球变暖对经济增长的利弊是显而易见的。尤其是热带国家，气温往往远远超出经济增长的理想温度，所以，基本可以肯定是有害的。"

目前尚不清楚气候变暖是如何影响包括美国、中国和日本在内的中纬度国家的经济增长的。对于这些国家和其他温带气候的国家，分析显示气候变暖对经济的影响不到 10%。

"一些最大的经济体处于接近经济产出的最佳温度，"论文合作者、斯坦福大学助理教授马歇尔·伯克（Marshall Burke）说："全球变暖并没有对它们产生负面影响，而且在很多情况下，反而是正面影响。但未来进一步的变暖将使它们偏离最适宜的温度。"

"虽然温度的影响可能每年都很小，但随着时间的推移，无论是收益还是损失都会变大。这就像是一个储蓄账户，利率的微小差异将在 30 年或 50 年后形成账户余额的巨大差异，"Diffenbaugh 教授说。例如，在积累了几十年的气候变暖的微小影响之后，印度目前的经济产出比没有全球变暖的情况下要小 31%。

在气候政策谈判经常因如何公平分担遏制未来变暖的责任而停滞不前之际，这一研究结果为许多国家已经付出的代价提供了一个新的衡量标准。该研究首次说明了相对于历史温室气体贡献，每个国家在经济上受到全球变暖的影响有多大。

目前温室气体最大排放国的人均 GDP 平均比没有变暖的情况下高出 10%，但最低排放国却比没有变暖的情况下降了 25%，这与大萧条时期美国经济产出的下降相当，与这些国家原本的情况相比，这一损失可谓巨大。

（来源：Science Daily）

气候变化为全球粮食生产带来重要影响

世界排名前十大作物有大麦、木薯、玉米、油棕、油菜、水稻、高粱、大豆、甘蔗和小麦，这些作物提供的热量占全球农田可生产总热量的 83%。长期以来，由于受气候条件的影响，科学家预测未来气候条件下作物产量会呈现下降趋势。目前新的研究也表明，气候变化已经影响了这些关键能源的生产，一些地区和国家的情况比其他地区和国家更严重。

明尼苏达大学（University of Minnesota）、牛津大学（University of Oxford）和哥本哈根大学（University of Copenhagen）的研究人员共同开展了一项研究，利用

天气和作物数据来评估观测到的气候变化对作物的潜在影响。

①观测到的气候变化对世界排名前 10 位的作物产量均造成了显著的影响，从油棕产量减少 13.4% 到大豆产量增加 3.5%，导致这些前 10 位作物的可消耗食物热量平均减少约 1%（$-3.5×10^{13}$ 千卡/年）；

②气候变化对全球粮食生产的影响在欧洲、非洲南部和澳大利亚大多是消极的，在拉丁美洲一般是积极的，在亚洲、北非和中美洲则是混合的；

③半数粮食不安全国家的作物产量正在下降，西欧一些富裕的工业化国家也是如此；

④相比之下，最近的气候变化增加了美国中西部一些地区某些作物的产量。

明尼苏达大学环境研究所的研究者表示，气候带来的变化，有赢家，也有输家，一些粮食不安全国家的情况已经恶化。该研究所的高分辨率全球农作物统计数据数据库也被用来帮助识别全球农作物产量随时间的变化。这些研究可以发现哪些区域作物面临的风险最大，使它们被那些致力于实现联合国消除饥饿和限制气候变化影响的可持续发展目标的人员关注。这样的见解会带来新的问题和关键的下一步行动。

明尼苏达大学统计学院的合著者表示，这是一个非常复杂的系统，所以，仔细的统计和数据科学建模组件对于理解小变化或大变化的相关性和连锁效应至关重要。

该研究所的《全球景观倡议》（*Global Landscape Initiative*）此前已经得出了全球规模的调查结果，联合国、世界银行和布鲁金斯学会等国际组织已将这些调查结果用于评估全球粮食安全和环境挑战。这份报告对主要的食品公司、大宗商品交易商及相关国家乃至全世界的公民都有影响。

（来源：ScienceDaily）

美国利用生物炭研发新型缓释肥

科学研究往往会有意外收获。美国爱荷华州立大学的研究人员就遇到了这种情况，他们并没有在寻找一种可以在保护水质的同时又能为农作物提供养分的缓释肥料，但他们却出乎意料地获得了这样一种缓释肥。

由爱荷华州生物经济研究所所长罗伯特·C. 布朗领导的一个研究小组获得了一项为期 2 年的 147 万美元的资助，以寻找生物炭的应用价值。这项资助来自美国农业部和能源部的一项联合项目——生物质研发计划。

　　研究人员本来正在研究生物炭的理化性质。生物炭是加热玉米秸秆和其他生物质生产液态生物油过程中产生的一种多孔的固态副产品。他们已经计算出生物炭不可思议的储碳能力。未来生物炭从大气中去除碳的能力被估价为每吨 200 美元，但目前它作为煤的替代品的能源价值仅为每吨 40 美元。

　　助理研究员桑塔努·巴克什（Santanu Bakshi）近 10 年来一直在研究这种材料，他研究了如何利用生物炭减少柑橘林土壤中铜的毒性，也研究了利用生物炭去除饮用水中砷的效果。

　　这项在研的生物炭项目的主要研究内容包括利用生物炭吸附砷以及从废水中捕获磷。巴克什研究发现，用硫酸铁（钢铁生产过程中的一种廉价的副产品）处理过的生物质制成的生物炭，与未处理的生物质制成的生物炭相比，前者所吸附的磷是后者的 12 倍。而研究人员开发的硫酸铁预处理本来是为了提高木本和草本生物质热解的糖产量的。像玉米淀粉一样，这种糖可用来发酵生产生物燃料。但这种预处理却同时提高了生物炭的性能。

　　生物炭的表面大部分带有负电荷，磷酸盐也是如此。这 2 种物质本应该互相排斥。但是，生物质在热解前经过硫酸铁处理后，表面改性，可以很容易地将阴离子吸附到生物质表面。在实验室试验中，经测量，每千克经预处理的生物炭中吸附的磷酸盐是 48 克，而未处理生物炭中每千克吸附的磷酸盐是 4 克。因此，可以将生物炭与粪肥混合，吸附其中的磷酸盐，然后用作固体肥料施于土壤。有了这项技术，就可以促进土壤中磷酸盐的循环利用。

　　与目前使用的一些肥料不同，通过生物炭施用的养分在土壤中是稳定的。吸附在生物炭上的磷酸盐可以供给作物所需，但是，这种磷的可溶性比传统肥料低，这意味着磷不会被雨水冲走或渗入地下水，从而可以改善农田径流的水质，减少水中藻类繁殖所需的营养，有助于阻止墨西哥湾"死区"的形成。

　　研究还发现生物炭肥料不能快速释放所吸附的磷酸盐。试验表明，经过连续 3 个小时的水浸，每千克土壤释放出近 18 毫克的磷，与作物推荐施肥中每千克土壤 22 毫克磷大致相当。

　　硝酸盐是另一种与水质问题有关的营养物质。研究人员下一步计划先在实验室中进行测试，以确定是否可以和磷酸盐一样做成生物炭肥；然后在温室中进行盆栽试验，最后进行田间试验。而所有这些研究设想其实并不在获得资助的研究计划之中。

（来源：Agro Pages 网站）

绘制世界磷流动地图提高磷循环利用机会

农民依靠磷肥来肥沃土壤，确保丰收，但世界上生产磷肥的磷矿可采储量有限，且分布也不均。史蒂文斯理工学院正在牵头一项国际研究来绘制全球磷的流动地图，这些磷元素大部分将被农作物吸收，然后被动物和人类食用，其后又作为废物进行排泄，并被重新获取和回收利用。

在 2019 年 4 月出版的《地球的未来》一期中，史蒂文斯理工学院土木、环境和海洋工程系主任大卫·瓦卡里（David Vaccari）和他的团队首次绘制了全球范围内的磷地图，并确定了对化肥有重大需求的"热点"区域以及从动物和人类排泄物中回收磷的巨大潜力。Vaccari 解释，理想情况下，每年约有 4 500 万吨磷肥将被完全再利用，以发挥它们最大的潜力来支持粮食生产。这项工作是绘制全球磷流动地图迈出的第一步。

Vaccari 的团队，包括来自中国、澳大利亚、加拿大、瑞典和荷兰的研究人员，将最近开发的数据集结合起来，绘制出全球作物产量与人类和牲畜数量水平的地图。然后，他们将地球划分为 10 千米一个的区块网格，可以对全球磷流动有了前所未有的全面了解。研究者表示，在一个缺乏良好数据整合，以致阻碍地方和区域规划的领域，这张全球地图是一个关键的突破。

研究结果显示，磷的回收利用还有很多未开发的机会。大约 72% 的农田附近有大量的肥料生产，68% 的农田附近有大量的人口，这些农田位于严重依赖进口磷的地区，包括印度和巴西等主要新兴经济体的大片地区。这项研究还发现，亚洲、欧洲和美国的大部分地区都有大量富磷废弃物，如果能够认真对待磷的循环利用，发展中国家和发达经济体都可以从增加的循环利用中获益，这将会为他们带来更多的经济效益。

研究结果还表明，动物粪便中的磷含量至少是人类粪便中磷含量的 5 倍，这表明畜牧业是循环利用的一个重要目标。世界上近一半的农田——约占地球陆地面积的 12%——与富含粪肥的畜牧业活动共存，这表明在许多地区，粪肥可以直接施用于农田，也可以用生物消化器处理以提取磷，从而高效、经济地运输到农场。

该研究第一作者、华盛顿州立大学的研究人员史蒂夫·鲍尔斯（Steve Powers）构思了这项研究，现在正试图准确地计算出能从动物和人类粪便中回收的磷数量，并找出其他更有效利用磷的机会。如果能够将更多的当地可利用的磷重新回收到农业中，或许能够使其避免磷的损失，同时，减少未来对化肥进口和采矿的依赖。

土壤重金属污染防治入选《2019 全球工程前沿》

2019 年 12 月 10 日中国工程院、科睿唯安以及高等教育出版社在中国工程院联合发布了《2019 全球工程前沿》报告，揭示了全球工程研究和开发领域的前沿热点。土壤重金属污染与防治进入农业领域工程开发前沿，也属近年的新兴开发前沿。本文节选自《2019 全球工程前沿》报告中关于土壤重金属污染的内容，以供相关领域人员参考和借鉴。

土壤重金属污染直接影响作物的生长发育、进而影响作物的产量形成和农产品品质，已经成为当今世界面临的重大生态环境问题。土壤重金属污染具有污染物在土壤中移动性差、滞留时间长、隐蔽、不可逆转等特点，可通过农作物进入人类食物链，严重影响食品安全并危及人类健康。关于土壤重金属的污染治理技术主要涉及生物修复、物理修复、化学修复以及各种技术的联合修复等方法。

随着填埋操作的监管以及相关费用的增加，异位修复技术的改进以及与原位修复技术的结合运用改变了原来的污染修复方式。归纳起来，有关重金属污染修复的技术主要有两种类型：直接清除重金属污染的土壤；改变土壤中重金属的存在形态，降低其活性、迁移性和生物可利用性。具体可分为：①原位稳定化技术，如原位化学钝化、微生物吸附及植物固定等；②工程修复技术，如植物修复、客土、深翻稀释及土壤淋洗修复等；③农艺调控措施，如水肥管理、调节土壤 pH 值、间套作措施等；④植物阻控技术，如叶面生理阻控、低吸收作物品种应用、基因工程、种植结构调整等。

美国、欧盟、日本和中国等多个国家和地区在土壤重金属污染修复技术研发方面进行了积极部署与研究。①日本开展的与土壤污染修复相关的研究项目主要分布在土壤重金属污染的测定方法、土壤修复技术（化学修复、生物修复）、土壤修复机理和土壤污染的环境评估方面；②韩国为了应对日益严重的重金属污染问题，加大了土壤淋洗和电动修复技术的研发；③中国台湾地区近年来多采用原位组合、复合修复技术；④美国在污染场地修复技术应用领域居于世界领先地位，应用较多的是原位土壤气体抽提技术、异位固化/稳定化技术、异位焚烧处理技术；⑤欧盟最常见土壤修复技术是污染土壤的挖掘和填埋。

相关专利的公开量方面，2013—2018 年共有 7 个国家拥有专利，中国占绝对多数，美国和日本也有一定比例。中国专利项目的公开量虽然多，但平均被引数约为美国的一半。核心专利的主要产出机构方面，中国江苏上田环境修复有限公司表现不俗，其他国家各机构公开的专利数则较为分散。国家或地区间合作网络及机构间合作网络方面，基本不存在合作开发的相关专利。

另外，该报告也显示，"多技术协同土壤污染修复"进入"环境与轻纺工程"领域 TOP 10 工程开发前沿。报告指出，传统土壤修复技术包括物理修复、化学修复和生物修复，存在污染物类型或修复时间/成本局限性。多技术协同土壤修复体系如化学氧化协同微生物降解有机污染物、气相抽提—热脱附组合修复技术、洗脱—强化微生物修复组合技术，相比单一处理技术能更好地适应不同类型复合污染物处置，同时，能处置多介质如土壤——地下水污染。近年来多技术协同土壤污染技术迅速发展，专利数由 2013 年的 32 项上升到 2018 年的 444 项，呈逐年提升状态，修复技术逐渐从单一污染物的处理向多种污染物及重金属——有机物复合污染处理转变，异位、固定式修复装备向原位、自动化、智能化装备转变，污染物去除向过程调控——末端治理联合调控转变。

我国在多技术协同土壤污染修复方面尚缺乏集成的一体化技术与装备，原创技术少。同时，缺乏针对特殊高风险污染场地如电子拆解垃圾场地、高浓度石油污染土壤场地等的集成修复技术示范。模块化、自动化、智能型的高效联合修复一体化技术与装备仍是未来需要发展的重点。

（来源：《2019 全球工程前沿》）

研究表明营养食品比不健康食品对环境的影响小

美国明尼苏达大学和英国牛津大学的最新研究表明，广泛采用健康饮食将显著减少农业和食品生产对环境的影响。这是研究人员首次将食品对健康的影响与其对环境的总体影响联系起来。近日发表在《美国国家科学院院刊》（PNAS）上的研究报告表明，有益健康的食品对环境的影响较低，而不利健康的食品对环境和身体也都有危害。

明尼苏达大学生物科学学院的生态学教授大卫·蒂尔曼介绍说："膳食对我们自身和环境都有很大的影响。这项研究表明，吃得健康也意味着饮食行为更可持续。一般情况下，如果一种食品对一个人健康的某一方面有好处，那么对健康的其他方面也有好处，对环境也是如此。"

研究人员调查研究了 15 种不同的食物消费与 5 种不同的健康状况和环境退化方面的关系。结果表明：几乎所有与改善健康状况有关的食物（如全谷类食物、水果、蔬菜、豆类、坚果和橄榄油等）对环境的影响也最低；同样，疾病风险增长最大的食品——主要是加工或未加工的红肉（如猪肉、牛肉、羊肉等）——与最大的负面环境影响相关。但也有 2 个例外：一是鱼类，它对环境影响一般，但对人体而言是较为健康的食品；二是含糖饮料，它们虽然对健康有风险，但对环境的影响却比较小。因而该项研究得出的结论是，将饮食转变为更健康的膳食结构，也会改善环境的可持续性。

这项研究强调了联合国和其他国家最近关于人类饮食对环境影响的建议。联合国政府间气候变化专门委员会（IPCC）2019 年 8 月的一份报告建议人们多吃植物性食品，以此来适应和扼制日益恶化的气候变化。

明尼苏达大学食品、农业和自然资源科学学院生物制品与生物系统工程教授杰森·希尔认为，用更有营养的食物替代红肉可以极大地改善健康和环境。更重要的是，人们都会考虑食物对健康的影响，而现在还是把营养作为优先项，这也将为地球带来好处。

（来源：EurekAlert）

科学家绘制全球土地 2040 年
实现碳中和的新路线图

土地对人类的生计和福祉至关重要，而与土地利用有关的活动也在气候系统中发挥着重要作用。将全球升温控制在 2℃ 以下，那么每 10 年的温室气体排放量就必须减半，同时，还要清除大气中过量的二氧化碳。国际应用系统分析研究所（IIASA）的研究人员绘制了土地在 2040 年前实现碳中和、在 2050 年前实现净碳汇的新的路线图。参与制定路线图的几位专家是 IPCC（政府间气候变化专门委员会）土地报告的撰稿人，成果发表在《自然—气候变化》杂志上。

该路线图阐述了在森林、农业和粮食系统方面的关键行动，呼吁全世界采取这些行动来避免全球气温飙升。这项研究是迄今关于土地对 1.5℃ 目标的贡献进行的最全面的探索，也首次确定了具体的土地利用行动、相关地理位置和实施路径，以便在 2020—2050 年每 10 年减少 50% 的土地利用排放。这些行动也将有助于气候适应和实现联合国可持续发展目标。

IIASA 的研究人员采用了综合评估模型评估了 24 种土地管理措施，这些措施具有巨大的减缓气候变暖的潜力以及其他社会和环境效益。研究小组制定了各国可采取的优先行动，以便在 2040 年前将土地的排放量减至零，以避免全球气温飙升 1.5℃以上。研究中概述了减少土地排放的 6 项优先行动，包括到 2030 年将毁林、燃烧、泥炭地以及红树林退化降低 70%；恢复森林、泥炭地和沿海红树林；改善森林管理和农林业；加强农业中的土壤固碳；减少发达国家和新兴国家的食物浪费；到 2030 年将 1/5 人口的饮食结构转变为以植物为主。

分析表明，通过这些行动进行可持续的土地管理，可为实现《巴黎协定》规定的将气温保持在 1.5℃以下的目标提供 30% 的缓解措施。然而，研究小组也指出，机会之窗越来越小，我们拖延行动的时间越长，实现《巴黎协定》目标的机会就越小，给自然和粮食系统带来的负担也就越重。

据研究人员介绍，路线图揭示了一种分阶段的方法，即优先采取避免排放的行动。这意味着要尽力避免在巴西和印度尼西亚等热点地区砍伐森林，并且现在需要测试和试验更多有关大气中碳去除的高科技选择。与其他气候解决方案相比，恢复森林、泥炭地、湿地和农业土壤是立即可行的，在规模上也得到了证明，而且还能带来许多其他好处。我们还需要开发和试验更多的负排放技术，如直接空气捕获、具有碳捕获与储存效应的生物能源（BECCS），以便未来可以从大气中去除更多的碳。否则，我们只能将越来越依赖自然系统。土地可以而且已经做了很多，但它并不能包办一切。因此，对负排放技术的研究和投资对于未来的可持续发展至关重要。

目前，土地每年排放约 110 亿吨二氧化碳当量（约占全球排放量的 25%）。如果各国实施这一路线图，土地部门到 2040 年可能会实现碳中和，到 2050 年可能会实现净碳汇（每年约 30 亿吨二氧化碳当量）。所有这些行动每年将会减少 150 亿吨二氧化碳当量，其中，约 50% 来自减少排放，50% 来自土地额外的碳吸收。研究还指出，虽然世界各国都可以为改善土地管理作出贡献，但美国、欧盟、加拿大、中国、俄罗斯、澳大利亚、阿根廷、印度、巴西和其他一些热带国家，因其减排行动潜力巨大而显得尤为重要。

该研究超越了那些严格关注气候效益的路线图，明确提出了过量温室气体减排和清除的行动，同时，建立和更新了 IPCC 的土地报告。该报告认为，除了化石燃料外，损毁森林、不当的农业生产方式和不可持续的饮食结构等必须一并解决，以避免全球气候变暖。

（来源：EurekAlert）

土壤微生物在植物抗病中起着关键作用

青枯菌（*Ralstonia solanacearum*）引起的青枯病侵染了包括番茄、马铃薯等在内的多种植物。它给世界各地造成了巨大的经济损失，尤其是在中国、印度尼西亚和非洲。科学家发现土壤微生物可以使植物对侵袭性疾病有更强的抵抗力，这为可持续的粮食生产开辟了新的可能性。

约克大学的研究人员与来自中国和荷兰的同行一起研究了土壤微生物群落与植物病原体的相互作用及其影响。来自生物系的 Ville Friman 博士指出，尽管他们已经发现了番茄地里到处都有这种病原体，但它并不能感染所有的植物。因此，他们推测这种空间变化是否可以用土壤细菌群落的差异来解释。

为了研究土壤微生物群落对疾病发展的影响，研究者使用了一个新开发的实验系统，该系统允许以非破坏性的方式对单个植物进行重复取样。这使得科学家能够在疾病症状出现之前获得及时反馈，对健康的和患病的植物微生物进行比较。

取样方法使他们能够比较那些健康或感染的植物的土壤中存在的微生物。分析表明存活植物的微生物群与某些稀有类群和抑制病原体的假单胞菌和芽孢杆菌有关。研究发现，改良后的作物抗病性可以转移到下一代植物。同时，不仅要关注病原体，更要关注根际存在的自然产生的有益微生物。虽然微生物对人类和植物的有益作用早已得到承认，但很难从比较数据中区分其因果关系以及重要的细菌类群。

该团队目前正在开发和测试用于作物生产的不同微生物菌剂。这项研究为细菌作为"土壤益生菌"保护植物免受病原体侵害提供了可能性。

（来源：Science Daily）

磷素的未来——减量化、再利用与再循环

1669 年，Hennig Brandt 发现了磷元素，这是一个非常重要的科学发现。在当时，Brandt 并未意识到磷素对农业未来的重要性。

磷是作物健康生长和产量形成的必要元素之一。当农场规模较小且自给自足时，农民收获了他们的作物，而磷养分很少离开农场。家庭或动物消耗了这些食

物，农民可以把他们动物的粪便撒到土壤上补充养分。这是一个相对封闭的磷循环。

但是，随着世界人口的增加，食物和营养需求也在增加。农民有了更多的收成，因此，也有更多的营养从农场流出。同时，也需要通过发展新的种植方法和肥料品种来适应农业。众所周知，大多数磷肥都以世界磷矿石为主要原料。然而磷矿资源是有限的，磷矿也很难开采和加工。

相关科学家指出，许多化学、物理和生物过程影响作物磷的供应，迫切需要提高农业生态系统中磷的利用效率。这就是为什么农民非常重视为他们的作物提供足够的磷。

作物育种与品种选择

磷利用效率是指植物每吸收一单位磷能产出更多作物的能力。有一些植物可以比其他植物更有效地利用磷。作物育种者有可能研发出更有效地利用磷的新品种，还可以培育与土壤中的菌根真菌一起共生的作物，以帮助增加磷的吸收。重点通过跨学科的方法培育低磷土壤中表现良好的植物。

种植制度与磷利用效率

由于一些作物可以增加土壤磷的有效性，因此，种植者可以将重点放在具有这一特点的作物轮作上。覆盖作物和绿肥也有助于提高磷的利用效率。例如，一项研究发现，高粱在紫花苜蓿或红三叶草后种植，磷的利用率很高，而在红三叶草后种植，磷的利用效率不高。为合适的作物和田地配置理想的组合很重要。

土壤有机质在磷矿化中的作用

土壤有机质是土壤健康的标志。它可以通过让更多的根系获得磷和通过释放植物有效磷来提高植物磷的有效性。可以进一步研究土壤有机质与磷矿化的相互作用机制，以满足作物的生长需要，同时，提高磷素利用效率。

拯救天然土壤真菌

许多土壤含有一种或多种称为丛枝菌根真菌的友好真菌，它们与植物的根交换"营养"。真菌帮助释放磷和其他营养物质，而植物产生糖类化合物，以供真菌生长。当然，真菌和根必须彼此靠近才能发生这种交换。研究人员正在寻找在土壤中建立和更好地利用菌根真菌种群的可能。

磷的回收利用

磷是地球上最常见的元素之一。然而，这是作物产量的一个限制因素。同时，过量的磷在河流、湖泊和其他水体会造成污染。由于现代生活的原因，曾经存在于农场的磷循环被打破了。城市社会发展得越快，磷循环就越被打破，除非科学家们想出答案来再次闭合循环。

农业科学家正与废水管理者合作，研究如何让那些值得拥有的磷分子再次回到农场。虽然目前大多数可用的磷回收技术在经济上似乎不可行，但环境和社会效益是重要的。还有其他有价值的磷回收产品，如有机物、其他营养物，甚至水等。

在农业生态系统中提高磷利用效率的一个优先事项是减少对化肥的依赖，并将对环境的影响降到最低。农业系统改善磷的利用有许多可能性。其结果将是农业生态系统仍然养活世界，同时，保护有助于我们种植粮食和健康生活的自然资源。

（来源：EurekAlert 网站）

美国农业部发布 "2019 农业资源与环境指标"

农业生产会对土地、水和空气等自然资源产生广泛影响。美国农业部于 2020 年 5 月发布了 "2019 农业资源与环境指标" 报告，该报告介绍了农业部门如何利用自然资源（土地和水）和商业投入品（能源、化肥、农药、抗生素和其他技术）以及它们对环境质量的贡献。目的是提供一个全面的数据来源，分析影响美国农业资源利用和质量的因素。该报告主要依赖（但不限于）美国农业资源管理调查（ARMS）、农业普查和农业部部门数据。报告中的所有数据和信息，除农业普查数据来自 2012 年的农业普查外（该报告是在美国 "2017 年农业普查" 数据发布前编制的），其他均为截至 2018 年 7 月的最新数据和信息。

该报告的主要发现及数据如下。

①截至 2017 年，小型农场（年收入低于 35 万美元的家庭农场）占美国农场的 89%；年收入超过 100 万美元的农场占农场总数的 3%，但其农产品产出占总量的 39%。

②2012 年，美国 23 亿英亩（约 139.61 亿亩）土地中有将近 53% 为农用，包括种植、放牧（牧场和林场）、农庄和农场道路。

③从 2000 年年初到 2015 年，美国农场房地产的平均价值几乎翻了一番。自 2015 年以来，耕地价值下降了近 5%。

④2014 年，农场中 61% 的土地由土地所有者经营，其余土地出租给承租的农场经营者。不从事经营的土地所有者拥有 80% 的出租耕地。

⑤从 1948—2015 年，美国农业产出每年增长 1.48%，而总投入年平均仅增长 0.1%。

⑥自 21 世纪初以来，私营部门的食品和农业研发（R&D）增长速度比公共部

门快得多，因此，到 2014 年，私营部门 R&D 的支出几乎是公共部门的 3 倍。

⑦自 1996 年以来，玉米、棉花和大豆种植者广泛采用转基因（GE）耐除草剂（HT）和抗虫（Bt）的种子。到 2018 年，美国 90% 的玉米、棉花和大豆使用了耐除草剂种子，80% 的玉米和棉花用种中也含有 Bt 基因。

⑧与 2010 年相比，2014 年每英亩种植面积的除草剂施用率，玉米增长了 21%，棉花 25%，小麦 26%，大豆 24%。除草剂的种类也随着时间的推移而有所变化。

⑨2015 年化肥消费量约为 2 200 万吨。玉米、冬小麦和棉花，氮的利用率徘徊在 70% 左右，而磷的利用率在 60% 左右。

⑩2012 年，灌溉农场约占美国农场的 14%，但其农产品销售额则占到了美国农场销售额的 39%。1984—2013 年，美国西部灌溉面积中，高效喷灌和滴灌面积的比例从 37% 增至 76%。

⑪精准农业包括导航系统和可变速率技术（variable-rate technology，VRT）。到 2013 年，超过 20% 的玉米、大豆和水稻面积使用了 VRT 进行种植。

⑫到 2017 年年底，美国 44% 的肉鸡没有使用任何抗生素。2004—2015 年，生猪养殖企业自称不知道或未报告是否使用抗生素的比例从 7% 增至 35%。

⑬大约 70% 的大豆田、40% 的棉花、65% 的玉米和 67% 的小麦田实施了旨在减少土壤侵蚀和水土流失的保护性耕作措施。

⑭2017 年美国有机农产品零售额约 490 亿美元。在 2006—2016 年，经有机认证的企业数量翻了一番多。

⑮动物粪便为作物提供营养来源。2011 年，约 66% 的肉鸡养殖企业、54% 的生猪企业和 41% 的奶牛场有营养管理计划。

⑯截至 2017 年，全美 55% 的被评估河流和溪流、71% 的湖泊、84% 的海湾和河口的水质都有污染。农业是河流和溪流的最大污染源，也是湖泊和池塘的第二大污染源。

⑰干旱是美国的主要生产风险和支付作物保险赔偿金的主要原因。采用灌溉等措施可以减少干旱的脆弱性。

⑱许多农场主和牧场主采用提高土壤健康的做法。2012 年，35% 的农田实行了免耕，3% 种植了覆盖作物，这 2 种做法促进了土壤健康。

⑲授粉昆虫栖息地在 1982—2002 年增加，之后一直下降，直到 2012 年。北部平原是商业蜂群的夏季生产地，其降幅最大。

⑳2007—2012 年，利用太阳能板、地热交换、风力涡轮机、小型水电站或沼气池生产能源或电力的农场数量从 1.1% 增加到 2.7%。

㉑2017 年，联邦政府为 5 个最大的自愿项目提供了约 60 亿美元的资金，用于

鼓励土地休耕和采取保护性措施。实际上，2002 年和 2008 年的《农业法案》中保护性支出有所增加，2014 年《农业法案》中的保护性支出有所下降。

㉒自 1992 年以来，美国的淡水湿地面积稳定在 1.11 亿英亩（6.74 亿亩）左右。

㉓2012—2018 年，美国农业部土地休耕保护计划（Conservation Reserve Program，CRP）的登记面积从 2 950 万英亩（约 17 906.5 万亩）下降至 2 240 万英亩（约 13 596.9 万亩）。然而，连续登记的土地面积从 530 万英亩（约 13 217.1 万亩）增加到 810 万英亩（约 4 916.7 万亩）。

㉔2016 年，大约有 1.7% 的农场被纳入美国农业部环境质量激励计划（Environmental Quality Incentives Program，EQIP），5.1% 的农场被纳入保育守护计划（Conservation Stewardship Program，CSP）。

（来源：美国农业部）

利用稻壳去除水中微囊藻毒素以对抗有害藻华的新方法

托莱多大学（University of Toledo）的科学家发现，稻壳能有效地去除水中的微囊藻毒素，这一发现可能对大湖沿岸和整个发展中国家产生深远影响。稻壳是丰富而廉价的农业副产品，在过去已被研究作为水体净化物质。然而，这是他们第一次被证明能去除有害藻华释放的毒素——微囊藻毒素。这项研究的结果最近发表在《Science of the Total Environment》杂志上。

为全世界人民提供安全的水源的经济可行的解决方案是非常重要的，这种简单材料足以解决这个问题。该研究由基尔霍夫和自然科学与数学学院（College of Natural Sciences and Mathematics）的化学副教授德拉甘·伊斯列诺维奇（Dragan Isailovic）博士牵头，使用了经过盐酸处理并加热到 250℃ 的有机稻壳。然后将稻壳分散在 2017 年从伊利湖收集的含有害藻华的一系列水样中，以测量它们能吸收多少毒素。

美国环境保护署建议的饮用水准则，即幼儿不饮用含 0.3 微克/升以上微囊藻毒素的水，学龄儿童和成人不饮用含 1.6 微克/升以上微囊藻毒素的水。研究人员发现，稻壳能去除 95% 以上的微囊藻毒素 MC-LR（在伊利湖发现的最常见的一种微囊藻毒素），其浓度高达 596 微克/升。即使在接近 3 000 微克/升的浓度下，超过 70% 的 MC-LR 被去除，并且其他类型的 MC 也被去除。研究人员指出，他们研究了多种从真实环境样品中去除微囊藻毒素的方法，发现这种材料的效果非常好，蓝藻细胞产生的高浓度微囊藻毒素。通常在夏天，伊利湖的浓度会低很多。

除有效性之外，稻壳还有其他一些吸引人的特性。它们很便宜，研究人员花14.50美元买了半立方英尺（约0.014立方米），大量购买会大大降低价格，而且也能使稻壳农业废弃物的资源化利用。将富含微囊藻毒素的稻壳加热到560℃会破坏毒素并产生二氧化硅颗粒，因此，还可用于其他应用。

研究人员希望他们的发现能够扩大到实验室之外，以开发一种更环保的方法来处理有害藻华污染的水体，或者为发展中国家开发廉价但有效的过滤系统，提供安全的饮用水。

（来源：Science Daily）

贸易或许是平衡水资源保护和粮食安全的关键

国际应用系统分析研究所（IIASA）研究评估了在各行业日益激烈的用水竞争下，是否可以优先考虑环境用水的问题。结果表明，这可以通过将作物生产从缺水地区转移到富水地区，并将世界粮食贸易增加两倍来实现。研究结果于2020年5月13日发表在《自然·可持续性》杂志上。

在全球范围内，保护或恢复河流及其相关湿地的生态健康和功能以供人类使用和保持生物多样性的呼吁正日益受到关注，在许多国家已得到了政策与立法支持。为了成功地实施这些保护工作，已经制定了各种方法来定义环境用水量，即维持淡水和河流生态系统以及依赖于此的人类生计和福祉所需的水量、时间和水质。然而，全球淡水资源正面临越来越大的压力，从淡水生态系统提取的水约有70%被用于农业灌溉，灌溉农田生产了大约40%的粮食，而工业、能源和城市的用水需求在未来也将会增加。

据研究人员称，以往对食品—水—环境关系的全球评估没有充分考虑维持淡水生态系统健康所需的水——在某些情况下，根本就没有考虑"环境用水"的维度。该小组希望了解强有力地保护和满足环境用水需求对粮食安全的影响以及各国之间的农作物和牲畜产品贸易在多大程度上能够缓冲这种影响。

灌溉通常被认为是实现粮食安全的一个极其有效的方法，因为灌溉农田往往比雨养农田生产力更高，它使得农民在降水不足的地区和月份也可以进行作物生产。研究人员想知道，在各行业用水竞争日益激烈的情况下，是否可以优先考虑环境用水。

本研究采用 IIASA 全球生物圈管理模型（GLOBIOM）进行分析，研究了灌溉用水的变化如何影响农田的利用和扩张。在分析中，气候变化导致的降水变化、工业和家庭对水日益激烈的竞争以及对环境用水量的保护，被认为是灌溉农业满足未来日益增长的农产品需求所面临的关键挑战。从环境用水量和作物生产的角度来看，时间尺度也很重要。当考虑到城市和工业每月的用水需求时，研究小组惊讶地发现，水资源在区域和年度水平上看起来很丰富的地区，实际上也几乎没有灌溉用水或环境用水。

调查结果表明，到 2050 年，为了满足世界不断增长的人口对粮食的需求，将需要增加 1 亿公顷的土地利用量，并使粮食产量翻一番。此外，还需要重新分配富水地区的粮食生产，减少干旱地区耗水作物的种植。贸易政策在适应气候变化方面可能具有重要作用，因为需要从富水地区向缺水地区增加 10%~20% 的贸易量，以维持全球范围内的环境用水需求。此外，研究还表明，为了满足日益增长的环境用水和其他方面用水需求，有必要改灌溉农业为雨养农业。

"维持环境用水量需要增加 15% 的贸易量，同时还需要减少 20%~30% 的灌溉面积，"该研究的主要作者 Amandine Pastor 说，"因而应采取可持续和创新的做法，例如在适宜的农业气候区种植作物（例如在干旱地区少种植耗水型作物）、发展城市农业和垂直农业以及限制人类饮食中肉类的份额。"

研究认为，认识到自然资源的有限性非常重要。研究结果表明，尽管人口不断增长、气候变化的影响日益加剧，到 2050 年仍有可能维持粮食安全和环境用水量的需求。"有关用水、可持续粮食生产和森林砍伐的环境法规是避免当地环境退化的根本，水资源应在人类需求和生态系统需求之间进行谨慎管理，以确保人类未来的可持续发展，"Pastor 说。

"旨在为不断增长的人口提供充足的食物和用水的政策，可能与保护环境的政策目标不一致。因此，权衡在当地环境可持续性和发展目标如何发挥作用就显得非常重要，"IIASA 生态系统服务和管理项目的研究人员、该研究的作者之一 Amanda Palazzo 总结道。

（来源：Science Daily）

科学家发现有机物中天然磷释放新机制

磷是一种有限的资源，但在农业中，经常将磷与氮一起施用到作物上，以改善土壤健康，促进作物生长。对于种植农作物的农民来说，从开采无机磷矿中获得的磷肥是一种日益减少的资源。一旦耗尽，它就消失了。

如果能了解土壤中磷的代谢过程的分子机制，以及这些过程中磷可能被植物和细菌利用的方式，我们就能改善环境，阻止农田氮磷径流进入河流和湖泊，或许还能防止附近水域的藻类繁殖。

康奈尔大学的工程师们已经迈出了一步，他们阐明了土壤中的铁是如何释放有机物中天然磷的机制。这种磷可以用于肥料中，这样农民有望减少施用到农田中的化学肥料的数量。现在可以利用自然土壤中有机物释放磷酸盐的机制，减少对开采磷矿的依赖，减少因农田或草坪开采磷矿粉。

生物与环境工程副教授 Ludmilla Aristilde 表示，人们对自然的干扰越少越好。磷循环过程的在很大程度上被忽视了，但他们正在研究土壤矿物对环境有益的磷循环机制，探索目前未知的磷循环途径，进而避免更多的化学磷的开采与投入。

该项研究由美国国家粮食、农业研究所和美国能源部支持。

（来源：康奈尔大学）

技术转移案例：美国农业部专利
助农作物废料变废为宝

农作物废料也可以变废为宝。美国农业部农业研究服务处（ARS）的 Tara McHugh 是位于加利福尼亚州奥尔巴尼的农业研究服务处西部区域研究中心的主任，负责监督这项"炼金术"。在她的职业生涯中，她研究了将食品加工废料转化为增值产品的方法，产品包括水果棒、蔬菜脆片以及由农产品制成的可食用薄膜。

美国每年能产生超过 6 200 万吨的食物浪费，其中，近一半（42%）的损失是在加工制造环节。McHugh 说："在食品加工阶段产生了大量的浪费。这是开展这项研究的重要原因之一。"

多项专利技术将次等农作物变废为宝

在健康加工食品研究部门，McHugh 发明了多种技术来回收这些废物，并将其转化为有价值的商品。

McHugh 最成功的项目之一是发明了一种将干果制成棒状的新技术，制造了世界上第一个 100% 的水果棒。2003 年，这项专利被授权给 Columbia Gorge Delights 公司，这是一家位于华盛顿北博纳维尔的水果种植公司。10 多年来，该公司利用这项技术生产"纯水果"巧克力棒，所用的水果是从当地收获的苹果和梨中剔除出来的次等果品。2016 年，ZEGO 零食公司收购了该公司，并继续生产水果棒。

McHugh 的研究为她赢得了多个奖项。同样重要的是，它帮助提高了种植者可以获得的利润，在农村地区创造了新的就业机会，并利用可能被丢弃的次等农产品生产出方便、营养丰富的零食。

McHugh 还发明了一种技术，可以用水果和蔬菜制成可食用薄膜。这些薄膜不仅看起来、闻起来和尝起来都很吸引人，而且还能防止食物腐败变质。该专利薄膜已授权给 NewGem Foods 公司进行独家销售，产品包括火腿釉片以及玉米饼和寿司卷紫菜（紫菜部分）的替代品。这家总部位于华盛顿州的公司迄今已售出数百万份这类产品，相当于 1 500 多万份水果和蔬菜。这项创新技术获得了许多奖项，包括 2001 年《大众科学》杂志的"最佳创新奖"。这些可食用的薄膜被收录在 Material ConneXion 的图书馆中，该图书馆拥有世界上最大的先进、可持续材料和工艺的实体馆藏。

成功的技术转移使研究机构和其商业合作伙伴实现双赢

McHugh 的研究强调了技术转移的重要性，经过这个过程，研究实验室和大学开发的技术最后都将被用于商业生产。将新技术从研究实验室引入市场可以采取许多不同的途径。"在某些情况下，ARS 首先开发技术，然后寻找商业合作伙伴；有时，ARS 和商业合作伙伴共同开发并商业化这些技术。"McHugh 说，这就是 ARS 与 Regrained 的合作方式。Regrained 是一家新公司，它利用酿酒商的"废"谷物制作能量棒，这种谷物营养丰富，但很快就会变质。ARS 与 Regrained 合作开发了一项正在申请专利的技术，将这些谷物干燥并加工成健康、高质量的面粉，将食物垃圾转化为有价值且美味的产品。

2020 年春季，McHugh 因其研究成果被评为 2019 年 ARS 年度杰出高级研究科学家，并在最近被任命为 ARS 西部地区研究中心主任。对于这一赞誉，McHugh 说："获得这个奖项是一种荣誉和荣幸，这不仅是对我自己的研究的认可，也是对我多年来与之共事的每一个人的认可。""我也非常感谢这项研究通过改善健康、减少食物浪费、在农村地区提供新工作、改善食品安全以及减少食品加工中的能源和水的使用，对世界产生的积极影响。"

（来源：美国农业部）

堆肥有助于土壤碳固存

加州大学戴维斯分校的研究人员发现，堆肥是将碳储存在半干旱农田土壤中的关键，这是一种抵消二氧化碳排放的重要策略。

发表在《全球变化生物学》（*Global Change Biology*）期刊一项长达 19 年的研究中，研究人员挖掘了大约 6 英尺（约 1.8 米）深的土壤，比较传统耕作、覆盖作物和添加堆肥的玉米—番茄轮作和小麦—休耕系统的土壤碳变化。

①常规土壤既不释放也不储存碳。

②覆盖种植的常规土壤，在土壤表层 1 英尺（约 30 厘米）内增加了碳储存，但是会在该深度以下损失大量的碳。

③当在有机认证系统中同时添加堆肥和覆盖作物时，土壤碳含量在研究期间增加 12.6%，约每年增加 0.07%。这超过了国际"千分之四"计划，该计划要求每年增加 0.04% 的土壤碳。与仅测量表层土壤的情况相比，它还储存了更多的碳。

加州大学戴维斯分校土地、空气和水资源系的博士生 Jessica Chiartas 指出，土壤代表着我们脚下巨大的自然资源。如果我们只考虑在它的表层耕种，那么我们就错失了一个机会。碳就像第二茬作物，能带来收益。

覆盖作物、堆肥和碳市场

在全国范围内，许多调查土壤表层碳变化的研究发现，覆盖作物的种植系统会储存碳。加州大学戴维斯分校的研究还发现，土壤表层增加了碳排放，但在土壤更深处，覆盖作物系统释放出了足够多的碳，导致了总体净损失。

加州大学戴维斯分校农业可持续发展研究所作物系统科学家 Nicole Tauges 表示，覆盖作物还有其他好处，但在我们的系统中，储存碳不一定是其中之一。通过鼓励堆肥，我们会取得更大的进步。

微生物需要均衡饮食

碳需要通过土壤微生物代谢，才能在土壤中形成稳定的碳形式。堆肥不仅提供了碳，而且为这些微生物提供了额外的重要养分，使其有效地发挥作用。

加州大学戴维斯·拉塞尔分校可持续设施农业主任 Kate Scow 解释说，从土壤中不断流失有机物的原因在于我们的重点是给植物喂食，而我们忘记了在土壤中提供重要服务的其他物质的需要，如建设有机碳。我们也需要给土壤施肥。均衡的养分供给可以使土壤中的碳含量与二氧化碳释放量之间产生差异。

当它们的养分失衡时，微生物就会从现有的土壤有机质中寻找缺失的养分。这导致碳的损失而不是增加。作者认为，在土壤深处，覆盖作物的根系提供的是碳，而不是稳定碳所需的其他养分。

干旱气候中的碳储存

这项研究是在加州北部中央山谷的可持续设施农业进行。结果表明，在试验中半干旱地中海气候能够在土壤中储存比以前想象的更多的碳。

加州食品和农业部有关人员表示，这项工作非常及时，因为该州投资了一些项目用于储存土壤中的碳。在当前的健康土壤计划中，通过添加堆肥在土壤中固碳是一个关键做法，他们很高兴看到科学和政策努力相互协调和支持。

研究结果还表明，堆肥有机会通过改良土壤、抵消温室气体排放、将动物和植物废弃物转化为土壤所需的有价值产品，为农民和环境提供更多的收益。

这项研究得到了美国农业部国家粮食和农业研究所以及加州大学戴维斯农业和环境科学学院的资助。

（来源：加州大学戴维斯分校）

动物疾病防治

美国农业部公布畜禽养殖中抗生素使用数据

美国农业部动植物卫生检验局公布了 2 项全国性的研究结果，这些研究对 2016 年期间肉牛饲养场和大型猪养殖场的抗生素使用和管理进行了检查。

美国农业部收集和研究的数据将有助于动物卫生官员以及人类卫生界和消费者更好地理解如何在畜禽养殖场使用抗菌药物。这些研究包括使用什么抗菌剂、使用的原因以及如何使用的细节。还包括有关记录保存、决策和兽医参与方面的数据。

这些研究的主要结果如下。

①2016 年大多数饲养场（87.5%）通过饲料、水或注射方法给牛使用抗菌剂。

②2016 年大多数猪场（95.5%）通过饲料、水或注射方法给市场上的猪使用了抗菌剂。

③在猪舍和饲养场使用抗菌剂的主要原因是为了动物健康，例如，预防、控制或治疗呼吸道疾病，尽管使用抗菌药物的原因会因物种、给药途径和动物年龄而异。

④2016 年大多数猪场和饲养场都在兽医的参与下使用抗生素，并使用了兽医的服务。

这些研究的信息为畜牧生产商如何在 2017 年 1 月美国食品药品监督管理局（FDA）规则改变之前使用抗菌药物提供了一个基线，这对抗菌药物在动物农业中的使用方式作出了 2 个重要的改变。该规则取消了使用"医学上重要的"抗菌剂（用于人类健康的抗菌剂）来促进食用动物的生长。当在动物饲料或水中使用医学上重要的抗菌剂时，也需要兽医的监督。这些步骤将促进抗菌药物的合理使用，也减少对这些重要药物产生或传播耐药性的机会，并有助于保护人类健康。

美国农业部将在未来的研究中继续收集相关的数据，这些数据将提供有关食品药品监督管理局规则变更的影响的信息，并进一步评估趋势。牛肉和猪生产商、兽医和畜牧业生产者，也可以使用这些数据来评估哪些抗菌药物管理和使用做法正在成功实施以及哪些地方还有改进或完善的机会。

（来源：美国农业部）

猪感染口蹄疫病毒 24 小时即具有高度传染性

美国农业部（USDA）科学家的一项新研究表明，口蹄疫（FMD）病毒在猪体内的传播比先前的研究显示的要积极得多。最近发表在《科学报告》（*Scientific Reports*）上的这项研究显示，猪感染 FMD 病毒后仅仅 24 小时就对其他猪具有高度传染性——远在出现任何临床感染迹象（如发烧和水疱）之前。

美国农业部农业研究机构（ARS）首席研究员、兽医官员乔纳森·阿尔兹特说，口蹄疫仍然是全球牲畜最主要的疾病之一，尽管自 1929 年以来美国还没有发生过口蹄疫，但这种高传染性的病毒性疾病（有时是致命的）仍被认为是对美国农业的严重威胁。如果其被引入美国和欧洲等非免疫无口蹄疫国家，可能会因贸易禁令和疫病根除而给经济造成数十亿美元的损失，其中，常常包括对大量受影响动物实施不可避免的安乐死。

猪的免疫保护是出了名的具有挑战性。阿尔兹特说，接种疫苗的猪仍然会释放出传染性病毒，并有可能传播感染。在这项研究之前，通常认为口蹄疫在临床发病前不具有传染性。

这项研究对于传染病专家至关重要。如果暴发疫情，他们利用这些信息提供正确的数据并指导资源，以保护牲畜免受动物疾病的影响。阿尔兹特说，近年来已经开发了各种疾病动力学模型，针对口蹄疫的具体暴发情景，确定疫病控制的关键目标、预测影响和估计资源需求，然而这些模型都没有包括临床前传播的影响。

阿尔兹特及其团队与美国农业部动植物卫生检查服务中心的动物流行病学和健康中心的科学家合作，采用数学建模方法来估计猪口蹄疫临床发病前传播的发生情况，他们发现传播大约发生在临床发病前一天。

将更新的疾病数据并入模拟口蹄疫传播的模型中，结果显示，模拟口蹄疫在美国猪业传播时，包括发病前的 1 天感染期，将导致受影响的农场数量增加 40%，这意味着 166 个额外的猪场和超过 66.4 万头猪。

阿尔兹特补充说，如果不对这样的信息作出解释，可能造成美国有限的、控制良好的口蹄疫疫情暴发、在 2 个月内造成 300 万美元的损失与灾难性的全国性流行、在一年内造成 200 亿美元的损失的巨大差异。

为了防止口蹄疫入侵美国，并作好侵入情况下的准备，传染病模型是实现这一目标的重要组成部分。这项研究提供了另一个工具——重要信息——帮助建立更好的模型，以保护猪、牛、羊乃至整个畜牧业免受口蹄疫的侵害。

（来源：美国农业部）

美国农业部提议修订国家家禽改良计划

美国农业部动植物健康检验局（Animal and Plant Health Inspection Service，A-PHIS）正在提议修订《国家家禽改良计划》（National Poultry Improvement Plan，NPIP），将新的科学信息和技术纳入 NPIP，以适应家禽业的变化。

NPIP 是为防控家禽疾病建立的联邦政府与产业的合作机制。其目标是通过提供合作计划，有效地应用新技术，改善全国的家禽和家禽类产品的健康状况。

APHIS 提议修订的内容如下。

①提出新的美国新城疫（Newcastle Disease，ND）消除计划；

②修订低致病性禽流感法规中赔偿的部分；

③创建专门用于猎鸟行业的 NPIP 子部分；

④进一步解释/修订计划法规，以匹配当前的科学信息和技术。

ND 清除计划和疫区控制将重点放在种蛋鸡、肉鸡和火鸡上，这些禽类动物是整个行业的基础，通过该计划，饲养者可以证明他们的鸡群符合官方机构（Official State Agency）和 APHIS 对未受新城疫感染禽类的所有的要求。ND 清洁隔间的要求与 NPIP 目前用于禽流感清洁隔间的要求类似。这将使健康鸡群即使在新城疫暴发期间也能够参与国际和州际贸易。通过保持贸易顺畅，不仅会使相关的鸡群受益，还会使整个行业受益。

修订内容还包括 NPIP 关于发现低致病性禽流感的赔款规定，以反映当前的政策和操作规范。该提案增加/阐明了各种术语的定义，这些术语涉及为动物、材料、清洁、消毒以及受感染的农场恢复正常业务所需的其他赔款。该修订草案中还编制了使用评估计算器确定补偿金额的方法。

APHIS 还将创建专门用于猎鸟行业的 NPIP 子部分，猎鸟行业自成立以来发展迅速，并且日趋复杂。新的子部分将与该行业中的术语、生产方法和最终用途保持一致，毕竟猎鸟行业中的术语、生产方法和最终用途与其他家禽行业截然不同。新的子部分将添加专门为猎鸟行业设计的测试机制、术语和程序。

美国农业部在《联邦公报》上公布该草案后的 60 日之内，均接受公众的意见。公布的修订草案可在 https：//www.federalregister.gov/d/2019-23973 上查看。

（来源：美国农业部）

美国 ARS 项目：预防猪群中的 MRSA ST5 病毒

每年 11 月的第三个星期是世界抗生素宣传周（World Antibiotic Awareness Week），美国农业部农业研究局（ARS）表示将继续致力于使用"统一健康"（One Health）方法进行研究，探索有助于延长抗生素使用期限的解决方案。例如，ARS 研究项目包括研究日常的生产活动如何影响抗生素耐药性，研究某些动物病原体是否可能带来公共卫生问题。耐甲氧西林金黄色葡萄球菌（Methicillin-resistant Staphylococcus aureus, MRSA）是一种引起公众关注的细菌类型，因为它对某些抗生素具有耐药性且难以治疗。目前已经在家畜中——主要在猪身上发现了 MRSA。一种名为 ST5 的 MRSA 毒株引起了更多的公共卫生方面的关注，因为它是全球范围内人类感染该细菌的主要原因。

为了解决这些公共卫生方面的问题，农业研究局开展了一项研究，以确定诸如使用饲料中的锌作为止泻剂等生产实践是否会助长美国猪群中 MRSA 的出现和传播以及从猪和人类身上分离出的 ST5 细菌是否具有基因方面的相关性。

ARS 的数据表明，在饲料中添加锌对美国猪群中与家畜相关的 MRSA ST5 的流行没有影响。更重要的是，ARS 发现来自农业生产中的 ST5 分离株在遗传上与从人类临床环境中获得的临床 MRSA ST5 分离株是不同的，并且相互之间没有关系。具体来说，来自农业的分离株被发现在农场内彼此极为相似，并且缺乏通常由人类分离株携带的基因。总的来说，ARS 的数据表明，家畜相关 MRSA 和人类临床 MRSA ST5 分离株在基因上是不同的，该研究还发现，它们之间的传播或遗传交换目前尚未发生。

ARS 的研究人员正在继续根据这些结果进一步确定家畜相关的 MRSA ST5 在家畜环境之外的分布和影响。在庆祝世界抗生素宣传周之际，ARS 仍致力于采用"统一健康"的方法来预防复杂的公共和动物健康问题，而不仅是被动地对这些问题作出反应。从这些研究中获得的信息可以极大地帮助科研人员全面了解动物病原体以及公共健康存在的潜在风险。

（来源：美国农业部）

康奈尔大学等机构获千万美元拨款用于家禽研究

康奈尔大学是美国农业部一项为期 5 年 995 万美元拨款项目的共同领导机构，该项目旨在改变家禽业的营养和用水状况，以改善其对环境的影响并增进人类健康。这项由阿肯色大学牵头，美国农业部国家食品和农业研究所于每年 9 月 1 日拨款的项目是美国农业部有史以来金额最大的拨款之一。

农业与生命科学学院动物科学系教授兼联合首席研究员雷欣根（Xingen Lei）说"对美国人来说，家禽是主要动物蛋白质来源，这将是我们提高生产效率、肉类质量和经济效益的大好机会。"雷欣根说。

雷欣根将领导的一个项目涉及使用微藻作为替代饲料蛋白。他说："在这种情况下，我们希望用微藻代替大豆，减少饲料和食物之间的竞争。"此外，微藻可以从大气中捕获二氧化碳，这将使生产更环保。

雷欣根说，他的实验室已经在利用藻类作为富含蛋白质的饲料来源方面取得了很大的进展。然而，与目前商用家禽饲料中蛋白质的来源——豆粕相比，藻类价格昂贵。他的目标是提高饲料的营养质量和环境价值，同时，使农民能够负担得起并实际使用。

通过微藻，研究人员可以引入有利于不饱和脂肪酸和维生素 D 的酶。与人类生态学学院营养科学系教授金伯利·奥布莱恩（Kimberly O'Brien）合作，雷欣根将寻找改善鸡的整体健康进而改善消费者健康的方法。

阿肯色大学的研究人员将开发改善鸡肠道健康和抗病能力的方法，此外，还将探索该行业如何更有效地利用水资源。

研究团队还包括康奈尔大学研究人员杰斐逊·泰斯特（Jefferson Tester）、史密斯化学与生物分子工程学院（Smith School of Chemical and Biomollecular Engineering）研究员兼教授大卫·克罗尔·塞斯奎森特（David Croll Sesquicentennial）以及综合学院（School of Integrated）土壤与作物科学教授利伯特·海德·贝利（Liberty Hyde Bailey）等。

研究人员将处理家禽粪便和其他食物垃圾，以产生沼气、生物油、电力和生物炭等形式的能源。通过水热液化和热解等技术，他们将以经济有效、环境可持续的方式回收碳和营养物质。

在总资金中，100 万美元将用于教学，100 万美元用于推广。食品科学与营养学教授丹尼斯·米勒（Dennis Miller）说："主要目标之一是提高人们对粮食系统对地球健康的影响的认识，并教育下一代粮食和农业领导人了解可持续农业的做法。我们希望通过在教师研究实验室实习、在可持续农业系统中修读本科和专业硕士课程来实现这一目标。"

（来源：康奈尔大学）

抗生素耐药性激增威胁畜牧业

据 2019 年 9 月 19 日发表在《*Science*》上的一篇文章报道，发展中国家农场动物的耐药性正在上升。此外，对抗菌药物的广泛依赖和日益增加的耐药性不仅会影响密集型食品生产系统的可持续性，而且还可能对人类健康产生潜在影响。因此，作者建议各国政府和政策制定者应该采取紧急和协调的全球行动，应对畜牧业不断上升的抗生素耐药性威胁。

自 2000 年以来，尽管高收入国家对动物蛋白的需求趋于平稳，但是全球对动物蛋白的需求大幅上升，亚洲、非洲和南美洲肉类产量增长高达 68%。而抗生素通常用于畜牧业，以保持农场动物的健康和生产力。

通常抗生素被用于预防感染和疾病，尤其是在紧急的情况下。但是它们经常被不加选择地用于帮助增加体重和提高营利能力。因此，70% 以上的抗生素作为饲料添加剂饲养动物，导致了抗生素污染风险的增加。不仅表现在动物身上，在某些情况下，人类也面临相似状况。

据世界卫生组织（WHO）称，尽管抗生素已被证明能挽救生命，但在人和动物身上的过度使用已经导致了危险的抗生素耐药性，这已成为全球健康的重大威胁之一，并且对抗菌药物具有耐药性的细菌比例正在迅速增加。

在低收入和中等收入国家，抗菌药物的使用往往没有发达国家那样受到监管，而且与建立了监测系统的发达国家相比，低收入和中等收入国家也没有完善的监测系统。因此，为了解决发展中国家抗生素耐药性数据匮乏的问题，研究人员利用地理空间模型绘制了低收入到中等收入国家抗生素药物耐药性的全球地图。

这项由苏黎世 ETH 的 Thomas Van Boekel 教授领导的基于在发展中国家开展的 901 项流行病学研究，重点研究了沙门氏菌、弯曲杆菌、葡萄球菌和大肠杆菌 4 种常见类型的细菌。

作者指出，耐药率最高的抗生素包括四环素类、磺胺类、喹诺酮类和青霉素类，它们主要用于帮助动物增重。在一些地区，这些抗生素几乎完全丧失了治疗感染的能力。这一令人担忧的趋势表明，用于畜牧业的药物正在迅速失效。

此外，研究人员还确定了几个"耐药热点"地区，主要集中在印度和中国东北部以及巴基斯坦、伊朗和土耳其，还有肯尼亚、乌拉圭和巴西东北部的一些地区。重要的是，一些耐药热点地区出口了大量动物产品。因此，即使在一个国家控制了抗生素的使用，进口肉类也可能无法采用相同的生产标准。

目前这些地图涉及的区域是不完整的，因为如在南美洲的大片地区，仍然缺乏可公开获得的数据。然而，作者敦促受影响最严重地区的政府立即采取行动，以保持抗生素的效力。同时，研究者也指出，耐药性是一个全球性的问题。因此，各国必须采取更多行动，促进更安全的农业生产。

（来源：European Scientist）

英国和阿根廷投入 500 万英镑研究抗生素耐药性

英国和阿根廷的研究人员将在布宜诺斯艾利斯推出"抗微生物药物耐药性（AMR）"行动计划。该研究已获得全球抗微生物耐药性创新基金（GAMRIF）的资金支持，并将由阿根廷国家科学技术研究理事会（CONICET）进行研究人员和实验室的资源匹配。

研究的合作伙伴介绍如下。

①William Gaze（埃克塞特大学）和 Alejandro Petroni（西班牙国家实验室研究所）开发了一个概念框架，以加强对畜牧系统抗生素耐药性的理解，并将其转化成政策和实践。

②Helen West（诺丁汉大学）和 Sonia Gómez（国家实验室研究所）将抗生素耐药性管理应用到阿根廷商业养鸡场废物管理中。

③Dominic Moran（爱丁堡大学）和 Mariano Fernandez Miykawa（国家技术研究所）调研并量化了在鸡肉供应链中使用抗菌药物对环境和经济的影响，并设计了对生产者具有成本效益的干预措施。

④Peer Davies（利物浦大学）和 Sergio Sanchez-Bruni（兽医中心）为阿根廷牛肉行业开发了一个抗菌药物监测框架，以了解抗菌药物的使用和养殖活动如何对环境产生影响。

⑤Kirsten Reyher（布里斯托尔大学）和 Rodolfo Luzbel de la Sota（拉普拉塔国立大学）研究了阿根廷农业系统 AMR 的发生率、原因及对邻近农业环境的影响。

这项研究将使受抗生素耐药性影响严重的低收入和中等收入国家受益。

该计划将由英国生物技术和生物科学研究委员会（BBSRC）和自然环境研究

委员会（NERC）代表 GAMRIF 和阿根廷 CONICET 共同实施。

（来源：UK Research and Innovation）

基因分析提高鸡马立克氏病控制水平

马立克氏病是一种由疱疹病毒引起的高度传染性病毒性疾病，对全世界的家禽构成了持续性的威胁，它也是通过接种疫苗可以预防的疾病之一。然而，虽然疫苗可以防止家禽感染病毒，但不能阻止病毒的传播和突变，这被认为是导致美国商品鸡场中毒株毒性和严重性不断增加的主要原因。

为了改善对马立克氏病的控制，来自美国农业部农业研究局鸟类疾病和肿瘤学实验室的约翰·邓恩和他的团队分析了马立克氏病的基因组，旨在找出与毒力有关的主要基因。他们对美国多年来在各个地区收集的 70 个病毒株的 DNA 进行了测序，并确定了与马立克氏病的毒力相关的显著遗传变异。

这项近日发表在《普通病毒学杂志》上的研究还表明，过去 3 年从鸡场采集的高毒力菌株和 1990 年从同一个鸡场采集的高毒力菌株几乎相同。这说明了致命的马立克氏病病毒在鸡群之间传播和延续很容易，但要从鸡场中根除这种疾病却很难。

另一个值得注意的发现是，新毒株的毒力并不比旧毒株的更强。这可能表明目前的疾病管理和疫苗接种减缓了病毒的持续进化。虽然有良好的疫苗保护，但减少环境中的病毒和改良鸡的微生物环境仍是保障禽类健康的重要措施。

邓恩说，这项研究与其他研究的区别在于病毒株表型的一致性。研究人员对收集的美国菌株在相同的自交系（鸡）和对照条件下（使用相同的疫苗和对照病毒）进行了分离和表型分析。且所有菌株的表型分析均由同一名兽医完成。

研究的下一步将验证与毒力相关的标记物，以确定这些标记物是否可以作为测试活禽马立克氏病新毒株毒力的试验替代品。

该项研究获得了美国禽蛋协会的资助。

（来源：USDA ARS）

植物保护

应用新技术实现植物病毒移动即时检测

近年来，为了人类与动物健康，科学家开发了一种新的微型便携式高通量测序技术。这一技术使用移动实验室，几乎立即当场就能检测出病毒，如埃博拉病毒（Ebola）或是寨卡病毒（Zika）。该检测迅速、及时，无须转移受污染样本。

法国农业国际发展研究中心（French Agricultural Research Centre for International Development，CIRAD）的病毒学家菲利普·鲁马尼亚克（Philippe Roumagnac）解释说："该技术的特点是能生成较长的核苷酸序列，实现对整个病毒基因组的测序。"CIRAD是世界上首批测试并验证该技术在植物学中应用的实验室之一。菲利普·鲁马尼亚克的同事丹尼斯·菲尤（Denis Filloux）补充说："我们使用了一种患病的山药植物，短短几个小时之内就完成了对2个单链核糖核酸（Ribonucleic Acid，RNA）病毒、一个柘橙病毒和一个马铃薯Y病毒的整个基因组的测序。"

移动即时检测植物病毒，支持疫情监测网络的工作

与人类病毒学一样，目前这一技术已经在植物病毒学实验室得到了验证，即使在与世隔绝的地区，也为进行慢性、季节性或新型病毒的实时移动监测铺平了道路。这一技术缩短了从取样到检测到结果之间的时间，有助于疫情监测网络在早期发现有害微生物。

这项由CIRAD和欧洲、印度和南非合作伙伴组成的国际团队进行的研究由阿格罗波利斯基金会（Agropolis Fondation）资助，从属于旗舰项目E-SPACE（提高地中海和热带植物病害的疫情监测水平）。

* Oxford Nanopore MinION。
* 英国牛津纳米孔科技公司MinION测序仪。

（来源：法国农业国际发展研究中心）

植物气味探测系统研究成果有助于
发现抗病虫害的新方法

植物不需要鼻子也能闻到气味，这种能力它们生来就有。东京大学

（University of Tokyo）的研究人员发现了气味分子的信息如何改变植物基因表达的前几个步骤。如果能巧妙地操纵植物的气味探测系统，就可以开发出影响植物行为的新方法。

该发现首次揭示了植物气味探测系统的分子基础，耗时18年之久。

"我们是2000年开始进行研究的，部分困难来自要设计新的工具在植物身上进行气味相关的研究。"东京大学东原和成教授（Kazushige Touhara）说道。

植物会探测到一组称作挥发性有机物的气味分子，对于许多植物的生存策略都起着必要的作用，如吸引鸟类和蜂系昆虫、驱除虫害、对附近植物的疾病做出应对等。同时，这些有机物还会使植物精油散发出独特的气味。

和成教授的团队将烟草细胞和4周龄的烟草植物暴露在不同的挥发性有机物中。他们发现气味分子会通过绑定到转录共抑制因子的分子上来改变基因表达，转录共抑制因子能促进或抑制基因的转录过程。

植物的气味分子必须进入到细胞中去积累，而后才能影响植物行为。动物的气味分子则由鼻子细胞外部的受体识别，并立即激活一条信号通路来识别气味、改变行为。

和成教授表示："植物不能跑，所以，它们对气味的反应当然会比动物慢。如果植物能在同一天内为环境变化做好准备，对它们来说可能已经是最快速度了。"

虽然速度对植物来说不是必要条件，但是它们也许能够识别出更多种类的气味分子。

"人类有大约400个气味受体，大象是动物中受体最多的，有大约2 000个。但是基于植物中存在的转录因子基因数量，植物也许能探测到比动物多得多的气味。"和成教授说道。

和成教授设想应用这些发现来提高作物质量或特性，而无须通过烦琐的基因编辑或使用杀虫剂。农民可以在田地中喷洒与某种理想的植物行为相关的气味，如可以激发植物改变叶片味道来驱虫的某种气味。

"所有生物都会与气味进行交流。到目前为止，我们的实验室已经研究了物种之间的气味交流：昆虫与昆虫、鼠与鼠、人类与人类，一旦了解了植物怎样通过气味进行交流，就为我们提供了研究所有生物间通过'嗅觉'沟通的契机。"和成教授说道。

东京大学的研究团队利用模式生物烟草得出了相关研究结论，他们希望世界各地的研究团队能即刻使用其他各种植物来验证该结论。

（来源：日本东京大学）

作物受病虫害威胁时的防御机制及其影响

人们认为胁迫是"杀手级疾病"，在人体中可增加晚期心脏病或中风的风险。不过，得克萨斯大学圣安东尼奥分校（The University of Texas at San Antonio, UTSA）进行的一项研究表明，胁迫在植物王国中所起到的作用远没有在人体中那么具有毁灭性。该研究成果已刊登于《植物》（Plants）期刊。

生物学研究人员表示，受到胁迫袭击的植物会迅速释放出一种称作"绿叶挥发物"（green leaf volatiles，GLV）的化合物，使其自身和附近其他植物进入防御敏感状态。这些化合物在成功保卫植物的同时，只会暂时阻碍植物的成长。

"我们人类生病时，也会变得虚弱，"USTA 生物学系副教授约根·英格伯斯（Jurgen Engelberth）分析道，"我们不可能一边茁壮成长一边又抵抗疾病，我们发现植物也是一样。"

不过不同点在于，因同等的胁迫导致启动 GLV 的防御措施之后，植物需要在恢复时间和成长阻碍方面付出的代价要比人体少得多。因此，植物能先击退袭击，然后继续以可接受的速度生长，很少甚至根本不会产生在人体上发生的负面影响。

GLV 本质上是植物"绿色"的一面，也是植物的气味，并且已有充分记录证明是植物的保护机制。当植物遭到昆虫或害虫等食草动物攻击时，会临时释放出化合物帮助驱避虫害的侵扰或吸引这些食草动物的天敌。有时，植物甚至会在遭到初次攻击后的几天内都会持续释放更复杂的 GLV。

英格伯斯和 UTSA 的研究人员将不同生长阶段的玉米苗暴露于这些保护性化合物之下，然后发现这些植物停止了平均 20% 的生长速度，而专注于"防御"。但是，研究人员同样也观察到由于没有遭到进一步的袭击，几天之后，这些植物就能够开始弥补损失的生长速度，再次开始生长。

英格伯斯总结道："如果没有来自食草动物的进一步威胁，或者被食用的威胁，植物就能重新投入新陈代谢的能量开始生长。如果食草动物的威胁持续存在，植物就会继续投入到防御中。"

为了生存下来，植物不得不采取多种策略。与动物不同的是，植物无意杀死自己的敌人，因为在很多情况下，它们也需要这些敌人帮助它们传授花粉。

虽然植物在遭受袭击时，具体采用了什么机制来产生新陈代谢资源以启动临时 GLV 防御还不得而知，不过鉴于在使用 GLV 后能快速弥补生长速度的损失，也为植物的适应力提供了一点线索。

据最新估算显示，由于气温升高以及随之而来的昆虫数量的增多，作物产量预计会减少 10%~25%。UTSA 的研究人员将继续研究 GLV 的作用机制，以更好地了解全球粮食供给的未来。

（来源：美国得克萨斯大学圣安东尼奥分校）

授粉昆虫与害虫互作对植物进化有影响

由大黄蜂授粉的芸薹属植物进化出了更具吸引力的花。但如果与此同时植物受到害虫攻击，这种进化就会受到影响。瑞士苏黎世大学的科学家在温室进化试验中揭示了授粉者和害虫之间的互作效应。

在自然界中，植物与各种各样的有机体相互作用，推动其特定特性的进化。传粉昆虫影响植物的开花特性和繁殖，而食草昆虫则增强了植物的防御机制。目前，苏黎世大学的植物学家研究了这些不同互作方式，以及植物在这些互作因子组合发生变化时如何快速适应。

温室中的进化试验

在为期 2 年的温室试验中，苏黎世大学系统和进化植物学系的科学家以芸薹属植物为试材，以大黄蜂与毛虫（鳞翅目昆虫的幼虫）互作作为选择性因子，证明了昆虫授粉和食草动物授粉效果间的强大互作。试验中对 6 代以上的 4 组植物进行了不同处理：蜜蜂授粉，毛虫+蜜蜂授粉，人工授粉，毛虫+人工授粉。

吸引力与防御的平衡

这项试验性的进化研究结果显示，大黄蜂在没有毛虫为害情况下授粉的植物进化出了更芳香也往往更大的花，对授粉者最具吸引力。这些植物在试验中已经适应了蜜蜂的喜好。相比之下，毛虫授粉的植物防御性有毒代谢产物的浓度较高，花香较少而花型也往往较小，对授粉者的吸引力较小。毛虫为害花朵的进化是因为植物为防御分配了更多的资源所致。

对繁殖的综合影响

蜜蜂和毛虫在植物的生殖特性中也有明显的互作用。例如，试验中，蜜蜂授粉并同时受到毛虫破坏的植物形成了自发授粉的倾向。受到毛虫为害的植物长出的花不太吸引人，从而影响了蜜蜂的授粉行为。随着蜜蜂给植物授粉的几率降低，植物越来越多地进行自我授粉。

更好地理解进化机制

研究揭示了交互效应在多样性演化中的重要性，了解这些机制从未像现在这样重要。人类引起的环境变化影响着许多生物体的进化方向。如果选择性因子的组合发生变化，例如，栖息地丧失、气候变化或授粉者数量减少，则可能引发植物的快速进化变化。这对生态系统的稳定性、生物多样性的丧失和食品安全都有较大影响。

（来源：Science Daily）

新的微针技术加速植物病害检测

研究人员开发了一种新技术，该技术使用微针贴片在 1 分钟内从植物组织中收集 DNA，而传统技术收集 DNA 需要至少数个小时。DNA 提取是鉴定植物病害的第一步，新方法有助于开发可以用于现场即时检测的植物病害检测工具。

"当农民发现田间可能出现的植物病害，例如，马铃薯晚疫病时，他们想马上知道它是什么疾病；快速检测对于控制植物病害的迅速传播非常重要，"北卡罗来纳州立大学化学和生物分子工程系助理教授以及本论文的共同通信作者魏青山说。

"而快速检测的障碍之一是从植物样本中提取 DNA 所需的时间，我们的技术为这一问题提供了一个快速、简单的解决方案，"魏教授说。

通常，使用一种称为 CTAB 提取的方法从植物样本中提取 DNA，该方法必须在实验室中完成，需要大量设备，并且需要至少 3~4 个小时。CTAB 提取是一个多步骤的过程，涉及从组织研磨到有机溶剂和离心处理的整个流程。

相比之下，新的 DNA 提取技术仅涉及微针贴片和水性缓冲溶液。邮票大小的微针贴片由一种便宜的聚合物制成。贴片一侧的表面由数百根仅 0.8 毫米长的微针组成。

农民或研究人员可以将微针贴片应用于他们怀疑患有病害的植物，将贴片固定到位几秒钟，然后将其剥离。然后用缓冲溶液冲洗贴片，将微针上的遗传物质洗去到无菌容器中。整个过程大约需要 1 分钟。

"微针贴片技术在农业和植物科学中的新应用令人兴奋，"加州大学洛杉矶分校生物工程学教授以及本论文的共同通信作者顾臻说。顾教授还开发了几个基于微针的药物输送系统用于人类健康研究。

"在试验测试中，我们发现与 CTAB 提取相比，微针技术提取的样本杂质含量略高，"魏教授说。"然而，微针技术的纯度水平与其他经过验证的实验室 DNA 提取方法相当。最重要的是，我们发现微针与 CTAB 提取样本之间的轻微纯度水平差异并不会干扰通过 PCR 或 LAMP 检测方法对样本进行准确检测的能力。"

"事实上，微针提取的取样量较小似乎不是问题。"北卡罗来纳州立大学博士生以及本论文的第一作者 Rajesh Paul 说。"在最近的一项盲测中，微针技术成功地从所有田间采集的受感染番茄叶片中提取了病原体 DNA。"

"DNA 提取一直是现场即时检测工具开发的一个重大障碍，"魏教授说。"我们现在的目标是创建一个集成的、低成本的现场便携式设备，该设备可以执行从采集样本到鉴定病原体和报告检测结果的过程的每一步。"

（来源：北卡罗来纳州立大学）

抗镰刀菌枯萎病和根结线虫的新型西瓜砧木

美国农业研究局（ARS）和克莱姆森大学（Clemson University）的科研人员开发了一种新的西瓜品系 Carolina Strongback，可有效防治美国南部西瓜的主要病虫害问题。

美国 ARS 蔬菜研究实验室的研究人员介绍说，Carolina Strongback 是一种能够抵抗镰刀菌枯萎病和根结线虫的西瓜砧木。镰刀菌枯萎病是一种威胁蔬菜作物的土传病害，病菌可在土壤中存活 30 年或更长时间，而目前用来控制枯萎病的熏蒸剂已不再有效。西瓜对线虫极为敏感，而线虫为害在美国东南部尤为严重。

易感西瓜可以嫁接到其他蔬菜的抗药性根茎上，如小果南瓜和大果南瓜，以控制某些病原体。嫁接在其他国家已经应用多年，但在美国还是一个相对较新的概念。一些嫁接到小果南瓜砧木上的西瓜对镰刀菌枯萎病具有抗性，但它们对根结线虫很敏感。

研究人员在镰刀菌和线虫高度侵染的土壤中进行的试验表明，Carolina Strongback 表现良好，而且产量较高。

为了开发这种西瓜品系，科研人员研究了 2 种对镰刀菌枯萎病和线虫具有抗性的野生香橼西瓜（阿马鲁西瓜，*Citrullus amarus*）品系，通过杂交和多代选优，从中选育出抗线虫和镰刀菌枯萎病的 Carolina Strongback。西瓜种植者在这 2 种病害为害严重的土壤中种植易感西瓜品种时，可用这一品系作为砧木。

ARS 已经提交了一份关于这个品系的植物品种保护（PVP）申请，并正在与一家商业公司就许可协议进行商谈。

美国农业研究局是美国农业部的研究机构，致力于解决美国的农业问题。美国投资于农业研究的每 1 美元会产生 20 美元的经济价值。

（来源：美国农业部网站）

苏格兰科学家发现取代化学
喷雾的新型植物保护方法

科学家已经测试了一种新的方法，可以在不使用对环境有害的化学喷雾剂的情况下，保护农作物免受广泛传播且具有破坏性的细菌性疾病的侵害。

格拉斯哥大学（University of Glasgow）的一个跨学科团队发现了一种新方法，该方法可以保护许多重要的农作物免受常见的农作物细菌——丁香假单胞菌（Pseudomonas syringae, Ps）的侵害。

Ps 及其相关细菌侵害着英国乃至全世界多种重要的农作物，如番茄、辣椒、橄榄、大豆和水果等，造成了巨大的经济损失。植物病害造成全球约15%的作物损失（每年损失值为 1 500 亿美元），其中，1/3 是由 Ps 等细菌引起的。Ps 复合种群由 50 多个已知变体组成，这些变体导致了疫病、斑点和细菌性斑点病等疾病。一旦细菌感染了一部分农作物，这种疾病就可以迅速传播，因为商业农作物品种缺乏遗传多样性。

通过基因改造，该团队能够使植物表达指定的蛋白质抗生素，或者称作细菌素。然后，这些植物成功地抵抗了细菌感染，而对植物本身或周围环境没有任何损害。这个团队来自植物科学小组（Plant Science Group）乔尔·米尔纳（Joel Milner）博士和细菌学教授丹尼尔·沃克（Daniel Walker）的实验室。

当前，通过植物育种引入的化学药品、常规抗生素和抗性基因可以用来保护植物免受这些细菌的侵害，但它们的成功率有限，并且通常会对环境造成不利影响。随着对使用化学疗法的监管压力增加，并考虑到与常规抗生素相关的耐药性的传播风险，迫切需要找到替代策略来对抗农作物中的细菌性疾病。

该团队的研究重点是细菌素普达菌素 L1，它是由致病性 Ps 菌株的亲缘菌种生产出来的，这个亲缘菌种是无害的，存在于土壤中。研究团队成功地使测试植物表达了普达菌素 L1，并发现它可以抵抗多种类型的 Ps 细菌。为了做到这一点，研究小组对植物进行了基因改造，使植物在整个生命周期中都可以产生细菌素——这是首次在植物中试验这种基因改造。

乔尔·米尔纳博士说："我们的结果提供了原理证明，细菌素在植物中的表达可以有效抵抗细菌疾病。与常规抗生素不同，细菌素具有高度定向性。在这项研究中，它们仅作用于感染植物的 Ps 菌株。通过使用细菌素，我们避免了常规抗生素带来的风险，即抗性会不加区分地传播到其他细菌的风险。抗性甚至可能传播到人类细菌病原体。而通过取代常规抗生素，我们消除了抗性传播的重要驱动力。"

"现在我们知道，细菌素在作物中的表达是防控细菌性疾病的一种有效策略，我们正在继续研究，以充分发挥这种新方法的潜力。"

研究成果的首席合著者威尔·鲁尼（Will Rooney）博士说："所有主要的细菌种类都产生细菌素，因此，我们可以这项研究作为范本，来解决马铃薯、水稻和水果等农作物中各种重要的细菌性疾病。"

格拉斯哥大学正在积极寻找潜在的商业合作伙伴来推动这项技术的开发，实现这项研究的商业应用价值。学校也已经申请专利来保护这项知识产权。

这项名为"工程细菌素介导的植物病原体丁香假单胞菌抗性"的研究发表在《植物生物技术杂志》上。这项研究由生物技术和生物科学研究委员会（BBSRC）和惠康公司（Wellcome）资助。

（来源：AgroPages 网站）

蜜蜂授粉提高了作物产量和获利能力

法国国家农业科学研究院（INRA）和法国国家科学研究中心（CNRS）的研究人员首次证明，蜜蜂授粉在提高油菜籽产量和获利能力上优于使用植物保护产品。该研究小组分析了从新阿基坦的多塞夫勒平原上收集的4年数据。研究成果于2019年10月9日发表在《伦敦皇家学会学报》上。

研究授粉和使用植物保护产品对作物产量和农民收入的影响

减少化学品投入能否维持农业生产和农民的收入？大量研究表明，在存在高密度授粉昆虫（尤其是蜜蜂）的情况下，依赖传粉媒介的农作物（如油菜籽或向日葵）可以得到更好的产量。但是在传统农业的农田中，使用杀虫剂和除草剂等植物保护产品来减少农作物的害虫，也对传粉昆虫产生直接影响（死亡）或间接影响（减少花卉资源）。虽然授粉一直属于研究重点，但从未研究过授粉与植物保护产品使用之间的相互作用对作物产量和农民收入的影响。

通过授粉获得的经济效益更高

研究人员量化了农药、昆虫授粉和土壤质量对油菜籽产量和毛利润率（*Brassica napus* L.）的个别和综合影响，从2013—2016年，在 Atelier Plaine&Val deSèvre 区种植的85～294块耕地上进行采样。这项研究表明，与几乎没有传粉媒介的地块相比，传粉媒介丰度最大的地块的产量和毛利润率有大幅提高，从平均

119 欧元/公顷增加至289 欧元/公顷。然而，农药的使用会大大降低这种效果。一方面对植物保护产品（除草剂和杀虫剂）的效果进行分析；另一方面对蜜蜂的授粉效果进行分析，结果表明，2 种策略均可以实现高产；但只有蜜蜂授粉才能提高经济效益。这是因为与植物保护产品相比，以自然为基础的解决办法成本不高，而且这些产品增加的产量足以抵消其成本。

这项新的研究表明，通过推广以自然为基础的农业生产解决办法，农业生态可能是一种"双赢"的替代性农业模式，可以兼顾并确保农业生产、农民收入和环境保护。

（来源：法国国家农业科学研究院）

农作物病毒家族首次在高分辨率下被揭示

植物病毒感染造成的全球经济损失预计可达300 亿美元。黄体病毒是致病性植物病毒，已在世界范围造成重大的农作物损失。

黄体病毒攻击植物的脉管系统，造成严重的发育不良，导致作物减产。该家族包括大麦黄矮病毒和马铃薯卷叶病毒，这2 种病毒在英国每年造成的农作物损失高达4 000 万~6 000 万英镑。

该病毒由蚜虫传播，可感染多种粮食作物，包括谷物、豆类、葫芦科、甜菜、甘蔗和马铃薯。此前，研究人员一直没有获得高分辨率研究其结构所需的病毒数量。

最近，利兹大学的John Innes 中心和Astbury 生物结构实验室的研究小组利用植物表达技术的最新进展，生成了足够数量的病原体，进而着手使用最新的显微镜技术进行更详细地检查。该方法涉及将制造类病毒颗粒（VLPs）所需的基因渗透到一种烟草植物中。根据插入的遗传信息，VLPs 在植物宿主体内自组装。这种技术避免了处理传染性病毒的需要。

研究人员利用从植物中提取的VLP，通过低温电子显微镜观察了高分辨率的病毒结构。

这是首次在分子水平层面对黄体病毒衣壳的形成和蚜虫的传播方式进行深入的了解。参与这项研究的团队表示，这种方法可能有助于解开关于其他病毒的迷思。

John Innes 中心的George Lomonossoff 教授说："这些病毒在世界范围造成了巨大的损失，而这项进展为开发这一重要的植物病毒家族的诊断工具提供了平台。"

利兹大学的 Neil Ranson 教授补充说："植物表达技术和结构生物学的这一结合非常令人兴奋，我们可以利用它来了解许多其他类型病毒的结构。"

（来源：John Innes Center）

美国科学家绘出了世界上首张斑衣蜡蝉的适生区地图

近日，美国农业研究局的科学家在《经济昆虫学杂志》上公布了斑点灯笼蝇（学名斑衣蜡蝉）在美国和其他国家的适生区地图。

斑点灯笼蝇（SLF）最初来源于中国，现在已经传播到韩国和日本，最近在美国宾夕法尼亚州、新泽西州、弗吉尼亚州和特拉华州也发现了这种昆虫。SLF 为害杏、苹果、蓝莓、樱桃、桃、葡萄等多种果树和啤酒花以及诸如橡树、核桃和白杨等硬木树种。如果 SLF 在美国蔓延及至广泛分布，可能会造成严重的经济损失。因此，自 2014 年以来，美国农业部和州合作伙伴一直在努力控制 SLF 的种群数量。

美国农业研究局温带果树和蔬菜研究所的专家预测，SLF 最终可能在美国的新英格兰区和中大西洋区、中央地区和太平洋沿岸地区的大部分区域生长。

研究人员先采用一个简单的模型预测了斑点灯笼蝇的传播，结果表明这种害虫有可能在更暖温的地区（如美国佛罗里达州东南部）和热带国家蔓延开来。后来研究人员又用了一个更为复杂的模型，称作 MAXENT，它考虑了更多的环境因素，包括温度、海拔和降水量以及物种目前已知的位置。事实证明，MAXENT 在预测 266 个物种的可能扩散区域上，比其他 16 种方法都更加准确。

据介绍，有许多例子都表明，（昆虫）新的种群是在 MAXENT 的预测之下发现的。研究小组还使用 MAXENT 预测了梨小食心虫和苹果实蝇的潜在分布，而且预测结果也比以前任何方法都更准确。

从全球范围来看，11 个欧洲国家以及美国东北部和太平洋西北的大部分地区是 SLF 的主要栖息地。

预测 SLF 生长地的最重要因素是一年中干旱季节的平均温度；它不能太热也不能太冷，适宜温度为 -7~7℃（19~45°F）。预测 SLF 可能分布范围的另一个重要因素是天堂树（中国称为"臭椿"）的存在。天堂树也是一种起源于中国的入侵植物。虽然它不是 SLF 的唯一寄主植物，但它是 SLF 的重要寄主植物。目前正在研究确定更多的寄主植物，以便找到合适的生物控制系统。

研究人员表示，这项研究成果可用于指导开展 SLF 调查，并优先考虑对这种害虫进行管理干预。

（来源：USDA-ARS）

新的 DNA 测序方法实现了小麦病害的早期和大范围检测

植物病害，尤其是由真菌病原体引起的病害，为害全球作物的生物安全，需要快速检测和鉴定病原来进行预防。传统的作物疾病诊断方法依赖病理学家的专业知识，依赖病害症状的物理外观，病理学家可以通过眼睛识别疾病，但是具有许多局限性。

同样值得注意的是，这种传统方法无法在暴发期间快速鉴定未知病原体。这种限制最近在孟加拉国表现得很明显，当时小麦作物由于南美小麦稻瘟病菌的入侵而遭到破坏。

由于小麦是世界上最重要的作物之一，澳大利亚的一组科学家希望通过开发一种分析小麦叶片样品中病原体 DNA 的新方法来解决这一限制。利用便携式 DNA 测序仪，他们能够对小麦中的病原体进行早期和广泛的检测。他们还能够对小麦中的所有生物体进行特征鉴定，并证实存在一种之前没有被病理学家诊断出的意外疾病。

根据这项研究的科学家的说法，将现场和集中测序的方法相结合，可在未来彻底改变农业生物安全管理，减少农作物损失。此外，这些方法可纳入常规现场疾病监测和在国家边界进行生物安全监测，以节省时间和金钱，并防止类似毁灭性疫情的暴发。

这项研究发表在 2019 年 6 月出版的《*Phytobiomes Journal*》上。文章介绍了使用便携式 DNA 测序仪对受感染的小麦进行病原体检测，讨论了微生物组分析，并探讨了这一新策略如何鉴定抑制疾病的微生物，以用于环境友好型的疾病防控。

（来源：美国植物病理学会）

真菌受体研究为控制赤霉病提供了新路径

赤霉病（FHB）一种由镰刀菌感染引起的真菌性病害，破坏性和危害性极强，是全球谷物的头号穗病，不仅造成的经济损失巨大，而且其所产生的真菌毒素也会污染小麦籽粒，给人类健康带来威胁。FHB 是由孢子通过空气进行传播的，目前还没有真正有效的控制方法。英国科学家的最新研究成果显示，研究小麦有害真菌病原体如何感知植株内的环境以调控其毒力，可能是制定新的防治策略的关键。

在英国，每隔几年就会暴发一次 FHB 疫情，在 2012 年造成小麦减产约 10%。在世界其他地区，如美国、巴西和中国，赤霉病每年都会给农民造成严重的农作物损失和霉菌毒素污染问题。

英国巴斯大学和洛桑研究所的研究人员多年来一直在研究"真菌 G 蛋白偶联受体"是如何参与促进赤霉病的发生的。研究小组认为，G 蛋白偶联受体是开发控制真菌病害（包括由禾谷镰刀菌引起的赤霉病）新方法的一个很有希望的目标物体。

这些真菌受体通过感知它们所处的环境，向真菌细胞发出信号变化，从而引发适当的生物反应，包括交配、产生霉菌毒素和毒力。

在一系列的试验中，科学小组证明了禾谷镰刀菌的受体在小麦感染中起着重要作用。研究小组收集了一些缺乏个体受体的真菌突变体，也进一步证实，由于缺乏真菌特异性受体，小麦植株可以进行更强的防御，阻止菌丝的形成并减缓感染进程。研究还表明，去除这种受体，真菌感染的过程被破坏或阻断，小麦的毒性也随之降低。

G 蛋白偶联受体在人类中得到了广泛研究，我们 40% 的药物针对这些人体受体，因为它们暴露在细胞表面，很容易被药物利用。真菌有自己的 G 蛋白偶联受体，但目前对此知之甚少。

该研究结果表明，真菌受体对小麦镰刀菌感染具有重要作用。通过更多地了解这些真菌特异性受体的结构和功能以及它们检测到的化合物，可以开发出新的方法来控制 FHB 和其他植物病原体。

目前控制谷类作物镰刀菌穗感染的选择非常有限，这使得食品和饲料行业的种植者和加工者头痛不已。这些结果为靶向药物开发或消除这些受体在真菌攻击中所感知到的信号，来设计新的方法以控制赤霉病提供了新的路径。

（来源：Science Daily）

蛔甙信息素可保护主要作物免受病虫侵害

保护农作物免受病虫侵害而不使用有毒农药，是农业长期以来的目标。美国博伊斯汤普森研究所（BTI）的研究人员发现，一种来源奇特（来源于土壤蛔虫）的化合物可以达到这个目的。这些化合物有助于保护主要作物免受各种病原体的侵害，从而提高农业的可持续性。研究成果发表在《植物病理学》杂志上。

研究团队研究了一种称作 ascr 18 的蛔虫代谢产物对植物健康的影响。ascr 18 是蛔甙信息素的一种，是由土壤中的蛔虫所产生的。

研究人员用低剂量的 ascr 18 处理大豆、水稻、小麦和玉米植株，然后用病毒、细菌、真菌或卵菌纲病菌感染这些植株，几天后经测定发现，与未经处理的植株相比，经 ascr 18 处理的植株对病原体的抵抗力显著增强。

研究人员认为，植物的根经常暴露于土壤中的蛔虫，因此，植物进化到能够感知害虫的程度，并在预期受到攻击时发挥免疫系统的功能是不无道理的。由于蛔甙只是增强植物的免疫系统，而不是杀死害虫和病原体，所以，它不是杀虫剂。因此，这可能比目前许多害虫和病原体的控制手段更安全。

蛔甙是一种对植物、动物、人类和环境安全的天然化合物，研究人员相信它可以为植物提供更环保的保护，以防止害虫和病原体侵害。

在之前的研究中，研究人员已经证明了 ascr 18 和其他的蛔甙增加了番茄、土豆、大麦和拟南芥对害虫和病原体的抵抗力。研究团队通过将研究范围扩大到主要作物，并将重点放在最重要的病原体上，确定了蛔甙具有提高作物产量的潜力。

研究证明，ascr 18 可保护水稻免受白叶枯病（通常导致亚洲国家水稻产量损失 10%~50%）的侵害，保护小麦免受小麦壳针孢叶枯病（小麦最严重的叶类病害之一）的侵害，保护玉米免受南方叶枯病的侵害，保护大豆免受大豆疫霉菌（一种能在数天内杀死受感染植物的卵菌）以及丁香假单胞菌和大豆花叶病毒的侵害。

研究发现，极低浓度的蛔甙足以使植物抵抗病原体。有趣的是，最佳浓度似乎取决于植物种类，而不是病原体。

研究人员认为，不同植物种类具有不同最佳剂量的原因可能与植物细胞对 ascr 18 的受体有关。不同的植物种类可能表达不同数量的 ascr 18 受体，并且受体可能对蛔甙具有不同的亲和力。这些差异将影响触发植物免疫系统所需的 ascr 18 的数量。

该小组目前正在研究蛔甙如何激活植物免疫系统的分子机制。BTI 和美国康奈尔大学的一家初创公司正在将这一成果商品化。

该研究团队的成员来自美国康奈尔大学、肯塔基大学、加利福尼亚大学戴维斯分校和德国 Justus-Liebig 大学。

该研究得到了美国农业部国家食品和农业研究所、农业食品与研究计划，美国科罗拉多州农业试验站、肯塔基州大豆促进委员会和德国教育与研究部部长基金的资助。

（来源：BTI 网站）

无毒害虫防治技术取得新突破

据估计，全球每年因线虫造成的农作物损失约达（1 300）亿美元。而化学杀虫剂在防治线虫的同时，也会不加区别地伤害其他昆虫。日前，英国萨塞克斯大学的数学家与乌克兰国家科学院的生物学家合作开发了一种非化学方法，可以精确地杀死特定线虫，而不伤害其他昆虫、鸟类或哺乳动物。

土壤中自然存在着一些细菌可以保护植物免受有害线虫的侵害，但在此之前还没有一种有效的方法可以利用这些细菌来大规模保护作物。研究小组利用"RNA 干扰"（RNAi）技术精确靶向了一种为害小麦的线虫。研究小组开发了一种方法，通过使用从土壤细菌中提取的生物刺激剂来"沉默"有害线虫的基因，同时，还"关闭"了受线虫影响的植物自身的基因，使寄生虫更难伤害到作物。生物刺激剂是天然存在的非化学物质，只影响特定的线虫和植物基因，而不会损害其他种类的昆虫。

生物刺激剂可通过将种子或根浸泡在含有生物刺激剂的溶液中或通过将溶液添加到植物生长的土壤中来施用。当生物刺激剂应用于小麦时，就会触发基因沉默过程。

将植物的种子浸泡在生物刺激剂溶液中，植物就变成了"特洛伊木马"，将植物内部产生的特定化合物传递给线虫，然后杀死线虫。研究小组的试验表明，使用生物刺激剂生产的植物产量更高，抗虫性也更强。在生物刺激剂溶液中浸泡过的植物种子，可以使植物存活的概率提高 57%～92%，同时，线虫感染水平降低 73%～83%。生物刺激剂有效地起到了抗线虫感染的"接种"作用。它是通过调动植物的内部机制来产生保护植物免受线虫侵害的化合物，同时，导致线虫死亡，从而起效的。

研究人员通过数学建模，了解了生物刺激剂是如何被小麦植株吸收的，也掌握了传递它们的最佳方法。此外，还研究了 RNAi 是如何在植物和线虫体内形成的，植物如何关闭线虫寄生过程中涉及的特定基因，从而阻止感染以及植物的部分 RNAi 在被线虫摄入后如何通过沉默一些必需基因而导致其死亡。

这些见解与开发土壤细菌新菌株和提取其代谢物的实验工作以及最先进的分子遗传学分析相结合，得以开发新一代环境安全的小麦线虫控制工具。这一突破性成果发表在《植物科学前沿》杂志上。

（来源：Science Daily）

国际研究团队发明了一种移动实时植物疾病诊断方法

一个由来自英国、埃塞俄比亚、美国和中国等国的研究人员组成的国际研究团队，发明了一种新的移动检测技术，可以快速诊断小麦锈病。使用一个便携式的 DNA 测序装置，研究人员就可以在大田采样后的 48 小时内，精准地鉴定小麦锈菌的菌株。这为发现和控制新的流行病害争取了宝贵时间。研究成果发表在近期的《BMC 生物学》期刊上。

全球主要小麦种植区都深受锈菌威胁。最好的防御措施是种植抗感染的小麦品种。但随着时间的推移，会产生新的锈病菌株，并形成新的流行病害。因此，战胜锈病的最好方法就是快速识别和跟踪麦田中病害的发生与发展。

"发布预警的前提是知道有什么样的菌株，"埃塞俄比亚国际玉米小麦改良中心（CIMMYT）的锈病病理学家、论文作者之一 Dave Hodson 博士说："以便能够更有效地控制田间病害的暴发。"

"但病害的跟踪并不像想象中的那样简单。不同菌株有不同的特性，往往要在实验室中花很长时间进行测定才能区分。因此，确定哪些菌株会形成威胁可能要花上好几个月的时间，而这时候感染很可能已经传播开了。"约翰·英尼斯中心研究小组负责人、论文的通讯作者黛安·桑德斯（Diane Saunders）博士说。

研究团队在论文中公布了一种便携式的、基于基因组学的、专门针对复杂真菌植物病原体的个体菌株快速鉴定方法。利用这种方法在埃塞俄比亚田间将锈病的诊断时间从高端实验室的几个月降到了 2 天。

研究人员创建了一个 MARPLE（Mobile And Real-time PLantdisEase，移动实时植物疾病）诊断平台，主要针对那些可以在便携式微型测序平台上测序的部分锈病基因代码。这一平台有助于快速区分菌株，并迅速识别已知菌株，或发现可能形成新威胁的新菌株。来自约翰·英尼斯中心的论文第一作者古鲁·拉德哈基里什南（Guru Radhakrishnan）博士说："最初只是概念验证，但现在这项技术已经在大田中得到了应用，它的发展将使人们能够加强对作物疾病的监测和更有针对性的防控"。

MARPLE 诊断方法的好处不仅只是节省时间，而且可以随时随地进行。而在这之前，如果埃塞俄比亚的田间研究人员想检测一个疑似感染的样本，只能把它送到海外的一些专业实验室（去检测），经济成本和时间成本都很高。

建立了 MARPLE 诊断方法，就可直接在现场操作。但需要保证可用电源、远程互联网接入以及实验试剂的制冷。新平台集成了大量专业设备和专业知识，而用户只需较少的设备或专业知识就可以操作。研究团队也尝试了尽可能少地使用需要制冷的试剂，而是利用易获得的化学试剂。速度快与材料的易获得性相结合使得这项技术能够被快速推广。

2018 年 9 月研究团队在埃塞俄比亚的霍尔塔（Holeta）进行了从现场取样到测试菌株结果的整个平台试验，并在一块麦田旁示范了 MARPLE 诊断方法的运用。

MARPLE 诊断项目获得了英国生物技术和生物科学研究理事会（BBSRC）和国际农业研究磋商组织（CGIAR）的资助。由于在创建 MARPLE 平台方面的工作，该团队于 2019 年 5 月获得了 BBSRC 颁发的"年度创新者国际影响奖"。在 CGIAR 的支持下，埃塞俄比亚还将再建 4 个田间试验站，以运用"MARPLE 移动实验室"。

研究团队希望通过公布这一方法，可以为其他对动植物和人类健康构成威胁的复杂真菌病原体开发类似的检测方法提供借鉴。

（来源：John Innes Centre）

智慧农业

智能农业创新也需要农民和公众的积极参与

英国东安格利亚大学（University of East Anglia, UEA）的学者表示，负责任的创新能够考虑到对社会造成的更广泛影响，因此，对于智能农业至关重要。

农业正在经历一场由全世界政策制定者们所支持的技术革命。虽然智能技术将会在促进生产力、提升生态效率等方面起到重要作用，但批评人士指出，技术对于社会造成的影响却被置若罔闻。

UEA 环境科学系（School of Environmental Sciences）的大卫·罗斯（David Rose）博士和杰森·齐尔维斯（Jason Chilvers）博士在一篇新的期刊文章中论证到，负责任创新的概念应该支持所谓的第四代农业革命，确保创新不仅能带来社会利益，也能解决潜在的负面作用。

之前的每一次革命在当时都十分激进：第一次代表了人类从狩猎采集社会转向了定居农业社会；第二次与18世纪的英国农业革命息息相关；第三次则与战后因机械化和发展中国家绿色革命而带来的生产力提升。

目前的"农业-技术"发展正值英国政府从公共财政中拨出 9 000 万英镑来改造粮食生产技术，以保持全球先进可持续农业技术的前沿地位。同时，其他国家也在优先发展智能农业技术。

此外，来自私营部门的投资如国际商业机器股份有限公司（IBM）、巴克莱银行（Barclays）、微软公司（Microsoft），以及人工智能（AI）和机器人技术越来越多地应用于农业，都表明"农业 4.0"正在持续发酵中。

罗斯博士是人文地理学的讲师，他表示："所有出现的这些技术在农业中都有用武之地，并可能带来很多好处。例如，机器人技术可以替代英国脱欧后在水果采摘等行业不断流失的劳动力，而机器人技术和 AI 可以使更好地应用化学制品成为可能，为农民节省支出、保护环境。这些技术也能吸引新的年青一代农民加入这个不断老龄化的行业中来"。

罗斯博士和齐尔维斯博士在"前沿的可持续粮食体系"（Frontiers in Sustainable Food Systems）中提出了警告：尽管如此，农业技术也可能存在副作用，并造成环境、道德、社会方面的损失。

"鉴于农业技术之前存在具有争议性的先例，那么，毫无疑问智能农业也会引起同样的争论。机器人技术和 AI 可能会造成工人下岗、改变农业的本质，这对一些农民来说都不是理想的改变方式。其他人则可能会被技术发展甩在后头，更广泛的社会群体可能不会喜欢生产粮食的方式。"罗斯博士说道。

"因此，我们鼓励政策制定者、投资人、技术企业、研究人员要同时考虑到农民群体和更广泛社会群体两方面的意见。这次新的农业技术革命的部分领域是由公共财政资助，我们认为不仅要考虑能够从中受益的人群，更要考虑到因这次剧变而遭受损失的人群，这次革命也应该是负责任的创新。"

罗斯博士补充道："这就表明我们应该采取更好的正式、非正式方法，让农民和公众参与到制定政策中来，让其他顾问和关键利益攸关方来分享他们的意见。更广泛的社会群体应该拥有改变前进方向、提出是否想要前进的权利，他们应该有权提出质疑、有权争论是否生产力红利能超越社会、道德、环境方面的担忧、有权说服创新者改变设计流程。"

"负责任的创新框架应该在实践中得到检验，验证是否能让技术担起更大的责任。更为负责任的技术能省去像发生在转基因身上那样的争议，确保农民和公众远离争议，实现政策目标。"

（来源：英国东安格利亚大学）

研究人员找到环境友好、成本低廉的氮素管理方法

过犹不及这句话尤其适用于氮化肥。

如果氮素不足，农作物生长会受影响，作物产量就会大幅减少。

但是，如果氮化肥施用过多，就会破坏环境。氮会进入水域，污染水生态系统。微生物也会把多余的氮转化成一种与气候变化有关的温室气体——一氧化二氮。

"氮素管理对全球粮食安全都至关重要，"明尼苏达大学（University of Minnesota）的农学家苗宇新（Yuxin Miao）表示，"这对于减少污染和气候变化也至关重要。"

苗宇新和他的同事们一直在研究有效管理农业施氮的方法。他们对比了几种不同的方法。研究人员发现，基于作物冠层传感器的积极氮素管理是最有效的方法。

基于传感器的氮素管理使用光传感器来积极监控作物健康与活力。传感器能测量作物叶子反射的光的波长。这些测量数据可显示出作物的健康程度。

根据实地测量数据，传感器内设的软件可以计算出作物需要多少氮。农民可以根据这些数据来决定对作物的最佳施氮量。

苗宇新表示，目标是"实现农作物施氮的供需匹配。"这能够让农作物在最需要的时候获取氮化肥。反过来，还可以提高产量。

与其他氮素管理策略相比，这种方法有几个好处。"它减少了整体施氮量。"苗宇新说："还减少了氮的流失以及一氧化二氮的排放。"

基于冠层传感器的系统还具有其他几个优势。"使用传感器速度快，且没有破坏性。"苗宇新表示，"除了购买传感器之外，没有额外的成本。"

此外，最新型号的传感器不受环境光的影响。这意味着无论天气如何，种植者都可以获得准确的测量结果——无需等待天晴。

此外，也可能有经济上的好处。"这项技术可以减少氮肥的使用，"苗宇新表示，"农民可以降低生产成本，提高经济效益。"

为测试不同的氮素管理策略，苗宇新和他的同事们在 2008—2012 年开展了田间试验。研究地点位于中国北部的河北省。研究人员测试了冬小麦和夏玉米轮作系统的不同策略。

苗宇新测试的其他一些氮素管理策略也减少了肥料的使用。但这些策略都有缺点。例如，一个系统需要测试土壤的氮含量。"然而，这个系统在劳动力、时间和成本上有局限。"苗宇新表示。

苗宇新正在努力作出改进。一些新系统将更适合高产量的种植制度。其他系统可能比目前的手持式系统更高效。

苗宇新希望这些传感器系统可以遍及全球。"这种氮素管理策略将适用于许多国家的主要作物。"

但苗宇新认为，仅仅靠农民无法做到这一点。农民、研究人员和服务提供者需要共同努力。合作可以促进该系统的广泛采用，特别是在发展中国家。

苗宇新于 2018 年 11 月在美国马里兰州巴尔的摩（Baltimore）举行的美国农学会（American Society of Agronomy）与美国作物科学学会（Crop Science Society of America）会议上介绍了这些成果。

（来源：美国农学会）

基于知识和数据的新一代农业决策支持系统

农业系统的各种模型为大量公共和私营部门的广泛决策者提供了进行预测、评估的工具。为了改进这些农业模型，研究人员已展开了大量研究，但事实上许多时至今日仍在使用的模型还是 30~40 年前的研究成果。

农业模型对比与改良项目团队（AgMIP）召集了全球知名专家对新一代模型基础进行范围界定研究。该研究起初由比尔盖茨基金会资助，目的为评估农业系统模型的当前状况，探究是否有可能大大推进利用数据和信息技术的方法。

国家和全球面临的农业挑战的复杂性在于，需要进行农业数据的管理和开发先进的工具，才能确保可持续生产以满足未来各国和全球对于粮食、纤维、生物能源的需求。然而，通过农业试验搜集到的数据的潜在价值和目前通过使用这些数据获得的价值之间存在巨大的差距。通常试验中搜集到的数据仅用于原始研究目的。如果将数据跨地点、时间和管理条件进行组合，以便根据新出现的模式和关键区别开发或评估模型，则可能获得更大的价值。通过这种方式，数据可以为决策支持系统提供信息，并对新技术或新管理方式的效益、气候发生的变化以及提高生产率和环境风险之间的平衡取舍进行评估。目前，农业模型对比与改良项目团队与美国农业部共同探索通过开发具有统一数据的国家农业数据网络来协调农业数据库和模型的概念。

在未来的农业决策中，可能会包含越来越多各种知识产品系列之间的连接：从移动技术"应用程序"到个人电脑上的系统开发，再到线上分析和沟通工具以及还未被考虑到的产品，不一而足。在受教育背景和经验背景多样化的人士之间应使用"翻译"工具辅助发现过程，以改进讨论过程和决策过程，这样才能弥合研究人员和物理学、生物学、社会学系统的模型开发者之间理解的差距。农业模型对比与改良项目团队目前正在积极支持一系列的讨论过程和决策过程，推动翻译工具的发展，增强与决策者之间的联系。

农业模型对比与改良项目团队已与合作伙伴一同研发出一种方法，将统一的位置数据与天气、土壤、管理方法、表型数据联系在一起，并牵头合作设计与基因型数据联系的方法。结合了遍布在不同地点繁殖种群的基因型数据和表型数据之后，分析人员就能量化特定基因对不同表型及对基因型–环境–管理之间相互作用的影响，具有很好的决策应用价值。

（来源：AgMIP）

印度布局农业数字绿色革命

印度农业研究委员会（ICAR）将在未来 4 年内将其植物育种管理系统转移到数字平台。目的是提高植物育种的效率。它打算将自 20 世纪 60 年代中期绿色革命开始以来通过遗传育种获得的 0.8% 的平均年增产率再翻一番，在未来几十年内每年增长率达到 1.5%。

根据其亚洲农业主管 Purvi Mehta 的说法，ICAR 和 Bill & Melinda Gates 基金会共同资助 52 亿卢比（约合 4.65 亿元人民币），用于提高全球植物育种的效率，特别是南非和亚洲。

数字化项目将涵盖 8 种作物：水稻、小麦、玉米、高粱（jowar）、珍珠粟（bajra）、鹰嘴豆（chana）、木豆（tur）和马铃薯。

数字化将实现数据收集和编译的速度和准确性。研究人员将使用手持设备记录数据，而不是笔记本电脑，这些设备可以扫描，快速将信息传输到互联网，并在卫星的帮助下进行定位。信息将按照标准化格式记录。通过在试验图上扫描条形码，可以快速准确地传递有关观察作物的信息。

来自印度全国 8 个选定作物协调的 180 个试验的档案数据也将迁移到数字平台，以便评估绿色革命后几十年中每一年的遗传增益。

印度农业研究所遗传学系主任兼数字化计划项目负责人 AK Singh 说：传统的植物育种在很大程度上依赖于育种家的技能和知识，育种家根据其遗传组成、环境影响以及两者之间交互作用的表型或可观察特征来选择植物，但植物选育必须根据其传递给后代的特点来进行选择。基因组估计育种值等测量值与实际表现具有高度相关性，并可以从试验植物的 DNA 分析中获得。这对于基因组已经完全测序的水稻、小麦等作物来说是可行的。Singh 说，这些工具甚至不需要在早期世代进行田间试验，从实验室托盘生长的幼苗就可以完成选择。

从事农业研究的国际研究所已经在综合育种平台上，该平台由盖茨基金会和联合国国际农业发展基金资助。ICAR 的数字化项目将使印度研究人员能够与他们无缝协作。

大约 150 名研究人员将接受高级基因组技术和数据分析方面的培训。

据联合国估计，到 2024 年，印度的人口将从 13.3 亿增加到 14.4 亿，超过中国。到 2030 年，该国将拥有 15 亿人口，而可耕种的土地将会减少。借助现代化技术和数字化系统，理想的性状可以更快地在植物中繁殖。这将有助于解决印度食物的自给自足以及营养不良人数增多的问题。

（来源：AgroNews）

数字化农业：抓住机遇并掌控市场

根据欧盟新的共同农业政策，欧盟委员会（European Commission）计划倾力推动农业创新和数字化。另据 EURACTIV 德国报道，德国企业希望在此领域达成数十亿欧元的交易，但认为目前的管理和基础设施都可能为此带来阻碍。

农业正经历着深刻的变化。"在今天，收割机可以被称为移动实验室。利用 GPS，不仅可以对其进行高精度控制，同时还可以收集大量的植物和土壤数据。"德国大型农业机械制造商 Claas 的企业公关主管 Wolfram Eberhardt 说。

长期以来，机器人控制的挤奶系统或用于检测植物和潜在虫害的无人机一直在农业市场占据着一席之地。人们对数字化寄予厚望。农业数字化有助于欧洲在日益全球化的农业市场中保持其地位，使农业生产更具可持续性，并帮助满足日益增长的全球粮食需求。

在继续就欧盟共同农业政策（CAP）进行谈判的同时，欧盟委员会发表了一份关于 CAP 的智能化和可持续数字化未来的声明，呼吁各成员国紧急采取与数字化相关的更多措施。

谁在控制市场

对农业工程部门而言，控制市场就意味着数十亿欧元的合同。这部分业务的增长率预计将高达 12%。根据安永会计师事务所（Ernst & Young）的数据，仅欧洲市场的主要大国之一德国，2017 年就有 183 家公司的营业额超过 70 亿欧元。

德国工程师协会（VDI）估计，近 1/3 的增长可以归因于电子、软件和传感器技术。

"Claas 的业务重点将不再是优化机器，提高其驱动性能。我们更感兴趣的是如何把不同程序连接起来，并将之智能化。"Eberhardt 说。

未来，机器之间的交流将会更加顺畅，例如，在农场管理软件的帮助下，程序之间将会得到更好的连接。所有的程序和机器，如挤奶系统、拖拉机、账簿或肥料施用系统，都将被连接起来实施管理。Eberhardt 说道："这将为农民省去大量的文案工作。"

批评人士对这一趋势持怀疑态度。他们警告称，海量数据的崛起，可能让像 Claas 这样的大公司建立起牢不可破的市场地位。如果农业机械制造商大规模地从农民的工作中提取数据，他们将会控制包括种子、农药和化肥市场在内的价值链。

Eberhardt 认为这种批评是不恰当的："我们只是大规模收集数据。如果涉及农民的个人数据，收集将首先需要得到农民的明确同意。"

网络扩张阻碍了进步

并非所有德国农场都在进行数字化。从数字协会 Bitkom 2016 年的一项调查中可以看出，只有 12% 的农民表示他们拥有农场管理系统，与此同时，超过半数的农民在使用数字解决方案。

DLG 总裁表示，农民对 Hubertus paetown 持怀疑态度："有些简单如驾驶自动化系统也被算作了农业数字化，而真实的情况是，目前仅有一小部分农民在真正的使用创新和数字化的解决方案。"

此外，农业数字化还面临着其他困难："没有适当的基础设施，农民就无法大规模使用新技术，"图南研究所（Thünen-Institut）的 Josef Efken 博士几个月前在欧盟主导的一次会议上表示，"最终，这将成为我们提升农业部门竞争力的阻力"。

缺乏想法，而不是金钱

除了基础设施，结构性障碍也需要克服。在德国，农业政策是国家事务。这意味着提交到每个部门的补贴申请各不相同。

Wolfram Eberhard 表示："原则上，我们的开发人员需要为每个联邦州的农场管理开发不同的解决方案。数据流量的标准化是绝对必要的。"

DLG 的 Paetow 也同意这种观点，他表示："德国联邦制正在阻碍德国在国际农业技术市场上占据领先地位，CAP 的管理费也应该降低到'可以承受的程度'。"

需要构想设计一个欧洲整体解决方案，让所有成员国都能使用同一个平台。整个体系也应该更加开放，使成员国在制定其国家农业战略方面拥有更大的自由度。但目前，CAP 草案中没有这样的项目构想。

德国农业部在为数字未来铺平道路方面表现的雄心勃勃，未来 3 年，将投入6 000 万欧元用以测试新技术和数字技术在该领域的实际相关性。

Hubertus Paetow 对此倡议表示欢迎："这一次，我们不缺乏财政支持。我们迫切需要的是更聪明的头脑，拥有良好的、结构化的想法，能够借助现有的财政支持，抓住农业数字化的机遇和市场。"

（来源：EURACTIV）

机器学习用来预测作物产量

小麦是澳大利亚的主要农作物，在该国一半以上的土地上种植，是一种重要的出口商品。由于对小麦的如此依赖，准确的产量预测对于预估区域和全球粮食安全和商品市场非常必要。近日，发表在 *Agricultural and Forest Meteorology* 上的一项研究表明，机器学习方法可以在小麦成熟前 2 个月准确地预测该国的小麦产量。

伊利诺伊大学该项研究的主要贡献者 Kaiyu Gua 表示，他们测试了各种机器学习方法，整合了大规模气候和卫星数据，得出了整个澳大利亚小麦产量可靠而准确的预测。为这项研究作出贡献的国际合作团队大大提高了预测澳大利亚小麦产量的能力。

人们在之前几乎要等到作物收获时才可预测作物产量。随着计算能力的增强和对各种数据源的访问，预测能力继续得到改善。近年来，科学家们利用气候数据、卫星数据或两者相结合，开发了相当精确的作物产量估算。

在这项研究中，研究者使用综合分析来确定基于气候和卫星数据的预测能力。进一步研究发现，单是气候数据就相当不错，卫星数据提供了额外的信息，将产量预测性能提升到了一个新的水平。

利用气候和卫星数据，研究人员能够在小麦生长季节结束前 2 个月以大约 75% 的准确度预测小麦产量。研究发现，卫星数据可以逐渐捕捉作物产量的变化，这也反映了累积的气候信息。但是卫星数据无法直接获取到的气候信息，对整个生长季小麦产量预测具有重要影响。

研究者还将传统统计方法的预测能力与 3 种机器学习算法进行了比较，在每种情况下，机器学习算法都优于传统方法。这些结果可以用来改善对澳大利亚未来小麦产量的预测，并对澳大利亚和地区经济产生潜在的连锁反应。此外，研究者乐观地认为，这种方法同时也可以推广应用到世界其他地区的多种作物。

（来源：伊利诺伊大学）

拜耳和极飞深化战略合作布局日本智慧农业

拜耳作物科学（日本）公司总裁兼代表董事 Harald Printz 博士及其营销团队最近访问了广州极飞科技有限公司总部，双方讨论了如何利用日本市场的科学和高科技建立可持续农业生态系统，也规划了双方业务发展蓝图。

引进无人驾驶技术解决日本农业困境

日本正面临人口老龄化和农业劳动力严重短缺问题。为挽救日益萎缩的农业产业并实现粮食自给自足，日本开始接纳无人驾驶技术，并逐渐放宽对农业无人空中系统（UAS）的监管。

2018 年，极飞科技与拜耳作物科学（日本）公司签署独家战略合作协议，共同促进农业 UAS 在当地的应用，并为日本 137 多万农民提供定制植保服务。在通过了一系列严格的作物喷洒验证并获得了日本农业航空协会的批准后，极飞科技成功地扩大了其在日本农业技术市场的影响力。

在此契机下，极飞科技和拜耳将进一步推进智能农业解决方案（如 UAS 植保、UAS 遥感和农业物联网）在日本的应用。这将有助于提高农田生产率和粮食价值，同时，降低劳动力成本，最大限度地减少农药用量。

双方深化合作建立数字农业平台

随着合作的深化，极飞科技和拜耳将重点开发促进日本农业可持续发展的新技术和新业务模式。在继续研究 UAS 专用农药和植物保护喷雾配方的同时，两家公司将利用自身优势建立一个数字农业平台。例如，极飞科技的极侠 XMISSION 多功能无人飞行系统配备了高清成像相机或多光谱相机，可以完成精确的田间测绘、遥感监测、收集作物生长信息。实时数据采集将为农业数字化奠定坚实的基础。

联手阿里巴巴全面开启智慧农业

极飞科技和拜耳还与阿里巴巴"农村淘宝"共同发起了可持续农业计划。该计划旨在开发最新技术，以建立一个完全透明、可追溯的食品价值链智能农业管理系统。两家公司拥有相同的价值观且能力互补，将努力合作共建一个强大的全球合作网络。

（来源：AgroNews）

剑桥大学开发蔬菜采摘机器人

近日，剑桥大学的一个研究团队开发出一款采摘蔬菜的机器人，命名为 Vegebot，它可以利用机器学习能力来识别和收获常见的、但一直依靠人力收获的农作物。Vegebot 最初是在实验室环境中接受识别和收获卷心莴苣的训练，目前，通过与当地水果蔬菜合作社的合作，研究人员已成功地在多种田间对其进行了测试。

尽管原型机的速度和效率远不及人类工人，但它展示了我们可以如何扩大机器人在农业中的应用，甚至对于卷心莴苣等机械收割难度特别大的作物，也可以实现机械收获。研究成果已发表在 *The Journal of Field Robotics* 上。

几十年来，马铃薯和小麦等农作物都已实现大规模机械化收割，但迄今为止，许多农作物都难以实现收获自动化。卷心莴苣就是这样一种作物。虽然卷心莴苣是英国最常见的莴苣品种，但它很容易受损，而且生长在相对平坦的地面上，这对机器收割来说都是挑战。

"目前，收获是生菜生命周期中唯一需要手工完成的部分，这对体力的要求很高。"文章合著者 Julia Cai 说。

"蔬菜机器人"首先在它的视野范围内识别出"目标"作物，然后确定某个特定的生菜是否健康，是否可以收割，最后从植物的其他部分切下生菜，而不是把它压碎。另一位合著者 Josie Hughes 说："对人类来说，整个过程只需要几秒钟，但对机器人来说，它非常具有挑战性。"

这种植物机器人有 2 个主要组成部分：计算机视觉系统和切割系统。Vegebot 上的摄像头拍摄生菜田的图像，首先识别图像中的所有生菜，然后对每个生菜进行分类，确定是否应该收割。生菜可能会因为尚未成熟，或携带可能在收获季节传播的病害，而被 Vegebot 拒绝收割。

研究人员开发并训练了一种基于生菜图像的机器学习算法。一旦 Vegebot 能够在实验室里识别出健康的生菜，它就会在野外接受不同的天气条件下识别数千种真正生菜的训练。

Vegebot 上的第二个摄像头位于切割刀片附近，有助于确保切割顺畅。研究人员还能调整机器人抓握手臂的压力，使它能紧紧抓住生菜，既不让生菜掉下来，又不让它被压碎。抓握力也可以针对其他作物进行调整。

未来，机器人收割机可以帮助解决农业劳动力短缺的问题，也可以减少粮食浪费。目前，在人力收割的情况下，每块地通常只收获 1 次，未成熟的蔬菜或水果可能会被弃之田间。然而，机器收割器可以被训练成只采摘成熟的蔬菜，因为它可以 24 小时不间断地收割，它可以在同一块地里进行多次收割，在晚些时候再回来收割之前经过的未熟果蔬。

Josie Hughes 说："我们还在收集有关生菜的大量数据，这些数据可以帮助我们提高工作效率。需要加快蔬菜机器人的工作速度，使它们可以与人类一较高下，我们认为机器人在农业技术领域有着非常大的开发和应用潜力。"

（来源：剑桥大学）

科学家提议建立全球农作物病害监测系统

在提供全球一半热量摄入的五种主要农作物中，每年有 20% 以上的作物死于虫害。气候变化和全球贸易推动了作物病害的蔓延，病害反复出现，而遏制行动往往效率低下，尤其是在低收入国家。

塞恩斯伯里实验室（The Sainsbury Laboratory）、国际热带农业中心（CIAT）和约翰英纳斯中心（John Innes Centre）的科学家警告说，全球还没有为下一次作物流行性病害的到来做好准备。

2019 年 6 月 28 日出版的《科学》杂志上一篇文章指出，全球监测系统（GSS）可以加强作物生物安全系统，并将其相互连接起来，这对改善全球粮食安全大有裨益。GSS 的模型来自于以往疫情的经验教训，如 2016 年孟加拉国暴发的小麦瘟和 2013 年的欧洲橄榄树绿脓杆菌（Xylella fastidiosa）疫情。该提案团队由来自学术界、研究中心和资助组织的多学科专家组成，这些专家一直致力于研究植物与人类健康相关的问题。

2020 年已被联合国指定为国际植物健康年，该团队希望他们提出的 GSS 框架能够在 2020 年取得进展。该系统将优先考虑 6 种主要粮食作物—玉米、马铃薯、木薯、大米、豆类和小麦以及其他跨境贸易的重要粮食和经济作物。除了利用尖端技术快速诊断疾病，GSS 还将利用包括社交媒体在内的通信网络快速共享信息。

CIAT 的研究员，该论文的第一作者 MónicaCarvajal 指出："要改善现有的系统，我们需要进行大量的合作和讨论，这样才能避免对粮食安全和贸易产生负面影响的植物疫情的发生"。

（来源：Science Daily）

美国拟建立动物疾病识别追溯系统

动物疾病的可追溯性有助于动物卫生官员及时了解出现患病动物的地区、患病的时间以及患病的程度。在疾病暴发期间，这些信息是非常必要的。美国农业部目前正在努力加强其可追溯系统，以保护美国畜牧业的长期健康、适销性和经济活力。只有通过联邦、州和行业的持续合作，才能实现这一目标。美国农业部致力于让合作伙伴了解他们的计划和进展，共同努力建立可追溯性系统。

美国农业部需要采取若干步骤来加强其追溯系统，但最重要的是将牛肉和乳牛以及野牛的金属识别标签改为电子识别标签。电子标签使用射频识别（RFID）可以加速信息捕获和共享。

RFID 的优势

RFID 的使用将大大增强动物卫生官员在疫情暴发期间快速定位特定动物的能力。以前可能需要几周或几个月的时间来确定哪些动物需要进行测试，但使用电子标识（ID），测试时间可能缩短至几个小时。这有助于显著减少生产者参与疾病调查的动物数量。它还能帮助受影响地区的动物更快地迁移，同时，还能确保没有人接触到暴露的动物。

RFID 的实现

从 2023 年 1 月 1 日开始，跨州迁移并归入特定类别的动物将需要官方的、单独的 RFID 耳标，但是这不包括饲养牛。根据现行条例，饲养牛以及其他直接用于屠宰的牛和野牛不需要进行身份识别。

RFID 耳标规范

从 2023 年 1 月 1 日开始，根据现行法规，所有需要官方标识的牛和野牛必须具有官方 RFID 耳标。如有可能，标签应在动物出生时或动物在州际贸易中离开农场之前贴上。无论是国家、生产商或工业部门倾向于哪一种标签，标签技术必须是低频或超高频率。标签也必须得到美国农业部的批准，并符合质量和性能标准，包含唯一的 ID，以防篡改，并显示美国官方的标识。RFID 标签将取代橙色金属布鲁氏菌病标签。

过渡支持

电子识别对于动物疾病追溯的现代化至关重要，美国农业部认为这对工业和个体生产者来说是一个巨大的变化。尽管电子识别的实施还需要几年的时间，美国农业部仍致力于支持生产商从金属标签向 RFID 标签过渡。

美国农业部将与国家动物卫生官员共同分担官方 RFID 耳标的费用。这将降低生产商购买 RFID 耳标的成本。美国农业部和国家合作伙伴还将提供资金，支持为市场和注册兽医提供电子阅读器，作为实施电子系统的关键组成部分。

美国农业部对其标签系统的现代化进行改进的同时，还将改进当前的州和联邦系统，用于官方 RFID 标签分发跟踪和记录保存。

实施时间表

美国农业部认为，生产商需要时间过渡到 RFID，并与国家动物卫生官员大会合作，建立可管理的里程碑，以实现这一目标。

2019 年 12 月 31 日

美国农业部将停止提供免费金属标签。不过经批准的供应商仍可再生产一年正式的金属标签。在 2020 年 12 月 31 日之前，每个国家动物卫生官员授权的批准的供应商标签仍可以继续采购。

2021 年 1 月 1 日

美国农业部将不再批准供应商生产带有美国农业部官方盾的金属耳环标签。经认证的兽医或生产商不能再将金属耳环标签用于官方识别，必须仅使用官方的 RFID 标签。

2023 年 1 月 1 日

满足上述要求的肉牛、奶牛和野牛在州际间迁移时，将需要 RFID 耳标。先前用金属耳标标记的动物将必须使用 RFID 耳标，以便在州际间迁移。直接用于屠宰的饲养牛和其他动物不受 RFID 要求的限制。

（来源：美国农业部）

XAG 和拜耳通过无人机技术助 日本应对农业人口的日益老龄化

日本一直在经历粮食自给危机，这可能会对日本未来的粮食安全产生破坏性影响。根据日本农林水产省的统计，日本 2018 年粮食自给率创下 37% 的历史新低，而每年有 8.3 万人退出农业体系，农民的平均年龄高达 66 岁。

日本农林水产省于 2019 年 3 月 18 日发布了一项无人机推广计划，其中，包括到 2022 年为 100 万公顷农田引进农用无人机，并增加蔬菜和果树的注册农药数量。

哈格拜耳（XAG-Bayer）联盟的三大支柱

为应对农业人口老龄化和农业劳动力萎缩，2018 年 11 月，XAG 和拜耳作物科学公司在日本签署了一项关于联合推广无人机应用技术的独家商业协议。在 2019 年 10 月举行的最新联合新闻发布会上，两家公司重申，合作关系主要基于三大支柱，包括商业销售合作、无人机喷洒技术开发、数字农业和利用物联网技术的数字解决方案。

除利用拜耳公司整合的销售网络在日本销售 XAG 无人机外，两家公司还在研究将无人机系统（UAS）与创新配方技术相结合的最佳喷涂解决方案。借助拜耳在种子和作物保护方面的世界领先专业技术，XAG 可以将其无人机技术应用于不同的作物品种，并进一步提高无人机专用产品的喷洒精度，以控制杂草、疾病、昆虫和化肥。

无人机应用加速日本数字农业进程

据《日本农业新闻》报道，2018 年，日本有 27 346 公顷农田使用了多旋翼农作物喷洒无人机，比 2017 年增长了 280%。水稻、小麦和大豆占作业区的 99%。然而，由于复杂的地形和缺乏注册农药，在山区和丘陵地区自动喷洒蔬菜和果树仍然是当地农民面临的主要挑战。

自 2016 年成立子公司 XAIRCRAFT Japan K. K. 以来，XAG 一直与地方政府和商业伙伴密切合作，加快无人机在多种农业应用领域的应用，如田间测绘、空中喷洒和水稻直播。作为日本农业航空协会（JAAA）批准的为数不多的全自动无人机之一，XAG 公司的喷雾无人机已经应用于水稻、蔬菜和果树，以对抗病虫害，使用更少的水和杀虫剂种植高质量的农产品。

2019 年 9 月，XAG 公司与当地农业部和果树研究中心合作，在日本爱媛县的柑橘树上进行了无人机喷洒示范。雾化喷施技术通过精确控制施药速率、雾滴大小和喷施宽度，保证农药均匀地沉积在叶片的每一侧，不会过量或漏施。

根据日本对农作物喷洒的严格规定，XAG 公司的无人机被证明是合法和可持续使用的。

（来源：Agropages）

印度农民利用人工智能防控棉花害虫

印度是世界上最大的棉花生产国和第二大棉花出口国。然而，对于种植棉花的农民来说，2017 年是可怕的一年。因为这一年受到棉红铃虫袭击导致棉花产量减少近 50%。尽管印度棉农在棉花上使用的杀虫剂占到近 55%，但这种情况仍未能避免。主要原因是由于在害虫出现的早期，未能及时发现害虫。如果农民能够在虫害早期及时发现，2017 年大部分棉花本就可以得到挽救。Wadhwani AI 的目标是改变这一点。Wadhwani AI 开发了人工智能模型，可实时识别作物上的各种害虫，并通过处理云中收集的数据向农民提供现场建议。

Wadhwani AI 是一家位于孟买的非营利组织，该组织致力于利用人工智能促进社会福利，专注于在健康和农业领域使用人工智能。

在我们了解这家初创公司如何帮助印度的小户棉农之前，重要的是要了解是什么导致了大规模的虫害，如 2017 年，大规模虫害摧毁了棉花作物。小农户主要依靠野外工作人员或政府指定的推广人员提供咨询。这些推广人员考察每个村庄的农田，那里都有害虫诱捕器—基本上是可以粘贴害虫的粘纸。他们手动识别害虫并对其进行计数。他们在智能手机上输入这些数据，并将其发送给专家征求意见。当专家分析这些数据后，他们会向有虫害的农场提出建议。

然而，这项技术效率不高，因为它不是非常可靠，而且也很费时。这就是 Wadhwani AI 开发的基于人工智能模型的原因，该模型最近得到了谷歌一些专家的支持。

与工人手动识别和计数害虫不同，人工智能只需工人拍摄害虫的照片。在后台工作的人工智能模型能够识别各种害虫，并通过处理云中收集的数据向农民提供现场建议。这些数据也将提交给专家进行进一步分析。

虽然该方法是有效的，但是它也存在失效的可能性，特别是在通信不发达的区域。Wadhwani AI 通过压缩其人工智能模型来解决这个问题，这样它就可以在基本的智能手机上工作。压缩模型的实现，使得这个人工智能模型足够小，可以安装在一个基本的智能手机上，因此，可以实现离线工作。近期在东京举行的谷歌人工智能解决方案会议上，研发人员谈到了该方案的细节。

这个特性的有趣之处在于它不是以独立的形式提供的，相反，它是一个开源模型，适用于世界各地的任何农业项目。通过提高人类技能，就能够帮助数百万农民，可称为人工智能的规模效应。

（来源：AgroNews）

科学家利用遥感技术对玉米病害进行监测分析

国际玉米小麦改良中心（CIMMYT）研究人员的一项新研究表明，遥感技术可以加快和提高玉米试验田病害评估的获得和有效性，这一评估过程被称为表型分析。

这项研究是第一次使用搭载捕获非可见电磁辐射的摄像机的无人驾驶飞机（UAV，通常称为无人机）来评估玉米上的焦斑复合体。

跨学科研究小组发现，重度焦斑复合体感染导致的潜在产量损失可达 58%，比先前的研究报道比例高出 10% 以上。

"由于育种人员在多个地点进行测试，试验规模更大，且缺乏接受过病害评估培训的工作人员，田间的植物抗病性评估变得尤为困难，" CIMMYT 精准农业专家以及这项研究的联合首席作者 Francelino Rodrigues 说。"此外，基于视觉评估获得的病害评分会因人而异。"

焦斑复合体是影响整个拉丁美洲玉米的一种主要叶病，它是由在温暖、潮湿的条件下繁殖旺盛的两种真菌的相互作用引起的。这种疾病会在受感染的植物上引起黑斑迹象，使叶片死亡，削弱植物生长能力，并阻碍穗的发育。

表型分析传统上需要育种人员在作物试验田对每一株植物进行视觉评估，这是一个费时费力的过程。随着遥感技术变得更容易获得和负担，科学家们更频繁把它们应用到评估试验植物所需的农艺或物理性状上，Rodrigues 说遥感技术有助于对玉米进行精确、高通量的叶病抗性表型分析，有助于降低开发改良玉米种质资源的成本和时间。

"为了对玉米进行叶病抗性表型分析，接受过严格培训的人员必须花数小时在田间完成对作物的视觉评估，这需要大量的时间和资源，而且不同的测量员可能会得出有偏差或不准确的结果，" Rodrigues 说。"使用无人机收集多光谱和热图像可以使研究人员减少评估的时间和费用，也许在未来它还可以提高精准度"。

遥感技术为表型研究带来了新的曙光

人眼中的受体能够检测到电磁光谱中有限的波长范围—我们称为可见光区域—由人眼感知的红、绿、蓝3种波段组成。我们看到的颜色是物体反射的3种可见光波段的组合。

遥感技术利用了叶片表面根据其成分和状态不同，有差别地吸收、传输和反射光或其他电磁辐射的原理。植物在不受其他因素（例如，高温、干旱或养分缺乏）影响的前提下，患病植物组织的反射率与健康植物组织的反射率不同。

在这项研究中，工作人员在墨西哥中部 Agua Fría 的 CIMMYT 试验站种植了25种已知农艺性能和抗焦斑复合体的热带和亚热带玉米杂交品种。然后，对病害进行了视觉评估，并收集了试验田的多光谱和热成像。

这使得他们能够将遥感技术与传统表型分析方法进行比较。计算结果表明，粮食产量、冠层温度、植被指数与视觉评估之间存在较强的相关性。

未来的应用

"研究结果表明，遥感技术可以作为大规模玉米试验中评估抗病性的一种替代方法，" Rodrigues 说。"遥感技术还可以用来计算由于焦斑复合体而造成的潜在损失。"

加快培育与农业相关的作物性状，对于培育能够面对日益严重的全球农业威胁的改良品种来说至关重要。遥感技术很可能将在克服这些挑战方面发挥关键作用。

"未来一个重要的研究领域包括对玉米病害进行症状前检测，" Rodrigues 解释说。"如果成功，这种早期检测将有助于在发生严重流行病之前采取适当的疾病管理干预措施。尽管如此，我们仍有很多工作要做，需要将遥感技术充分地集成到育种过程中，并将技术应用到农民的田间。"

该项研究的资金由 CGIAR 玉米研究计划（MAIZE）提供。

（来源：CIMMYT）

全球合作推出首个土壤健康和减缓
气候变化的开源技术系统

Wolfe's Neck 农业与环境中心与 Stonyfield Organic、美国农业部 LandPKS 项目和粮食与农业基金会（FFAR）于2019年7月31日宣布启动全球首个解决土壤健康和减缓气候变化的开源技术生态系统——OpenTEAM。这是一个面向农户的交互式操作平台，可为全世界的农户提供改善土壤健康和减缓气候变化的知识与技术。

当前，面向农户的决策软件种类繁多；但这些软件工具之间常常彼此互不相通，使得农户和科学家很难跨平台共享或使用这些工具。通过 OpenTEAM，农户不仅可以控制自己的数据，还可以访问 OpenTEAM 平台中的所有可用工具。

OpenTEAM 在一个平台上提供了田间碳测量、数字管理记录、遥感、预测分析、投入和经济管理决策支持等工具，农户不必多次输入数据，同时，还改善了用户对各种工具的访问。该平台将支持不同规模、不同地理区位和不同生产系统的农场适应性土壤健康管理。OpenTEAM 还将通过向参与该项目的研究人员提供更高质量的数据来促进对土壤健康的科学研究。

截至目前，有 10 多个组织参与了 OpenTEAM 的资助、开发和实施，其中包括"全球土壤健康伙伴关系"、通用磨坊、科罗拉多州立大学、普渡大学、耶鲁大学等。

Wolfe's Neck 中心将于 2019 年秋季在缅因州海岸 600 多英亩（约 3 642 亩）的景观和农田实施并示范 OpenTEAM 的使用。2020 年的生长季会在全美和国际中心农场网络的田间进行测试。

Wolfe's Neck 农业与环境中心执行主任戴夫·赫林（Dave Herring）表示，他们正在合作创建再生性农业来应对气候变化的解决方案，OpenTEAM 可以将农业与开源技术结合起来，以促进缅因州和全球范围内的土壤健康。

FFAR 的执行主任萨莉·罗基（Sally Rockey）指出，优化土壤管理措施不仅能改善土壤健康，还能保护环境。OpenTEAM 可以大规模改善全球农户的土壤管理实践，并减缓气候变化的影响。

另有 Stonyfield Organic 可持续农业主管布里特·伦德格伦（Britt Lundgren）解释说，Stonyfield 一直致力于减少温室气体排放，全球一半以上的温室气体来自于农业，所以，为了达到减排目标，我们需要与农场合作，帮助他们减少排放，固定更多的碳。OpenTEAM 可以帮我们做到这一点，并跟踪农场的减排进展，不断增强我们实现减排目标的信心。

（来源：Foundationfar 网站）

谷歌应用助力印度小农户耕种

在印度，近 70% 的小农户（那些耕种面积不到 3 英亩〈约 18.20 亩〉的农户）经常发现他们的庄稼被不可预见的坏天气和害虫破坏。调查发现高达 74% 的小农户缺乏获取农业相关资讯的渠道。

为了弥补这一知识缺失，总部位于普纳的农业科技初创企业 AgroStar 在谷歌云平台上推出了一款多语言移动应用，该应用正在帮助提高农作物产量，并鼓励该国小农户进行实践。

2008 年，作为一个销售农具的在线电子商务平台，AgroStar 公司转向了谷歌云平台（GCP）来扩展其产品销售渠道。该公司现在使用基于云的分析技术，部署机器学习（ML）模型，从种子优化、作物轮作、土壤营养、虫害控制和小农户商品价格预测等方面，用 5 种语言为用户提供及时的对策建议。

迁移到谷歌云平台（GCP）减少了包括迁移在内的部署时间，帮助该公司加快了贷款处理、发现作物病害的速度，也加强了供应链物流。

AgroStar 已经通过其名为 "AgroStar 农业医生"（AgroStar agricultural – doctor）的 Android 应用程序接触了 100 多万农民。农民可以通过这个应用跟踪当地和全国的市场趋势，预测农作物价格。

"AgroStar 在古吉拉特邦、马哈拉施特拉邦、拉贾斯坦邦、奥里萨邦、比哈尔邦和卡纳塔克邦开展业务，正在用一种全服务、基于云的 SaaS 解决方案来缩小知识差距，这是印度唯一一个此类的解决方案。"Gudge 杂志报道。"今天，只要点击我们的 Android 应用程序，农民们就能了解到新的、有效的耕作方法，并收到针对他们的作物和土壤的定制建议。"

AgroStar 还可以通过人工智能生成销售计划和相关预测，这也使其分析平台的功能得到了拓展。

（来源：AgroPages 网站）

索尼发布作物管理的智能农业解决方案

索尼农业团队于 2019 年 7 月 23—25 日在圣路易斯的 InfoAg 展会上发布了其用于日常作物管理和监测的现场智能农业解决方案，该解决方案通过捕获、收集和分析现场数据，帮助用户做出更明智的决策。

索尼的新型智能农业解决方案采用了传感器融合和快速拼接技术，由无人机安装的多光谱传感单元和快速现场分析仪图像分析软件组成。多光谱传感单元携带一个双传感器摄像单元和一个精确的地理定位传感单元。它可以安装在无人机上，在一次飞行中捕捉归一化差异植被指数（NDVI）和 RGB 图像。

索尼的智能农业解决方案通过快速准确地收集和分析有关作物生长和健康状

况的数据，支持日常作物管理。这是会同业内精英进行广泛研究和 beta 测试所取得的成果。发布的解决方案包括：

索尼的多光谱传感单元（MSZ-2100G）

①内置双传感器（RGB／NDVI）。

②RGB：2 英寸/像素@ 400ft flight。

③NDVI：4.6 英寸/像素@ 400ft flight。

④精确的地理标记图像捕获。

⑤数据采集到 micro SD 卡。

索尼的快速场分析仪图像分析软件（FFA-PCW）

①前处理快速数据质量验证。

②用于生成 NDVI/RGB 贴图的快速拼接。

③通过一次操作导入多个无人机飞行数据。

④用于现场决策的易于使用的图形评估工具。

⑤流线型地面实况操作定位点导出。

（来源：AgroPages 网站）

可持续发展

作物种类单一为农业可持续发展带来挑战

加拿大多伦多大学的一项新研究表明，全世界正在越来越多地种植同一种类的作物，这对全球的农业可持续发展造成了重大的挑战。

该研究由多伦多大学助理教授亚当·马丁（Adam Martin）带领的一支国际研究团队完成。他们使用了联合国粮农组织（FAO）的数据，以调查哪些作物在1961—2014年在农业上大规模种植。

研究人员发现，区域内的作物多样性实际上增加了。如北美地区现在种植着93种不同的作物，20世纪60年代时仅为80种。马丁表示，问题是从全球层面来看，大规模农田种植的作物种类正在趋于一致。

也就是说，亚洲、欧洲、北美洲、南美洲的大型规模化的农田正在变得越来越像。

"我们观察到的现象是，全世界都在种植具有商业价值的单一耕作的作物，而且数量越来越多。"马丁说道。他是多伦多大学士嘉堡分校（Scarborough）物理和环境科学系（Department of Physical and Environmental Sciences）的一名生态学家。

"所以，大型的规模化的农田都在种植一种作物，通常也就表明几千公顷的土地上只有一种基因型"。

最好的例证就是大豆、小麦、稻谷、玉米。仅仅这4种作物就占据了全世界农田总面积的近50%，而剩下的土地上则种植着其余152种作物。

人们普遍认为，全球农业多样性的最大一次变革发生在15—16世纪所谓的哥伦布大交换（Columbia exchange）期间，当时一些具有重要商业价值的植物物种被运送到了世界的各个角落。

然而，论文作者发现，20世纪80年代时全球作物多样性又出现了一次大幅度增加，不同种类的作物首次以规模化的形式种植在新的地区。到20世纪90年代，这种多样性趋于平稳，接下来各个地区的多样性便开始下降。

马丁表示，各个作物之间很明显缺乏基因多样性。如北美洲有6种基因型就囊括了所有玉米作物的大约50%的基因。

这种全球作物多样性下降的现象会导致许多方面的问题。其中之一便是影响了区域粮食主权。马丁说："如果区域作物多样性受到威胁，这个区域的人就不能摄入或负担得起对他们来说具有重要意义的食物了。"

同时还存在生态问题：试想下全世界范围出现马铃薯饥荒。马丁表示如果全世界越来越多的农田由少数几种作物的遗传谱系所支配，那么全球农业系统就会越来越易于受到虫害疾病的侵扰。他举了一种致命真菌的例子，这种真菌正在持续摧毁全世界的香蕉种植园。

马丁希望下一步的研究能运用同样的全球分析法，来调查各国的作物多样性模式。他补充说，由于政府决定大力支持种植某几种作物可能也导致了多样性的下降，因此也需要考虑各国的相关政策。

"很重要的一点是，我们要关注政府在促进种植更多不同种类作物方面采取了什么措施，或者是政策层面是否赞同农民种植某几种特定的经济作物。"他说。

该研究刊登于《公共科学图书馆：综合》（PLUS ONE）期刊，获得了加拿大自然科学暨工程研究委员会（Natural Sciences and Engineering Research Council of Canada，NSERC）的资助。

（来源：加拿大多伦多大学）

生物炭研发需要加大政府支持以发挥最佳农业效益

虽然为了土壤改良花的每一分钱将来都能节约更大的环境成本，但有时初期的成本投入还是会让农民不太情愿去实施对环境最友好的农业实践。莱斯大学和北达科他州立大学的研究团队证明了在使用生物炭方面，情况尤其如此，不过这一问题可以通过完备的政策得到解决。

生物炭是一种多孔的炭状物质，由生物质高温分解而成。研究显示生物炭能够改善土壤水分的特性，平均提高15%的农业生产力，同时，还能减少淋溶现象，让植物获取更多氮元素，并减少含氮气体释放，从而改进当地空气质量。

北达科他州立大学的科研人员盖绥达·宾汉姆（Ghasideh Pourhashem）牵头的政策研究对现有政府计划进行了调查，并详细介绍了它们如何支持利用生物炭提高农业生产力，并进行碳储存和保护有价值的土壤。据了解，联邦政府已开展35个计划或可鼓励生物炭使用以保护农业，并防止环境恶化。

研究团队指出，美国农业用地大范围地使用生物炭可以改善地区空气质量，从而能够节省数百万美元的健康成本。但是，尽管有越来越多的证据能证明生物炭的优势，可是农民接受的过程依然很慢。近期一项新研究证实，生物炭作为一种节约资源、提高作物产量、改进医疗保健的物质，政策框架能够为其提供支持。研究人员注意到，美国一直以来都对乙醇等生物燃料进行了大量投入，他们认为生物炭同样值得国家进行这样的长期支持，以改进土壤和粮食安全策略。

Masiello 是一名生物地球化学家，也是一名生物炭专家，她注意到那些为了土地管理的变化负担成本的人群和从中受益的人群之间存在财务上的脱节现象。有许多农民是想做这件事情，但是生物炭的效益不全是体现在农田上，例如，还会带来清洁的水源和空气，这项工作论述了政策怎样能把农民负担的成本和我们所有人都能得到的效益挂钩。

经研究人员确认，现行的唯一一个对于生产生物炭贷款担保计划是农业部的生物精炼、可再生化学品和生物基产品制造援助计划（Biorefinery，Renewable Chemical and Bio-based Product Manufacturing Assistance Program），为每个项目提供高达 2.5 亿美元的援助。不过由能源部、农业部实行的其他计划以及爱荷华州、俄勒冈州、科罗拉多州、明尼苏达州的倡议也总共能提供近 5 亿美元补助金、配套或生产支出和税额抵免。同时，研究人员还确认了有 8 项计划提供总计约 3 000 万美元资金完全作为支持生物炭的研发基金。

但是，研究人员发现政府仍然不够重视生物炭产品，而极大偏向生物燃料。他们还指出，相较于小型生产设施，需要针对大型生物炭生产设施进行更多的前期投资。研究人员建议可以通过开发一套能广为接受的生物炭产品标准来鼓励投资。

生物炭潜在的长期影响是巨大的，最近许多支持生物炭的人都关注它可以固存二氧化碳，但其实生物炭的优势还有很多。对于当地空气质量和水质产生的潜在影响远远超过了使用生物炭的区域，这使得在投资生物炭产品的生产和市场开发方面，急需得到国家政策的支持。

（来源：Science Daily）

仅靠农业技术进步不足于解决生物多样性危机

快速的人口增长和经济发展正在对生物多样性、尤其是热带地区的生物多样性造成毁灭性影响。得出这一结论的是德国综合生物多样性研究中心（German Centre for Integrative Biodiversity Research，iDiv）和哈雷-维滕贝格马丁路德大学（Martin Luther University Halle-Wittenberg，MLU）领导的一支研究团队，刊登于《自然生态学与进化》（*Nature Ecology & Evolution*）期刊。由于对农产品的需求持续增长，就需要不断开辟新的耕作面积。虽然技术进步让农业变得越来越高效，但是不断增长的人口又"弥补"了这些成功的进步。研究表明，有效的自然保育政策需要引入应对人口增长、支持可持续消耗的观念。

世界人口和全球经济都在增长，人口会消耗产品和粮食，导致人们需要越来越多的土地，大自然正在改造成为耕地和种植园。对于自然给人类提供的生物多样性和生态系统服务来说，这是一个极大的威胁。面对这一可持续性领域的挑战，政策制定者通常的应对方式是通过技术手段来提高农林业效率，但仅仅这样就够了吗？

iDiv 研究中心和哈雷大学的科学家们已经确定了土地的利用方式是如何影响生物多样性和生态系统服务的以及首次确认了该影响随着时间推移产生变化的方式。他们将 2000—2011 年有关生物多样性、土地使用、二氧化碳封存的数据与经济模型相结合，调查了人口增长和经济发展对全球生物多样性和生态系统服务损失的影响。

结果显示，不断增长的世界人口和快速扩张的全球经济让世界各地都在提高土地使用率，毁灭了生物多样性和生态系统服务。例如，2000—2011 年，由于土地使用造成濒临灭绝的鸟类数目增加了多达 7%。同一时期，地球丧失了 6% 从空气中吸收二氧化碳的能力。这是因为相对于自然栖息地的植物，种植在新开垦的耕地上的植物无法吸收同等量的碳。

几乎所有的热带地区都出现了生物多样性的损失。2011 年，95% 以上由于农林业土地使用造成的鸟类灭绝都出现在美洲中南部、非洲、亚太地区。然而，生态系统碳封存能力的逐渐削弱现象却遍布世界，其中，25% 是由于欧洲和北美洲的农林业土地使用。

在 2000 年的前 11 年中，养牛业是大规模毁灭生物多样性的罪魁祸首。同时，亚洲和南美洲大量增加油籽种植。"撇开其他不谈，这是大力发展生物燃料造成的后果，而发展生物燃料是为了保护气候。"该研究协调人恩里克·米格尔·佩雷拉（Henrique M. Pereira）教授说道，他是 iDiv 研究中心和哈雷大学生物多样性保护（Biodiversity Conservation）研究小组的负责人。

此外，研究人员还想了解全球贸易对生物多样性和生态系统造成的影响有多大。几乎每种食物的购入都会间接影响世界其他地方的自然生态。如一个汉堡包中的牛肉可能来自南美牧场的牛，也可能来自本地牛棚以南美大豆为食的牛。基于这个目的，人们清除森林开辟空地，原始的生物多样性就遭到了破坏。因此，发达国家将 90% 的因农产品消耗导致的破坏性行为外包给了其他地区。在调查期间，世界其他地区的农产品消耗也迅速增长。佩雷拉表示，"新兴经济体目前正在取代发达国家成为生物多样性损失的主要推动者"。

研究人员还发现，全球每收入 1 美元带来的环境损害有所下降，也就表明土地使用也变得更为有效。但是，总的环境损害还是增加了。"该研究的第一作者、iDiv 研究中心和哈雷大学教授亚历山德拉·马可斯（Alexandra Marques）说道，

"经济发展和人口增长都太快，超过了改善措施的进度。"

恩里克·佩雷拉总结说："所以，有关究竟是谁造成了生物多样性损失的观念在短时间内发生了翻天覆地的变化，既不是发达国家也不是发展中国家，而是双方共同造成的。"根据他的观点，在进行国际自然保护谈判时也应将以上观念考虑在内。

科学家们表示，如果要达成联合国可持续发展目标（UN Sustainable Development Agenda），减少人口增长至关重要。最终，社会和自然都能从中受益。与此同时，对于遥远的世界其他地区遭受的生物多样性破坏及其气候政策对全球土地使用造成的影响，发达国家也应承担起更大的责任。佩雷拉评论道："我们需要制定一项能同时解决气候变化和生物多样性变化的环境政策。"

（来源：德国综合生物多样性研究中心）

土地集约化利用增加了产量但减少了生物多样性

欧洲约80%的土地用于居住、农业和林业。为了进一步提高产量，甚至超过目前的水平，开发力度正在加大。为了使用更多的措施更有效地培肥土地，以提高产量为重点的耕地开发正在加紧进行，杀虫剂和化肥的使用越来越多，更多的动物也被饲养在牧场上。迄今为止，产量实际增加的程度以及生物多样性同时丧失的程度一直是研究中的不足。一个国际科学家小组通过对来自全球研究数据中采取强化措施之前和之后的产量和生物多样性进行了比较，评估了不同措施产量和生物多样性的关系。

学者指出，杀虫剂和化肥的使用措施虽然提高了产量，但总体上它们也对生物多样性产生了负面影响。这是因为即使是农业地区，也为动植物提供了宝贵的栖息地，但是在采取措施中往往没有充分地考虑动植物栖息地的保护。此外，以前的研究主要是从一个角度来研究强化土地利用的影响，即增加产量或减少生物多样性。不幸的是，目前对两者之间的关系以及大自然最终必须为提高产量付出多少代价了解得太少。在最近的研究中，科学家小组旨在解决这一知识鸿沟。

为此，研究人员筛选了大约10 000个相关的研究，寻找那些在强化措施之前和之后产量和生物多样性测量数据的研究。在这方面，大多数研究都是通过网络进行。最终有115项研究实际测量了同一地区的2个参数，与我们的研究目的相关。在这些研究中调查的449个农业区分布在全球各地，位于不同的气候带，采取措施的时间差别很大。为了能够将这些研究用于分析，研究人员开发了一个数学模型，该模型考虑了这些差异并使数据具有可比性。然后总结了各自的产量增长和生物的多样性损失。结果证明，平均而言，土地的集约化利用增加了 20% 的产量，但与此同时，也损失了 9% 的生物物种。

为了更详细地了解集约化措施的影响，研究人员将农业区域划分为低、中、高三类强度。这样可以比较耕地、草原、森林 3 种农业生产制度对生物多样性的影响。在强化措施后，中等强度使用区域的产量增长最高（85%）。但它们也有最大的物种损失（23%）。相比之下，已经具有高强度使用的区域并未发现任何物种的显著损失，但是产量仍然增加了 15%。表面看起来在不损失物种的情况下提高了产量。但是，由于高强度的利用，生物多样性已经很少，当然也不会有太多的损失，在这种情况下，可能已经超过了临界点。在比较强化措施对耕地、草地和森林的影响时，森林在减少物种损失方面表现最好。研究结果表明，在木材生产等情况下，强化土地利用也可能导致更高的产量，而不会对生物多样性造成任何不利影响。

研究表明了农业生产强度对保护生物多样性的影响程度。它揭示了总体趋势，并指出了已有知识中的差距。但是，这项研究并未给出不同区域采取行动的具体建议。为了解土地利用与生物多样性的低风险或高风险之间的联系，有必要进行进一步的研究。这也是确保实施严格的土地利用和保护生物多样性的唯一途径。

（来源：Science Daily）

欧洲制定政策推进农业用水可持续发展

水是农业粮食生产所必须的要素。不过虽然许多瓜果蔬菜也是水分的一个重要来源，种植瓜果蔬菜本身也需要大量的水。没有充足高质量、简便可得的水源，欧洲的农业粮食生产就可能面临威胁。

平均来看，欧洲总水量的 44% 用于农业，有些地区甚至有 80% 用于农业。随着全球人口不断增长，气候变化不断加剧干旱等恶劣的气候情况所带来的风险，自然资源所面临的压力也与日俱增。因此，欧盟委员会（European Commission）制定了短期战略和长期战略，以确保有更多的可持续使用的水源。

欧洲政策工具

根据目前实行的共同农业政策（Common Agricultural Policy，CAP），所谓的交叉遵守机制支持可持续的水资源利用，通过一套有关良好的土地农业和环境情况标准来实施，接受 CAP 款项的农户必须遵守以上标准。其中，包括通过沿着河流建立缓冲带来保护、管理水资源以及批准灌溉、保护地下水来对抗污染。

还有绿化措施也能提高农业用水的质量。部分收入也支持着欧洲农户，这些措施会为那些实施了有利于环境和气候的农户提供支持，包括开辟生态集中区、永久性草地等通过限制使用杀虫剂来保护生物多样性。

CAP 的农村开发计划也推动了水源的可持续使用。该计划得到欧洲农村发展农业基金的资助，由各成员国与欧盟委员会共同管理，内容围绕着六大重点制定。其中之一便是推动资源的利用效率。在整个欧洲，有许多农业基金进行资助来保护水资源的典型事例，如在波兰罗兹（Łódź）举办的一场面向 150 人的小规模水资源保护的培训。随着气候变化日益加剧波兰干旱的风险，对农业造成的潜在影响也十分巨大。以上得到欧盟资助的项目旨在提供实用的知识与方法来保护水资源。

可持续水资源创新

欧盟在这一领域的研究创新也在促进水资源使用变得更为高效。通过如地平线 2020 计划（Horizon 2020），为项目创新、利用精准农业促进水资源高效利用提供支持。

在西班牙拉曼查（La Mancha），过度使用水资源来灌溉农业用地几乎使地下水资源耗尽。此后当地实施项目为农户提供支持工具，其中之一能让农户预估作物的水消耗量，同时，检查是否符合法律允许灌溉用水量；另一种称作 OPTIWINE 的工具可用于计算葡萄园所需的精确用水量，在提高葡萄质量的同时减少用水。这一计算过程基于卫星数据及通过地面的传感器搜集的天气、植物、土壤数据进行。

实地支持

欧盟委员会也在寻找其他方法来确保未来水资源可持续的利用，为此成立了一个水资源特别工作组，来鼓励投资、拓宽欧洲农业最佳实践的实施范围。该特别工作组已经简要列出了水质和可利用率面临的几大威胁，并与欧盟委员会的科学与知识服务机构合作，成立了一个有关水和农业的知识中心。该中心将现有的信息资源联系、整合起来，同时，在水资源利用的各个方面形成新的知识。可通过门户网站获取该中心的信息。

除此以外，作为 2021—2027 年新的 CAP 提议的一部分，正在研发一款新工具来帮助农户管理利用农场营养物——农场营养物可持续发展工具（Farm Sustainability Tool for Nutrients, FaST），其目的是促进欧盟所有农户肥料的可持续使用，并推动农业领域的数字化。这一工具将会为所有欧盟农户提供量身定制的营养物管理方案，减少营养物渗漏入地下水和河流中，为环境带来益处。

下一步需要做什么

由于水质和可利用率承受着越来越大的压力，欧盟委员会将继续鼓励对农业领域水资源的可持续利用进行投资。

在新的 CAP 提议中，委员会提出了与成员国合作的新方式，以确保基金能用在刀刃上。例如，虽然可持续的水资源利用目标是基于欧盟水平来制定，不过每个国家可以视自己的具体情况来决定如何实现这些目标。这样一来，在水和农业方面，欧盟基金就能更好地应对当地需求。

为了取得更好的成绩，未来的 CAP 将会继续鼓励并投资于农业领域的研究和创新。随着"智能灌溉"技术和营养物管理工具的运用，水资源利用的效率正在得到提升。

（来源：欧盟委员会）

中国科学家使用核技术和同位素技术开展农业研究

在许多国家，农业核研究是由独立于国家农业研究机构的核机构进行的，但在中国，将在农业中使用核技术纳入中国农业科学院（CAAS）和省级农业科学院的工作中，以确保这些发现立即投入使用。

开发作物新品种

在过去的几十年里，中国的农业科学家越来越多地在作物生产中使用核技术和同位素技术。通过与国际原子能机构和粮农组织的密切合作，中国已经开发出1 000 多个突变体作物品种，中国开发的品种占国际原子能机构/粮农组织目前在全球突变体数据库中列出的突变体的 1/4。中国第二大广泛种植的小麦突变体鲁源502 是中国农业科学院作物科学研究所和山东省农业科学院利用空间诱变育种开发的，其产量比传统品种高 11%，对干旱和主要疾病具有更高耐受性，种植面积超过 360 万公顷，几乎和瑞士面积一样大。而这仅是为提高耐盐性和抗旱性、提高粮食质量和产量而开发的 11 个小麦品种之一。

中国农业科学院作物科学研究所利用重离子束加速器、宇宙射线和伽马射线以及化学物质，在小麦、水稻、玉米、大豆和蔬菜等多种作物中诱发突变，其所建立的新的突变诱导和高通量突变选择方法可以作为世界各地研究人员的一个模型。多年来，该研究所也成了国际原子能机构技术合作方案的关键贡献者。来自30 多个国家的 150 多名植物育种人员参加了培训课程，并从中国农业科学院的奖学金中受益。

在与原子能机构和联合国粮农组织的合作下，中国农业科学院正在帮助亚洲及其他地区的专家利用辐照技术开发新的作物品种。目前，印度尼西亚的核机构和中国农业科学院正在探寻在植物突变育种方面开展合作的方法。

检测食品安全及真实性

中国农业科学院农产品质量标准和检测技术研究所在其研究和开发工作中使用核相关技术和同位素技术，并参与了若干国际原子能机构的技术合作和协调研究项目。

一方面，该研究所开发了一种利用同位素分析检测假蜂蜜的方法。据估计，在中国销售的大量蜂蜜是在实验室合成的，而不是蜂箱中的蜜蜂，因此，这是打击造假的一个重要工具。

另一方面，该研究所使用同位素技术来测试食品安全性，并验证牛奶和乳制品的真实性——这是国际原子能机构在 2013—2018 年的技术协调研究和合作项目成果。目前，一项利用稳定同位素追踪牛肉地理来源的计划也已经到位。

改善动物对营养的吸收率

中国农业科学院北京畜牧兽医研究所使用稳定同位素来研究动物营养物质的吸收、转移和代谢，研究结果可用于优化饲料组成和进料计划。同位素示踪比传统的分析方法具有更高的灵敏度，这在研究微量营养素、维生素、激素和药物的吸收时尤为有利。

虽然中国已经完善了许多核技术的使用，但在一些领域，它正在寻求国际原子能机构和粮农组织的支持：中国的乳品工业一直被奶牛的低蛋白质吸收率所困扰。饲料中的蛋白质只有不到一半被反刍动物利用，剩余的则进入粪便和尿液。这对农民来说是浪费，而且高氮含量的粪肥会危害环境。当氮从饲料中通过动物的身体时，使用同位素来追踪氮，这将有助于通过调整饲料成分来提高氮吸收率。这一点尤其重要，因为目前人均奶制品消费量占全球平均水平的 1/3，并且仍在继续攀升。目前正在通过国际原子能机构和粮农组织寻求国际专门知识来帮助解决这一问题。

（来源：AgroNews）

减少耕作可以改善土壤、提高产量

斯坦福大学的科学家们通过机器学习和卫星数据监控农作物，发现土壤耕作较少反而能提高玉米和大豆的产量并改善土壤质量。面对全球不断增长的粮食需求，减少土地耕作可谓是双赢之举。

农业生产每年造成 2 400 多万英亩（约 14 568 万亩）的肥沃土壤退化，这让人们担忧全球不断增长的粮食需求。斯坦福大学的最新研究表明，由于自 20 世纪 30 年代美国沙尘暴（Dust Bowl）肆虐而兴起的简单耕作方法可能有助于解决这个问题。这项研究的成果于 2019 年 12 月 6 日发表在《环境研究快报》（*Environmental Research Letters*）上，该研究表明，部分中西部农民降低了翻土（即耕地）的强度，反而收获了更多产量的玉米和大豆，同时，也改善了土壤质量、降低了生产成本。

这篇研究成果的第一作者、斯坦福大学粮食安全与环境中心（Center on Food Security and the Environment）的博士后研究员吉利安·迪恩斯（Jillian Deines）说："减少土地耕作对玉米带的农业生产来说是一个双赢之举。有些农民担心减少土地耕作会使作物减产，因此，不敢这么做，但我们发现减少耕作通常会提高产量"。

美国是全球最大的玉米和大豆生产国，玉米和大豆的种植主要集中在中西部地区。在刚刚过去的农作物生长季，美国农民从土地上收获了约 3.67 亿吨玉米、1.08 亿吨大豆，提供了重要的食品、石油、工业原料、乙醇和出口价值。

从太空监测农业

农民通常在种植玉米或大豆之前先耕作土壤，众所周知，这种方法可以清理杂草、将土壤中的养分混合均匀、分解压实的土块，从而在短期内增加粮食产量。但是，长期来看这种方法会使土地退化。联合国粮食及农业组织（Food and Agriculture Organization of the United Nations）2015 年的一份报告指出，在过去的 40 年中，土地退化已经使全世界损失了 1/3 的产粮土地。损失了曾经肥沃的土地，给粮食生产带来了严峻的挑战，特别是在全球人口不断增长、农业生产的压力不断增加的情况下。

减少耕作（也称为保护性耕作）有助于更健康的土壤管理，减少土壤侵蚀和水土流失，有利于保水和排水。方法是在播种下一季作物时将上一年的农作物残留物（例如玉米秸秆）留在地面上，少用机械耕作或根本不采用机械耕作。全球共有超过 3.7 亿英亩的土地采用这种耕作方法，主要集中在南美洲、大洋洲和北美洲。但是，许多农民担心这种方法会降低作物产量和农业生产利润。过去对产量影响的研究仅限于本地试验，通常在研究站进行，这些试验不能充分反映实践中的生产规模。

斯坦福大学的研究团队采用机器学习和卫星数据集来填补这一方面的知识空白。首先，他们根据先前发布的 2005—2016 年美国年度耕作数据划分出耕作减少的地区和常规耕作的地区。他们利用以卫星监控为基础的作物产量模型（考虑了气候和作物生长周期等变量），观察了玉米和大豆在这段时间内的产量。为了量化耕作减少对作物产量的影响，研究人员开发了一种计算机模型，比较耕作方式对产量的影响。他们还记录了土壤类型和天气等要素，以确定哪些因素对产量有更大的影响。

耕作减少，产量提高

研究人员计算出，在抽样的 9 个州中，如果土地采取了长期保护性耕作措施管理，玉米产量就会平均提高 3.3%，大豆产量平均提高 0.74%。2 种作物的增产量都可以排入世界各国年产量前 15 名。玉米总计增加了约 1 100 万吨，与 2018 年南非、印度尼西亚、俄罗斯或尼日利亚的全国产量差不多。大豆的增产量 80 万吨排在印度尼西亚和南非的产量之间。

从 2008—2017 年，美国玉米种植带（Corn Belt）保护性耕作对玉米产量的平均影响。有些地区的玉米产量增长了 8.1%，大豆增长了 5.8%。还有些地区，玉米减产 1.3%，大豆减产 4.7%。土壤中的水分含量和温度的季节变化是造成产量差异的最主要因素，尤其是在较为干燥、温暖的地区。研究还发现，除了在早春季节，浸水的土壤会因常规耕作方式而变得更加干燥、蓬松以外，潮湿的环境对农作物有利。

研究成果的作者斯坦福大学地球、能源与环境科学学院（School of Earth, Energy & Environmental Sciences）地球系统科学教授、格洛里亚（Gloria）和理查德·库希尔（Richard Kushel）基金会粮食安全与环境中心主任戴维·洛贝尔（David Lobell）说："弄清何时、何地减少耕作最为有效，可以最大程度发挥这种方法的优势，为农民们未来的农业生产指明方向"。

想要全面了解减少耕作带来的收益需要很长的时间，因为只有长期持续这种耕作方式才会收获最佳的效果。根据研究人员的计算，玉米种植者在最初的 11 年里不会看到全部的收益，而大豆种植者想实现这种耕作方式的全部收益所需的时间是玉米种植者的两倍。然而，由于减少了对劳动力、燃料和农用设备的需求，这种方法可以降低成本，同时，还保持了土地的肥沃，以便进行持续的粮食生产。即使在实施的第一年，研究结果也显示出一定程度的增产，而随着土壤质量的改善，收益会随着时间的推移逐渐增加。根据 2017 年农业普查（2017 Agricultural Censuses）报告显示，农民似乎开始接受这种长期投资的方式，现在美国近 35% 的耕地都采用减少耕种的方式。

迪恩斯说："农业生产的最大挑战之一是要在不牺牲未来产量的条件下实现现在的最大产量。这项研究表明，减少耕种是一种提高长期生产力的方式"。

（来源：斯坦福大学）

《世界资源报告：创造可持续的粮食未来》：面临的挑战与解决方案

有数据预测，世界人口预计到 2050 年将达到近 100 亿，近期《世界资源报告：创造可持续的粮食未来》报告发布，该报告提出全球粮食系统亟须经历改变，以确保在不破坏地球的情况下，为每个人提供充足的粮食。报告中提到要应对这一挑战，需要缩小 3 个差距如下。

①2010 年的粮食生产与 2050 年的粮食需求之间有 56% 的"粮食缺口"；

②2010 年全球农业用地面积与 2050 年预期农业扩张之间的"土地缺口"面积几乎是印度的 2 倍；

③2050 年农业的预期排放量与满足《巴黎协定》所需水平之间存在着 1 100 亿吨的"温室气体减排差距"。

为了弥补这一差距，报告督促对食品生产和人们消费的变化进行重大调整。从捕渔业管理到牛肉的食用量，这份报告为决策者、企业和研究人员提供了一个全面的路线图，指导他们如何创建一个从农场到餐桌的可持续食物体系。

世界上数百万农民、企业、消费者和每一个政府都必须作出改变，以应对全球粮食挑战。世界资源研究所（World Resources Institute）总裁兼首席执行官安德鲁斯蒂尔（Andrew Steer）表示，在每个层面上，粮食系统都必须与气候战略、生态系统保护和经济发展联系在一起。虽然挑战的规模比通常想象的要大，但他们已经发现了许多潜在的解决方案。他们有理由期望实现可持续的粮食未来。

世界银行可持续发展副总裁劳拉·塔克（Laura Tuck）表示，不应忽视改变食物体系的机会。鼓励农民以更加可持续的方式生产更多种类和营养丰富的食物，将有助于增加收入和创造就业机会，建设更健康的社会，减少温室气体排放，并支持恢复基本的生态系统服务。为世界银行的可持续发展服务。同时，应该审查公共资金，并在必要时重新规划以支持更可持续地利用自然资源，并更好地使粮食生产与各国的可持续发展目标保持一致。

该报告由世界资源研究所与世界银行、联合国环境署、联合国开发计划署、法国农业研究机构 CIRAD 和 INRA 合作编制，概述了一系列解决方案，以彻底改革世界粮食生产和消费方式，确保可持续发展。该报告提出到 2050 年，应该采取以下解决方案，以实现可持续粮食的未来。

①通过减少食物损失和浪费、更健康的饮食消费等减少需求增长；

②在不扩大农业用地面积的前提下，通过提高农作物和牲畜的产量增加农产品供应量；

③通过减少森林砍伐、恢复泥炭地、将产量增加与生态系统保护联系起来，保护和恢复自然生态系统；

④通过改善水产养殖系统和更好地管理捕渔业，增加鱼类供应；

⑤通过创新技术和农业方法减少农业生产的温室气体排放。

该报告的许多发现都使用了新的全球农业 WRR 模型（由 CIRAD 与 INRA 合作设计），该模型量化了每个"菜单项"在很大程度上有助于提高粮食供应、避免森林砍伐和减少温室气体排放。该报告还确定了一系列强有力的政策、创新和激励措施，可以使解决方案具有规模。

该报告的主要作者 Tim·Searchinger 表示，技术将是食物系统未来成功的关键之一。如果没有重大创新，就没有创造可持续食物未来的现实潜力。工业已经创造了令人兴奋的突破，如饲料抑制了奶牛胃中甲烷的形成。我们既需要更多的研究和开发资金，也需要灵活的法规来激励私营部门创新。

联合国环境规划署执行主任 Inger Andersen 表示，这份报告清楚地说明了食物系统正在发生什么以及我们迫切需要作出的转变。一个显而易见的主题是，农业用地的位置在国家和地区之间以及国内有多大程度的变化。这一转变使粮食和气候挑战更难解决。因此，世界需要更好地将提高农业产量的努力与保护森林和其他自然土地联系起来。

改变消费模式，提高作物和牲畜的生产力，提高化肥等投入的效率，可以在提高农业收入的同时，显著减少排放和土地需求。要将全球变暖控制在低于 1.5℃ 的水平之上，就需要在五大解决方案框架内进行这项工作以及其他所有工作，再通过提高需求和供应方面的效率而实现 5.85 亿公顷（14 亿英亩）的重新造林。

该报告的行动要求可以概括为 3 个词：生产、保护、繁荣。联合国开发计划署署长 Achim Steiner 表示，这些不是相互竞争的利益。我们有可能在与今天相同数量的农业土地上生产更多的粮食，保护生态系统。创造一个可持续的粮食未来并不容易，但是仍然可以实现。

（来源：World Resources Institute）

农业产业

英国种子的国际市场规模不断增长

2018 年，英国农业和园艺发展委员会在英国马铃薯种子出口方面取得重大突破，获得中国和肯尼亚对英国种子的进口批准，2019 年将重点关注和加强与现有市场的关系，并进一步增加对埃及和摩洛哥等主要国家的出口。

（一）中国敞开大门

中国在 2018 年年末批准了英国种薯的进口。该交易预计将为苏格兰带来重大利益，每年从英国出口的 10 万吨种薯中约有 70% 来自苏格兰农场。马铃薯种子出口已经为英国带来 9 000 万英镑的贸易额，其中，一些品种的价格高达每吨 900英镑。

中国是世界上最大的马铃薯消费国，随着中国对马铃薯类食品的需求增加，马铃薯已成为仅次于水稻、玉米、小麦之外的第四大作物，需求增长迅速。

英国农作物出口贸易发展部负责人 Rob Burns 说："成为最早能够向中国出口种子的西方国家之一，是一个真正的改变，它是通过大量努力和英国种薯的良好声誉实现的。我预计中国市场对用于薯片加工的品种会特别感兴趣，因此，对这些产品的需求会很大，AHDB 现在的职责是通过大型展览等活动发展这种新的贸易关系，出口商可以展示其品种，并开始在中国开展业务。"

（二）发展非洲市场

2017 年在肯尼亚 3 个不同农场进行了 10 个马铃薯品种连续两季的试种试验，其中，3 个品种获得非常好的试种效果，表现最好的是 Lady Balfour，每公顷 56 吨，Cara 平均单产为每公顷 52 吨，Gemson 平均每公顷产量 42 吨。在 AHDB，James Hutton Ltd，SASA 和 Seeds2B Africa 的共同努力下，这 3 个品种获得肯尼亚的进口批准，为英国种子生产商出口肯尼亚打开了大门。由于加工品种还未达到推荐品种的产量要求，因此，目前推荐的品种仅为食用品种。

英国农业和园艺发展委员会已经提出建议，在肯尼亚推出的英国品种可以尝试开辟其他非洲国家的邻近市场。因此，目前计划向埃塞俄比亚进行外派访问，看看他们是否可以复制肯尼亚的成功。

（来源：英国农业和园艺发展委员会）

英国脱欧将对世界种业带来多方面影响

英国脱欧对其种子部门以及欧洲经济的所有其他部门在很多方面都将造成不同程度的影响。种子行业的从业者们一直在努力判断英国脱欧可能带来的影响，并做好了不同程度的准备。这种影响将取决于最终的交易条款，而自由贸易协定可最大限度地减少这种影响。

英国植物育种者协会（BSPB）首席执行官彭尼·普莱斯顿（Penny Maplestone）表示："每一天，事情似乎都在变得越来越不确定。"

然而，此时可以确定一个关乎整个欧洲种子产业的重大问题，那就是若脱欧成功，则品种从欧盟出口到英国需要进行注册，反之亦然。

若英国脱欧，英国育种者和农民将面临更少的选择

比利时 Semzabel 秘书长克里斯蒂安·范·莱克（Kristiaan Van Laecke）指出，由于在欧盟培育的品种在进口前必须得到英国的第二次批准，英国育种者和农民将面临更少的选择。他解释说："在谷物方面，许多在比利时播种的品种都是在英国选育的。""没有协议可能会是一个大问题，特别是对玉米种子和油菜籽，尤其是玉米，因为在英国没有这种作物的育种或种子生产。"

若英国脱欧，种子、植物材料和农产品的进出口将变得更加复杂，可能会对种子公司业务发展产生影响

KWS 谷物业务部门的业务主管奈杰尔·摩尔（Nigel Moore）表示，英国种植业依赖种子进口。他认为，尽管英国政府已承诺单方面承认欧盟认证的英国注册品种种子具有市场价值，但从英国到欧盟的种子流动需要经济合作与发展组织（OECD）和伊斯兰会议组织（OIC）的认证和标签，这将会为他这样的公司以及英国官员带来重大的行政负担。他还担心，即使这样，也只有在达成等同协议的情况下才能实现出口。

芬兰种子贸易协会秘书长玛丽·瑞因克（Mari Raininko）补充说，由于出口问题，可能导致芬兰部分蔬菜种子成本增加，而且英国农民可获得的蔬菜品种数量也可能下降。

丹麦种子委员会秘书长尼尔斯·埃尔马加德（Nils Elmegaard）说，如果进入英国市场变得更加困难，丹麦面临的类似选择减少可能会降临到英国种子生产商。

波兰种子协会名誉主席卡罗尔·达斯摩尔（Karol Duczmal）补充说，种子检测质量也可能会存在问题。

爱沙尼亚，爱沙尼亚种子协会经理 KarenRätsep 说："许多英国品种适合在爱沙尼亚种植，例如，许多豆类，还有大麦和小麦。但是，如果使用它们的价格因新的税收等原因而大幅增加，那么我们将会寻找其他渠道。"

秘书长范·莱克（Van Laecke）说："Semzabel 在比利时的成员已被告知，他们的一些欧盟品种可能不再能够在英国销售，反之亦然。他和他的团队还要求比利时政府建立一个简单而廉价的系统，以便过去在比利时商业化的英国品种可继续供比利时农民使用。"与此同时，他说："我们鼓励我们的成员对那些目前尚未在英国商业化的品种采取相反的做法。"

瑞典种子贸易协会秘书长亨利克森（Per Henriksson）说，英国和瑞典已实现对共同目录中品种的批准，因为大多数作物/品种都是在英国和瑞典之间"双向流动"的。"然而，英国（苏格兰）马铃薯育种的问题仍未解决"他说。"此外，如果英国脱欧，将会出现其他问题，尤其是植物管理规定和植物材料在欧盟边境流动的问题。"

摩尔证实，在植物品种保护，品种注册和维护方面，他的公司一直在为英国脱欧做准备。"需要为英国脱欧后平行注册欧盟 PVP 和英国 PVP 做准备。"他报告说："当然，这些措施给边境两边增加了相当大的成本和行政负担。"

种子公司 RijkZwaan 的律师玛丽安·苏曼（Marian Suelmann）指出，由于她的公司是跨国运营，每天都与第三国打交道，因此，即使英国脱欧，也不会产生无法克服的困难。"总体而言，种子、植物材料和农产品的进出口似乎正变得更加复杂，这可能会对公司的生产地产生影响。"她补充说。

欧盟国家种子协会为英国脱欧后的品种登记问题制定了解决方案

RijkZwaan 2 年前就开始申请英国和欧盟的双重 PBR 保护，为英国脱欧做准备。此外，"我们报告了欧盟共同目录中的品种，这些品种也在英国出售给英国当局，列入英国国家名单，"苏曼（Suelmann）说。"此外，我们还增加了英国子公司的库存，以克服海关问题。"

荷兰种植协会（Plantum）开展了处理植物通过海关规定的培训课程（面向那些对欧盟以外地区出口不熟悉的成员），为英国脱欧做准备，并且还督促认证机构雇用额外的检查员。Plantum 董事总经理尼尔斯·罗瓦尔斯（Niels Louwaars）补充说，他和荷兰当局已为品种登记问题制订了解决方案，并确保育种者的权利被列在谈判者的早期议程上。

硬脱欧情况下英国在转基因生物方面的政策可能会发生分歧

英国脱欧后，英国领导层在当前转基因生物和 NBT 监管方面是与欧盟的监管保持一致，还是选择建立自己的新监管路径仍属未知。Duczmal 希望英国能够与欧盟保持一致，找到有效使用 NBT 而不使用转基因生物的方法。

如果英国允许种植转基因作物，艾莫格德（Elmegaard）认为理论上，英国可能比欧盟国家更有优势，但它也必然要应对与欧盟之间的贸易壁垒。

特别是关于荷兰，罗瓦尔斯注意到，如果英国在批准转基因作物种植方面变得自由，那么农田作物的种植可能会增加。这反过来可能会对荷兰的马铃薯种子（随时间推移还有草皮）的出口产生负面影响。

"为了在全球范围内实现公平竞争，我们希望英国和欧盟的立法尽可能保持一致。"苏尔曼说。

范·莱克（Van Laecke）、亨利克森（Henriksson）和艾莫格德（Elmegaard）的另一个担忧是，与英国退欧后的欧盟相比，英国可能允许种植转基因生物和不同的 NBT 使用。他们担心这会导致欧盟种子公司的研究实验室转移到英国，艾莫格德警告说："如果发生这种情况，欧洲的育种机构，农民和消费者都将被抛之脑后。"

（来源：European Seed）

英国脱欧会对爱尔兰种业产生消极影响

在农业和种子部门方面，可以肯定地说，在所有欧盟国家中，爱尔兰可能是受英国脱欧影响最大的国家。由于缺乏谷物育种计划和自然条件限制，爱尔兰一直依赖于欧盟国家的育种和新品种的引进来向农民提供优质谷物品种。英国在气候、地理环境方面与爱尔兰十分相似，具有其他欧盟国无法等同的优势，英脱欧后可能对爱尔兰农业育种带来一定的影响。

（一）阻滞作物上市和商业化

由于爱尔兰种子市场规模相对较小，种子公司不太可能在爱尔兰开展更多品种试验。目前为止，对于新培育的小类作物品种，如饲料甘蓝或芜菁，爱尔兰的育种者大多数情况下会首先在英国进行新品种试验和上市，爱尔兰农民就可以从欧盟共同目录中获得和选择所要种植的品种。英脱欧后便意味着这些小类作物商业化之前需要在爱尔兰本国或欧盟其他国家上市，并持有欧盟 DUS。

（二）造成额外的品种维持成本和品种量减少

在欧盟注册的每种作物品种都需要拥有 DUS 报告，此前爱尔兰依赖于英国 DUS 报告，而英国退欧后，爱尔兰只能通过欧盟当局重新购买有效的 DUS 作物品种报告。此举将会给爱尔兰育种带来额外的成本，令爱尔兰更为担忧的是，这将减缓作物品种上市时间，还有可能减少作物的品种种类数量。因为一些品种英国可能仅在本国上市，若爱尔兰想种植则需进行跨国交易，欧盟和英国种子相关法规的差异也将是另一个问题。

（三）作物检疫贸易壁垒

贸易壁垒的建立并不是仅来自行业内部，边境管制、作物检疫标准和文书等文件的事务性延误也是贸易的障碍。最小化这种情况的方法之一，就是成立"可信任贸易成员国"，并对贸易信任成员国家，在跨境贸易方面给予种子贸易公司实行一定的特权。

（来源：European Seed）

美国对草莓产业进行综合评估

最近，由美国弗吉尼亚理工大学和阿肯色大学牵头完成的一项综合评估，分析了美国草莓产业的发展需求，面临的机遇和挑战。该研究团队成员来自 10 个不同的州，旨在为全美草莓产业的研究、政策和营销战略制定一个有效的指导方针，并促进普通和特定地区教育和生产工具的开发。该研究成果以"美国草莓业的现状和未来"为题，发表于《园艺技术》（*Hort Technology*）上。

此项评估将美国分成 8 个不同的地理区域以及一个室内环境可控生产系统。这些草莓产区的共同趋势是，越来越多地利用设施进行草莓的延季栽培，包括四季栽培品种和短日照栽培品种，以满足消费者全年的草莓需求。

虫害以及收获季节劳动力不足是这些草莓产区面临的共同挑战。此外，消费者对于草莓日益增长的需求、气候变化引起的天气多变性、大量使用杀虫剂、劳动力和移民政策以及土地的可利用性等多种因素都会对区域生产造成影响。

美国每年生产超过 30 亿磅（约 13.62 亿千克）的草莓，产值接近 30 亿美元，其总产量几乎占全球的 1/5，单位面积产量也居于全球领先地位。因为效益好，美国的草莓面积自 1990 年以来增加了约 17%，其中，佛罗里达州和加利福尼亚州的面积增长最多。

过去 20 年间，美国的草莓消费量急剧增长，从 1980 年的人均 2 磅（约 0.9 千克）上升到近几年的人均约 8 磅（约 3.63 千克）。随着人们对草莓有益健康认识的不断加深，预计消费量还将继续增长。而通过扩大国内生产、发展设施栽培、增加进口以及改良栽培品种等措施，美国已经实现了草莓的全年供应。

未来美国草莓的生产将视种植者的生产需求和消费者的需求而定。草莓种植者中减少使用熏蒸方式的种植者人数有所上升，即便是在那些仍依赖熏蒸方式控制土传有害生物和杂草的草莓产区，也对气雾剂、太阳能土壤消毒、热水处理等替代性处理方式越发关注。

虽然使用熏蒸方式违反法规，但是除非那些替代方法具有经济可行性，草莓种植者在面临虫害威胁时仍然会继续使用熏蒸方式。应用于草莓产业的自动化技术和机器人技术将会得到进一步开发，以从事劳动密集型工作如种植、管护和收获。这些技术的应用也会进一步促进扩大生产面积、延长生产季节、增加草莓产量，同时，也有助于减少杀虫剂的使用以及对环境造成的相应影响。

（来源：Science Daily）

转基因产品：中美贸易谈判关注焦点之一

据外媒报道，美国农业部部长 Sonny Perdue 在美国粮食与饲料协会年会上透露，虽然中美贸易谈判进展有了苗头，但美国仍在担忧农业生物技术产品的贸易壁垒。

（一）美国希望建立农产品免除非关税壁垒限制的框架

Sonny Perdue 说，虽然农业贸易谈判有了较大进展，但美国仍然关注执行和实施的细节。美国更关心的是建立一个让其农产品免除非关税壁垒限制的框架，我们仍然担心一些生物技术作物的问题。

据 Sonny Perdue 介绍，农业谈判不仅包括中国要购买更多大豆，还包括玉米、大米等其他谷物以及家禽等肉类。这与北京提出的每年额外购买 300 亿美元农产品的建议相吻合。他说，美国也在寻求消除某些农产品面临的非贸易壁垒，并且已经在牛肉贸易方面取得了进展。

（二）转基因作物的审批是谈判的一个问题

路透社援引不愿透露姓名的人士称，转基因作物的审批是谈判的一个问题。转基因作物新品种的审批常常需要数年时间，这让包括拜耳、杜邦和先正达等企业和农场主抱怨不已。如果中国不批准新品种，那么这些企业就不敢贸然将其商业化，因为一旦商业化种植，中国等尚未批准这些品种进口的国家就可以拒绝这批产品的贸易。

此前，中国在 2017 年曾承诺加快转基因作物进口审批，但由于国内的反对转基因产品情绪而放缓。

（三）美国转基因大豆贸易对中国依赖较大

中国是美国大豆的最大买主，在中美贸易战之前，美国大豆出口的 60% 销售到了中国，而其中大部分是转基因大豆。

近几个月中国已经重返美国大豆市场，在这场谈判中表达了诚意。而美国农民表示，受贸易战的影响，上个生产季的大量大豆堆积在仓库中，希望有更多的订单出现。

Sonny Perdue 表示，美国的大豆贸易过度依赖中国，因此，美国也试图将农产品贸易扩展到马来西亚、菲律宾、印度、越南和泰国。尽管如此，这些国家的需求对美国来说是杯水车薪，美国难以绕开中国这个巨大的市场，需要更多来自中国的订单。

（来源：Metro. US，彭博新闻）

全球 CRISPR 技术市场复合年增长率预计达 25%

2017 年全球 CRISPR 技术市场价值约 4.496 亿美元，预计在 2018—2025 年，CRISPR 技术市场价值复合年增长率将超过 25%。

CRISPR 技术获得越来越多政府和私人资金的投入。美国国会研究处信息显示，由美国国立卫生研究院（NIH）提供的 CRISPR 相关研究资金从 2011 财年的 510 万美元增长到 2016 财年的 6.03 亿美元，如此高昂的资金为 CRISPR-Cas9 等先进基因编辑技术奠定了基础。在 2006 年，美国国立卫生研究所（NIH）为 CRISPR 相关研究提供了约 9.81 亿美元的资金。此外，2017 年，美国国防部高级研究计划局（DARPA）宣布将在未来 4 年内，直至 2021 年，投资 6 500 万美元，以使 CRISPR 基因编辑更加安全并应对生物恐怖主义威胁。

CRISPR 技术应用的日益普及将会促进该技术市场的持续增长。根据美国制药研究与制造公司（PhRMA）的数据，2014 年美国生物制药研发支出增长了 535 亿美元，2015 年增长至 588 亿美元。同样，根据 2017 年的英国政府工作报告，英国政府将通过投资约 716 万美元打开开发药物发现的大门，这将有助于企业应对和理解开发药物所面临的挑战。通过使用 CRISPR，可以开发几种药物，这些药物可以提高市场上用于各种血液病和心脏病的药物和疫苗的有效性和质量。因此，CRISPR 技术的应用将会增加，从而有助于市场的增长。

CRISPR 产品、CRISPR 服务、CRISPR 应用以及 CRISPR 最终用户分析。全球 CRISPR 技术市场分为 CRISPR 产品和 CRISPR 服务，其中，CRISPR 服务有望成为增长最快的部分。在应用领域，CRISPR 技术市场为生物医学、农业、工业和生物研究提供多样化支撑，其中，生物医学应用领域由于在药物发现中的应用日益增长而占据最大的市场份额。最终用户部分包括制药和生物制药公司，生物技术公司，学术研究机构以及合同研究组织。

北美占据全球 CRISPR 技术市场的主要份额，亚太区增长最快。CRISPR 技术市场的区域划分主要有北美，欧洲，亚太，拉美等重点地区。北美占据了全球 CRISPR 技术市场的主要份额。北美占主导地位的主要原因是政府和私人资金的增加、CRISPR 在若干领域的应用以及主要制药和基因治疗公司的存在。然而，就市场份额而言，亚太地区预计将成为增长最快的地区。亚太地区的增长得益于中国在 CRISPR 编辑的细胞基础上对各种疾病（如艾滋病毒感染和癌症）进行的 9 项临床试验以及持续开展 CRISPR 技术研究。

（来源：All Market Insights）

英国脱欧对英国牛肉和羊肉的整体影响

相较无协议脱欧将对英国牛肉和羊肉贸易产生的重大影响，协议脱欧的影响可能相对较小。鉴于 2 种结果都有可能发生，本文将讨论在这 2 种情况下，英国牛、羊肉的贸易、产出和价格将如何受到影响。

协议脱欧

协议脱欧对牛、羊肉产量和贸易的影响预计相对较小，牛肉和羊肉制品出口总额预计将仅下降 1.1%，进口总额下降 0.8%。

对贸易的主要影响将来自于非关税措施（NTMS），预计将导致进口和出口关税等成本的增加，这将在很大程度上影响英国与欧盟的相互贸易。

与非欧盟市场的贸易不会发生显著变化，因为欧盟 28 国与非欧盟国家达成的任何现有协议都将被撤销，NTM 效应已成为英国与第三国贸易的一个因素。然而，汇率可能会产生影响，英镑有可能走强，从而降低英国出口产品在国际市场上的竞争力。

英国牛肉产量预计将至少增长 0.2%。尽管新关税壁垒的实施降低了欧盟进口产品的竞争力，但由于预计的消费量将相对保持不变，国内产量不太可能出现大比例增长。由于对欧盟 27 国的出口价格往往高于英国市场，且不愿将任何价格上涨转嫁给消费者，牛肉价格（尤其是在农场层面）预计将略有下降。

由于季节性和消费者偏好，羊肉生产严重依赖于对欧盟的出口，用国内生产取代进口产品的机会比牛肉更为有限。因此，随着英国努力扩大其国内市场以及与欧盟贸易摩擦的加剧，预计将导致羊肉减产和价格下跌。

无协议脱欧

无协议脱欧将会对与欧盟 27 国的贸易产生重大影响。

对欧盟 27 国的牛肉出口预计将减少 87%，主要是由于欧盟共同对外关税（CET）的征收以及由于对符合出口资格的肉类种类实施限制和牛肉出口配额被拟订为 63 480 吨。鉴于英国的价格明显高于世界市场价格，对非欧盟国家的出口（预计增长 5%）将无法弥补对欧盟的贸易损失。英国对全球所有符合英国卫生标准的牛肉供应商征收 230 千吨关税，预计此举将导致非欧盟国家牛肉进口的急剧增长（+132.9%）。相反，来自欧盟的进口预计将大幅下降，降幅可达 92%。

与此同时，对欧盟 27 国的羊肉出口将几乎完全消失，唯一的出口将是通过低于 400 吨关税配额的出口。预计对非欧盟的出口将有所增加，但约 5% 的增幅不足以抵消对欧盟贸易的损失，这也将导致大量英国产品失去市场。预计从欧盟的进口将几乎不存在，然而，由于季节性供应和具有国际竞争力的价格，来自非欧盟国家（特别是新西兰）的进口量预计不会有所下降。

由于之前出口产品的供应，牛、羊肉的消费量预计将有所增加，但产量预计仍将减少 2.2%。

随着英国市场上国产牛羊肉供应量的大幅增加，英国市场正在艰难地寻找定位，价格大幅下跌的可能性也越来越大。

总的来说，协议脱欧可能会导致部分收入下降，给该行业带来挑战。然而，"无协议脱欧"所带来的影响要严重得多，可能给许多运营商带来严重的后果，其中受影响最严重的是羊肉产业。

（来源：英国农业和园艺发展局）

《2019 年全球农业生产率报告》发布

弗吉尼亚理工大学（Virginia Tech）农业与生命科学学院科研人员在爱荷华州得梅因世界粮食奖大会上发布《2019 年全球农业生产率报告》。报告显示，全球农业生产率的平均年增长率为 1.63%。这份报告探讨了农业生产率在实现环境可持续性、经济发展和改善营养等全球目标方面的关键作用。报告着眼于农业技术、最佳农场管理实践以及在支持生产率增长、可持续性和抵御能力方面对生态系统服务功能的强大组合。

根据该报告的全球农业生产率指数，全球农业生产率需要以年均 1.73% 的速度增长，才能在 2050 年为 100 亿人可持续地生产食品、饲料、纤维和生物能源。

报告显示，中国和南亚的生产率增长强劲，但北美、欧洲和拉丁美洲农业强国的生产率增长正在放缓。报告也提请注意低收入国家的生产率增长水平低得惊人，低收入国家农业生产率的年均增长率仅为1%。这些国家还存在粮食不安全、营养不良和农村贫困的高占比率。联合国可持续发展目标是希望到2030年将低收入农民的生产率提高1倍。报告呼吁高度关注那些人口增长率高、农业生产率持续低下、消费模式发生重大转变的国家，这些国家是不可持续农业实践的主要驱动因素，如将森林改造成作物和牧场等。

报告的作者弗吉尼亚理工大学的安·斯坦斯兰（Ann Steensland）表示，如果这些生产率差距持续存在，将对环境可持续性、农业部门的经济活力以及减少贫困、营养不良和肥胖的前景产生严重影响。另有弗吉尼亚农业和生命科学学院副院长、全球项目主任汤姆·汤普森（Tom Thompson）表示，几十年的研究和经验告诉我们，通过加快生产率增长，可以改善环境可持续性，同时，确保消费者能够获得他们需要和想要的食物。

精准农业技术、种子改良以及营养管理和动物健康等创新促进了生产力的增长。关注生态系统服务，如授粉和防止侵蚀，可以随着时间的推移提高和维持生产率的提高。从历史上看，美国等高收入国家的生产率增长最为强劲，具有显著的环境效益。由于广泛采用了改良的农业技术和最佳农场管理做法，特别是在高收入国家，全球农业产出增长了60%，而在过去40年中，全球耕地只增加了5%。1980—2015年，生产率的提高导致美国玉米生产用地减少41%，灌溉用水减少46%，温室气体排放减少了31%，土壤侵蚀减少了58%。美国畜牧业的生产率也有提高，显著减少了畜牧业生产的环境影响。弗吉尼亚理工大学动物和家禽科学助理教授罗宾·怀特（Robin White）表示，如果美国取消畜牧业生产，美国温室气体排放总量将仅下降2.9%。

全球农业生产率指数预测了全球在2050年为100亿人可持续地生产食品、饲料、纤维和生物能源方面的进展。在全要素生产率没有进一步提高的情况下，将需要更多的土地和水来增加粮食和农业生产，从而使已经受到气候变化威胁的自然资源更为紧张。同时，由于无法负担动物蛋白、水果和蔬菜等价格更高的营养密集型食品，消费者将依赖廉价谷类食品获取大部分热量，从而加剧成人和儿童肥胖率的飙升。

《2019年全球农业生产率报告》还描述了加速生产率增长的6项战略，包括在公共农业研发和推广方面增加投资，采用科学的信息化技术，改善基础设施和市场准入，培养可持续农业和营养伙伴关系，扩大区域和全球贸易以及减少收获后损失和粮食浪费等。

该报告的生产率数据由美国农业部经济研究服务部门提供。从2020年开始，

《全球农业生产率报告》由弗吉尼亚理工大学农业和生命科学学院制作。报告汇集了弗吉尼亚理工大学和其他大学、私营部门、非政府组织、保护和营养组织以及全球研究机构的专业知识。该报告也是农业和生命科学学院全球项目办公室的一部分，该部门为学生和教师建立了全球伙伴关系，并创造了良好发展机会。

（来源：弗吉尼亚理工大学）

中国新型缓控释肥料市场现状和应用情况

作为农业最重要的投入类型，肥料占农业生产总支出的 50%，其中，55% 的粮食生产使用化学肥料。然而，高施肥水平导致了低利用率。

中国的氮肥、钾肥和磷肥利用率分别只有 30%～50%、35%～50% 和 10%～25%。中国氮肥利用率低的主要原因是氮肥具有挥发性、硝化作用和反硝化作用。在其他国家，氮肥的利用率可以达到 50%～55%。作物多次施肥后，根围会积累肥料残渣，破坏根细胞，导致盐害，破坏土壤结构，降低作物产量，甚至还会导致植物死亡。肥料还污染地表水和地下水，造成严重的环境问题。

解决这一问题的办法是使用缓控释肥料，这可以减轻因旱地作物过度施肥造成的土壤硬化。这种肥料还可以协调作物的养分供应，有效减缓养分释放速度。缓控释肥料可显著提高利用率，减少所需肥料施用量，减少对农药和肥料的总体需求。

全球缓控释肥市场快速增长，中国成为全球最大市场

根据国际肥料工业协会（the International Fertilizer Association，IFA）2016 年发布的一份报告，全球肥料市场价值 1 556 亿美元，其中，中国是世界上最大的肥料应用市场，占 37%。报告预测，2018—2019 年全球肥料需求将小幅度上升，中国氮肥、磷肥消费将迎来转折点。报告还预测，未来几年，全球肥料需求将同比增长 0.8%，达到 189 吨，而全球控释肥料市场在未来几年将继续保持快速增长。

2017 年，全球控释肥料市场价值 15.6 亿美元。全球智库 Markets and Markets 的最新报告显示，预计未来 5 年，该市场的复合年增长率（CAGR）将达到 6.29%，到 2024 年年底将达到 21.1 亿～39 亿美元。包括中国在内的亚太地区仍将是此类肥料的最大区域市场，占全球需求的 2/3 以上，预计在整个预测期内，亚太地区将是利润最丰厚的地区。在消费方面，中国是该地区控释肥料的主要消费国，占总用量的 46%，其次是日本和东盟国家。

控释肥料分为树脂包膜氮磷钾（resin‐coated azophoska）、树脂包膜尿素

（resin-coated urea）、硫包衣尿素（sulfur-coated urea）和包膜微量元素（coated microelements）。2015 年硫包衣尿素需求量为 140 万吨，预计到 2024 年将达到 250 万吨。

控释肥料主要用于粮食作物，而粮食作物是亚太新兴经济体传统食品的重要组成部分。人口增长、政策支持和通过使用肥料提高产量等其他因素将增加对控释肥料的需求。

中国新型肥料特别是缓控释肥料市场发展迅速

根据最新数据，在过去的 10 年里，中国的新肥料工业一直在快速增长。据不完全统计，目前中国生产新型肥料的企业有 2 000 多家，占肥料总产量的 30%，产值超过 500 亿元人民币，年产值超过 160 亿元人民币。新肥料正在成为中国肥料市场的基础。

按种类划分，中国新肥料主要分为五类，即功能性肥料、缓控释肥料、商品性有机肥料、微生物肥料和水溶性肥料。2017 年，我国新肥料总产量为 37~41 吨，施用面积约 10 亿亩。具体来说，缓控释肥料产量为每年 100 万吨至 1 200 万吨，其中，大部分是复合肥与缓控释肥的结合。纯缓控释肥料年产量为 300 万~360 万吨，占总产量的 27%。

缓控释肥料是一种环保、高效、省时、省力的肥料，10 多年来发展迅速，已成为中国肥料工业的主要产品。未来，它们将使中国能够冻结肥料的增长，并有助于确保国家粮食安全和农业可持续性。

据中国老龄工作委员会办公室（Office of China National Committee Aging）最新统计，目前中国 60 岁以上老年人有 2.4 亿人，占总人口的 17.3%，这意味着平均有近 4 名劳动者供养 1 名老年人。这也表明，中国人口正日益老龄化。到 2020 年，60 岁以上的人口预计将达到 2.55 亿左右。人口老龄化对农村劳动力的影响也更大。

在根围施用缓效肥料，可以获得更好的利用率。目前，常规肥料仍然依赖于大面积的地面撒播，给日益老化的劳动力带来沉重负担，尤其是在山区。新型肥料在不影响产量的情况下大幅度降低了劳动力成本，为农民增加了收入。因此，中国在新型肥料市场具有相当大的潜力。

根据保守估计，未来 10 年，缓控释肥料的复合年增长率将达到 10%~15%。到 2025 年，中国还将生产 755 万~1 126万吨缓控释肥料，产值达 2 110 万~315 亿元人民币。

由于传统氮肥、磷肥产能严重过剩，成效不佳，肥料行业急需对许多产品进行升级。与传统肥料（如氮肥和磷肥）相比，缓控释肥料凭借其技术的稳定性和潜力，是一种重要的新方法。如今，许多生产氮肥的公司都建立了自己的缓控释肥生产线。近年来，以金正大（Kingenta）为代表的缓控释肥生产企业积极推进与上游氮肥、磷肥生产企业的生产合作，通过技术、品牌、渠道和服务的共享，促进了缓控释肥产业的发展。我们相信，中国缓控释肥市场正在走向成熟，将成为国内外产品的主要市场。

（来源：AgroPages 网站）

2017 年美国农业普查数据新鲜出炉

2019 年 4 月 11 日，美国农业部（USDA）宣布了 2017 年农业普查（Census of Agriculture）的结果，涵盖了有关美国农场、牧场及其运营者的 640 万条新的信息点，包括具体到县级的有关实地决策的新数据。这些信息由 USDA 美国国家农业统计局（National Agricultural Statistics Service，NASS）直接从农户和牧场主处搜集而来，从中我们可以得知自上次 2012 年普查以来，农场数量和农场中的土地面积都在逐步地不断减少。与此同时，经营农场的规模最大的和最小的都在增加，唯独居中规模的在减小。所有农户和牧场主的平均年龄持续上升。

"我们很高兴能让美国人民看到农业普查的结果，尤其是让参与普查的农户和牧场主们看到结果。"美国农业部长桑尼·帕度（Sonny Perdue）说道，"现在我们所有人都能运用普查结果来讲述美国农业的伟大故事以及它是怎样演变的。作为一个由数据推动的组织，我们迫切希望能够仔细探究这些浩瀚的信息，促进实现我们的目标：为农户和农场主提供支持，推动农村地区的繁荣，促进高效、有效、公正管理私有土地"。

NASS 官员休伯特·哈默（Hubert Hamer）表示："普查结果中的新数据可用于与之前的结果进行比较，以深入了解农业趋势和具体到县级产生的变化。虽然从目前来看，美国的农业结构具有连贯性，不过自从上次普查以来还是出现了一些起伏，并且在实地决策等细目方面第一次取得了数据。为了能更方便地查询数据，我们将普查结果设置成了许多在线可查看格式，包括有新的数据咨询界面，也有传统的数据表格。"

通过普查数据，我们能深入地了解美国农场、牧场的人口统计状况、经济、土地和农业活动。其中，一些关键点包括：

在 9 亿英亩（约 54.63 亿亩）（减少了 1.6%）的土地上共有 204 万个农场和牧场（相比 2012 年减少了 3.2%），平均规模为 441 英亩（约 2 676.8 亩）（增加了 1.6%）。

273 000 个最小规模的农场（1~9 英亩）组成了所有农地的 0.1%，而 85 127 个最大规模的农场（2 000 英亩〈约 12 140 亩〉及以上）则占到了 58%。

仅 105 453 个农场就生产了 2017 年所有销售产品的 75%，相比 2012 年的 119 908 个农场有所下降。

在 204 万个农场和牧场中，76 865 个在 2017 年的利润为 100 万美元以上（包括 100 万），代表了总的生产价值 3.89 亿的 2/3 以上，156 万个农场和牧场的利润为 50 000 美元以下，仅占到了 2.9%。

农场开支中有 3.26 亿美元是用于购入饲料和牲畜、雇佣劳动力、购入肥料、现金地租，名列 2017 年农场开支首位。

平均农场收入为 43 053 美元，共有 43.6% 的农场在 2017 年的净现金收入为正值。

96% 的农场和牧场为家庭所有。

安装了因特网的农场数量从 2012 年的 69.6% 上升至 2017 年的 75.4%。

共有 133 176 个农场和牧场使用可再生能源生产系统，是 2012 年的 57 299 个农场的两倍多。

2017 年，130 056 个农场直接与消费者进行交易，销售额达到 28 亿美元。

与零售店、各个机构、食品商店进行交易的 28 958 个农场和牧场的收益为 90 亿美元。

在 2017 农业普查当中，为了更好地说明所有人在实地决策中所起的作用，NASS 改变了人口统计状况的问题。最终，由于有更多的农场报告说有多名生产者，2017 年的生产者人数增长了近 7%，达到 340 万人。这些最新得到确认的生产者大多为女性。男性生产者的数量在 2012—2017 年减少了 1.7%，仅为 217 万人，而女性生产者的数量则增长了近 27%，为 123 万人。这一改变强调了调查问卷发生变化的有效性。

其他人口统计的重点情况包括如下。

所有生产者的平均年龄为 57.5 岁，相比 2012 年的数字增加了 1.2 岁。

服过役的生产者人数为 370 619 名，即总人数的 11%。他们的年龄超过平均年龄，为 67.9 岁。

在 240 141 个农场中有 321 261 名年龄在 35 岁或以下的年轻的生产者。由年轻生产者做出决策的农场在面积和销售额方面都要高于平均数据。

年轻生产者比其他年龄段的生产者会作出更多有关牲畜的决定，不过这一差距较小。

4 名生产者中有 1 名是初学者，仅有 10 年以下的经验（包括 10 年），平均年龄为 46.3 岁。由新手或初学者做出决策的农场在面积和生产价值方面都要低于平均数据。

所有生产者中的 36% 为女性生产者，56% 的农场至少有一名女性参与作出决策。由女性生产者做出决策的农场在面积和生产价值方面都要低于平均数据。

女性生产者基本都负责做出日常决策以及记账、财务管理。

通过普查，我们得以了解美国农业，这是我们历史重要的一部分。首次农业普查连同 10 年 1 次的人口普查都在 1840 年进行，让我们了解了所有美国农场、牧场及经营人员的情况。1920 年以后，农业普查每 4~5 年进行 1 次。到了 1982 年，开始定期每 5 年进行 1 次。今天，NASS 会向 3 百万个农场和牧场发出调查问卷。近 25% 的农场和牧场会在网上作出回复。这一普查自 1997 年以来一直由 NASS 来举行（负责产出美国农业官方数据的联邦统计机构），因此，NASS 一直是每个州和县的综合农业数据的唯一来源，对于计划未来作出的贡献功不可没。

（来源：美国农业部）

欧盟牛奶供应减少导致价格走高

欧盟市场不同产品的批发价格趋势有所不同，全年中脱脂奶粉（SMP）和全脂奶粉（WMP）均呈上升趋势，奶酪价格保持稳定，黄油价格下降。这些趋势似乎与产品采购的难易程度密切相关，尤其是对于 SMP 和黄油产品。

虽然目前还没有关于乳制品库存水平的公开数据，但查看可用供应量逐年变化的情况可以洞悉供应量是否充足。

奶酪

在过去的一年中（截至 2019 年 9 月 12 日），可用的奶酪供应一直保持相对稳定，因为生产和贸易模式都与上年同期基本持平。出口量略有上升，但这对总可用量只产生了很小的影响。

黄油

截至 2019 年 9 月 19 日的 12 个月中，供应量有所增长，但增幅相对有限，仅为 2%。大多数附加产品被认为是库存产品。在经历了 2016—2018 年的黄油价格波动之后，有报道称，乳制品黄油正从食品制造商手中大量流失，这严重影响了这部分市场的需求。供应量的增加将对价格构成下行压力。

脱脂奶粉

在经历了五年的下降趋势之后，SMP 的价格全年一直稳步增长。较低的产量加上 28% 的出口增长，使欧盟的供应吃紧，导致自 2018 年中期以来价格稳步上涨。

全脂奶粉

就全脂奶粉而言，在此期间生产的产品较少，但随着出口下降 16%，供应量呈增加趋势。尽管可用供应量增加，但 SMP 价格的上涨以及良好的需求水平都拉高了该产品的价格。

（来源：英国农业和园艺发展局）

中美贸易战对英国及他国的影响

在最近一个季度，英国经济增长明显放缓。由于英国脱欧的不确定性，过去两个季度的增长一直很缓慢。但是，英国脱欧并不是唯一的原因——在地缘政治紧张、世界上 2 个最大经济体之间贸易战升级的背景下，世界各国的经济增速都在下滑。

在过去的 30 年中，世界贸易组织（WTO）发挥作用、逐渐打破贸易壁垒，同时经济一体化程度逐渐提高，全球贸易越来越趋于开放。但是，最近几年，贸易保护主义似乎又卷土重来。

美国指出，现行国际贸易中有些贸易是不公平的，于是与许多主要贸易伙伴发生了贸易争端，尤其是中国。在针锋相对的贸易战中，贸易战双方对大豆、钢铁等一系列商品都加征了关税，使全球商品流通严重受阻。使问题更加复杂的是，美国阻止了世贸组织上诉机构新成员的任命，这个上诉机构的职责就是解决国家之间的争端。3 名成员中的 2 名将于 2019 年 12 月 10 日届满。由于该机构至少需要 3 名成员来裁决案件，因此，除非有新任命的成员，否则，该机构将在 12 月 10 日后停止运作。

贸易受阻对全球的影响

贸易战不仅仅影响到美国和中国。例如，英国航空业向美国的飞机制造商提供高价值的零部件。中国对美国飞机征收的关税意味着对飞机的需求降低，那么对飞机部件的需求也随之降低了。高度相连的价值链意味着大多数国家都会受到贸易战的影响，即使有些国家受到的影响很小。尽管关税保护了国内生产者，但实际上是变相地对进口商品的使用者征税，使两国制造商和消费者面临着商品价格的攀升。

在全球贸易放缓的背景下，国际货币基金组织（IMF）以贸易壁垒和地缘政治紧张为由，将其对 2019 年全球增长的预测下调至 3%。这是自全球金融危机以来的最低增长率。由于不确定贸易局势将如何影响业务，制造商减缓投资，工业生产随之下降。

农产品通常会受到贸易争端的严重影响，因为与许多其他行业不同，农产品价格对供求关系变化的响应速度很快。农产品之间的联系也很紧密：中国征收关税后，美国大豆供过于求，拉低了全球大豆和油籽市场的价格，即使欧洲油菜籽收成并不理想。在有关欧盟对空客公司补贴的争端中，世贸组织已经裁定，支持美国征收 75 亿美元的报复性关税，其中，许多关税都是针对乳制品、猪肉等农产品。

供应链会逐渐适应贸易关系的变化

全球贸易局势的变化也蕴含着机会。随着时间的流逝，供应链将逐渐适应新的贸易局面。尼克松时代的贸易壁垒使得巴西成为世界第二大大豆生产国，而最近最新一轮的谈判则进一步使巴西的大豆种植者受益，因为他们可以将大部分农作物转向中国市场。墨西哥和越南已加快了对美国的出口，出口至美国的价格远比出口到其他国家要高。

但总体而言，短期的前景仍然不容乐观，英国的经济增长削弱，消费者信心受挫。我们已经看到，民众的行为回到了经济衰退时期的模式，这导致人们对某些食品的需求下降，人们更多地在家里吃饭而不是去外面的餐厅消费，人们已经收紧了钱包。当然，中美之间正在进行的谈判还是有可能取得积极成果的。但是，美国对欧盟产品征收的新关税意味着贸易受阻的局面似乎仍将持续。

（来源：英国农业和园艺发展委员会）

两亿欧元将用于在欧盟内外推广欧洲农产品

欧盟委员会（European Commission）将在 2020 年拨款 2.009 亿欧元，以支持在欧盟内外推广欧盟农产品的活动。

欧盟委员会通过的 2020 年推广工作方案概述了此次支持的主要重点。欧盟推广农产品的政策旨在帮助该行业把握住不断扩大和日益变化的全球农业食品市场，提高对有机农产品等欧盟质量体系的重视，并帮助生产商应对可能出现的市场动荡。

农业和农村发展专员菲尔·霍根（Phil Hogan）表示："欧洲在全球农产品市场上享有的声誉是无与伦比的。欧盟能成为世界第一大农产品出口区域，绝不是偶然。我们的推广政策预算不断增加，不仅可以帮助欧盟生产商在欧盟内外宣传自己的产品，还可以通过提高他们对产品的认识来应对市场困难。现已达成的贸易协定也为他们扩大对高增长市场的出口创造了条件。中欧最近达成了关于地理标志的双边协定，这是欧盟委员会为农产品生产商和优质欧盟产品创造机会的又一例证。"

2020 年，预算的一半以上（1.18 亿欧元）将用于开拓具有高增长潜力的欧盟以外的市场，例如，加拿大、中国、日本、韩国、墨西哥、美国等。符合条件的产品类别包括乳制品和奶酪、食用橄榄和橄榄油、葡萄酒等。这些推广活动将提高欧盟农产品的竞争力和消费量，提高产品知名度，并扩大农产品在这些目标国家的市场份额。

推广活动还将使欧盟和全球消费者了解各种欧盟质量体系和标签，例如地理标志、有机产品等。推广活动的另一个重点将是强调欧盟农产品的安全性、质量标准以及多样性和传统优势。最后，在欧盟内部，宣传的重点是促进健康饮食，并在均衡饮食的框架内提高对新鲜水果和蔬菜的消费。

即将到来的 2020 年推广活动的征求建议书将在 2020 年 1 月发布。负责推广活动的各种机构，例如贸易机构、生产商和农业食品集团等，都有资格申请经费并提交项目计划书。

同一欧盟国家的一个或多个组织可以提交所谓的"简单"项目计划书；来自 2 个或 2 个以上成员国的 2 个或 2 个以上国家组织、或者 1 个或多个欧洲组织，可以提交"复杂"项目计划书。

在 2020 年，1 亿欧元将用于简单的项目计划，而 9 140 万欧元将用于复杂的项目计划。

还有 950 万欧元将用于欧盟委员会自身的活动，包括参加展览会和交流活动以及由欧盟农业和农村发展专员率领并由企业代表团陪同的外交活动。2019 年复杂项目计划没用完的 1 720 万欧元也会用于支持欧盟委员会自身的活动。这些活动表示，在充满挑战的全球市场中，欧盟对包括奶酪、黄油、橄榄油和食用橄榄在内的农产品会提供更多支持。

（来源：欧盟委员会）

2019 年美国肉类、乳制品及禽蛋展望

2019 年和 2020 年美国红肉和家禽出口总量有望增加。截至 2019 年 9 月的美国贸易数据显示，2019 年前三季度，红肉和家禽出口总额增长 1.1%。不过预计第四季度发货量大幅度增长，全年出口比 2018 年增长 3% 以上，2020 年将增长 7% 左

右。牛肉出口在 2019 年年底可能下降约 2%，由于竞争对手澳大利亚的干旱，亚洲牛肉需求继续扩大的同时，减少了出口供应，预计 2020 年牛肉出口量将增长约 7%。预计 2019 年和 2020 年猪肉出口将分别同比增长 11% 和 12% 以上，这主要是由于亚洲国家受非洲猪瘟影响进口需求可能增加。对肉鸡而言，2019 年和 2020 年，全球动物蛋白供应量因非洲猪瘟而减少，禽肉价格上涨，美国禽肉出口也在放缓，预计 2019 年鸡肉出口将比 2018 年略有下降（-0.4%），但到 2020 年将增长 3%。

（一）牛肉

2019 年牛肉产量因预期屠宰量较高而提高，但因预期胴体比重较低和市场行情影响，2020 年牛肉产量预计将降低。预计 2019 年全年牛肉产量 1 225 万吨，较 2018 年增长 4 万吨，主要是牛屠宰速度快于预期。美国东南部由于干旱，导致更多肉牛提前出栏屠宰也提高了牛肉产量。基于胴体重量恢复速度低于预期以及 2020 年年初饲养牛数量略少，2020 年牛肉产量预测较上月减少 5.4 万吨，降至 1 252 万吨。冬小麦牧场的供应不足预计将导致第四季度的饲养规模增长放缓，可能会导致 2020 年上半年的牛出栏减少。

牛价继续呈现季节性上涨趋势。根据最近的价格数据，2019 年第四季度的牛价上涨了 3 美元至 144 美元/美担（45.4 千克，下同），2020 年第一季度预测价格将上调 2 美元，至 138 美元/美担。

2019 年美国对日本、墨西哥和香港特区的牛肉出口下降，对韩国、印度尼西亚、中国大陆、菲律宾、中国台湾地区和越南的牛肉出口增加，总体牛肉出口下降。其中，第三季度牛肉出口总额为 35.7 万吨，第四季度牛肉出口预计为 37.6 万吨。

美国 2019 年 9 月牛肉进口较上年同期略有下降，为 10.8 万吨。第三季度牛肉进口总量为 35 万吨。第四季度的牛肉进口预计 30.6 万吨。

（二）乳制品

2019 年和 2020 年的牛奶产量预计分别为 9 915.5 万吨和 10 087.9 万吨，每头牛平均产量的提高将大大抵消奶牛群增长放缓的影响。2019 年和 2020 年，奶酪和脱脂奶粉的批发价格预计会上调，但黄油和干乳清的价格会下调。2019 年第四季度的全脂牛奶价格预计上调至 20.50 美元/美担（+0.90 美元），全年价格预计上调至 18.60 美元/美担（+0.20 美元）。2020 年，全脂牛奶价格预计保持在 18.85 美元/美担，因为较高的 III 类牛奶预期价格在很大程度上被较低的 IV 类牛奶预期价格所抵消。

以乳脂为基础，预计 2020 年出口减少 45.4 万~417.3 万吨，美国奶酪价格相对较高，降低美国的竞争力。以脱脂固体为基础的出口保持不变，为 1 950.4 万吨，因为预期较低的奶酪和乳清产品出口被预期较高的非脂乳固体/脱脂奶粉出口所抵消。2020 年乳脂和脱脂奶粉的进口预计分别为 294.8 万吨和 249.5 万吨。

（三）猪肉

2019 年第四季度猪肉产量上调，主要是生猪屠宰速度加快，平均屠体重略提高，产量预计将达到 340.2 万吨，比一年前增长约 6%。生猪价格预计平均为 44 美元/美担，比去年同期高出近 3%。猪肉出口比一年前增长了 8%，对中国内地和香港的出口增加了 2 倍多。

2019 年商品猪肉总产量预计为 1 252 万吨，比 2018 年增长 5%。2019 年年生猪价格预计平均为 48 美元/美担，比 2018 年的平均价格高出近 5%。2020 年的产量预计保持不变，约为 1 302 万吨，比 2019 年的预计产量高出近 4%。2020 年的生猪价格预计为 57 美元/美担，比 2019 年的价格高出近 19%。其他国家对美国猪肉需求的增加，特别是受亚洲国家猪群感染非洲猪瘟的推动，2020 年可能会加剧生猪加工企业间的竞争。

美国农业部预测，2019 年中国猪肉产量将比 2018 年下降 14%。截至 10 月底，中国猪肉价格对猪肉供应量减少的反应已超过去年同期的 2 倍。为应对猪肉减产，中国加大了猪肉进口。美国农业部预测，与 2018 年相比，中国 2019 年进口量将增长近 67%，达到 260 万吨。在此期间，美国猪肉占中国进口猪肉的 10.5%。

（四）禽肉/鸡蛋

根据最近的屠宰和存栏数据，2019 年第四季度肉鸡产量预计增加，2020 年产量预计也会增加。第四季度肉鸡批发价格因近期价格变动而上升，2020 年因供应增加价格预计下降。由于一些市场的需求下降，第四季度出口预计下调，而 2019 年和 2020 年的进口量因智利出口量上升而上调。由于鸡蛋价格不断攀升，第四季度的鸡蛋批发价格上调，而鸡蛋产量和贸易预测保持不变。

（资料来源：肉类、乳制品和禽蛋展望报告）

中国取消进口美国禽肉的禁令

中国取消了从美国进口禽肉的限制。这项决定是针对于一条从 2015 年 1 月开始的禁令，决定公布后立即生效。重新开放美国家禽市场将有助于解决由中国防范非洲猪瘟引起的蛋白质短缺，猪瘟已经使非洲猪肉养殖规模削减了近 50%。

美国贸易代表（Trade Representative）罗伯特·莱希泽（Robert Lighthizer）说："中国最终决定取消对美国禽肉和禽肉产品的禁令，美国对此表示欢迎。对于美国农民和中国消费者而言，这都是一个好消息。"莱希泽说道："对于美国的家禽养殖者来说，中国是重要的出口市场，我们估计美国的家禽养殖者现在每年能够向中国出口价值超过 10 亿美元的禽肉和禽肉产品。中国市场重新向美国家禽业开放将为我们的家禽养殖者带来新的出口机会，也有利于稳定美国家禽产业中数千名工人的就业。"

由于 2014 年 12 月暴发禽流感，中国自 2015 年 1 月起禁止进口所有美国禽肉，即使美国从 2017 年 8 月起就再未有禽流感出现。2013 年，美国向中国出口了价值超过 5 亿美元的禽肉产品。美国是世界上第二大家禽出口国，去年全球禽肉及禽肉制品出口额为 43 亿美元。

美国鸡肉委员会（National Chicken Council）、美国火鸡联盟（National Turkey Federation）、美国禽蛋出口委员会（USA Poultry and Egg Export Council）对于中国取消进口美国家禽产品的禁令表示称赞。

上述机构纷纷表示："过去 4 年来，这项禁令的取消一直是美国家禽业最关心的事情。美国的禽肉生产商致力于生产高质量、营养丰富的产品，令我们感到非常高兴的是，我们将再次有机会与中国消费者分享这些产品。我们期待在未来几周内恢复与中国的贸易伙伴关系。"

美国农业部长（Secretary of Agriculture）桑尼·珀杜（Sonny Perdue）表示："多年来，美国的禽肉生产商和出口商被中国拒之门外，如今他们欢迎中国市场对他们的产品重新开放。我们将继续努力，扩大在中国以及其他重要市场的市场准入，以支持我们的生产商和美国的就业。"

（来源：每日农业）

玉米成为 2019 年美国种植面积最大的作物

根据美国国家农业统计局（NASS）的数据，2019 年美国农民种植了 9 170 万英亩（约 607 917 万亩）玉米。这大约是 6 900 万个足球场的面积，比去年多出 3%，远超过美国第二大作物大豆的种植面积。

美国农业部经济研究局（ERS）每月发布一份饲料展望报告，分析供需数据，提供有关玉米和其他饲料谷物的预期价格、产量、出口和饲料用途的信息。

玉米种植户面临着近年来最具挑战性的种植季节，虽然玉米确实种植了，但农民种植的时间比平常晚了很多。2019 年 7 月初，57% 的作物处于良好或极好的状态，而 2018 年同期 75% 的作物处于良好或极好的状态。美国农业部预测，由于晚种和持续的凉爽天气，玉米 2019 年的产量将略低于 2018 年；不过，加上 2018

年贮存的玉米，2019 年的玉米供可以足以满足需求。

人们在夏天野餐时享用的玉米只是玉米的众多用途之一，玉米还有如下用途。

（1）在美国，约 1/3 的玉米用于饲养牛、猪和家禽。玉米提供动物饲料中的碳水化合物，而大豆提供蛋白质。做玉米牛排需要几蒲式耳的美国玉米；据估计，如果在饲养场饲养，一头肉牛出栏前可以吃掉 1 吨玉米。奶牛和肉牛都吃青贮饲料，青贮饲料是由发酵的玉米秸秆和其他绿色植物构成。

（2）超过 1/3 的玉米被用于生产乙醇，乙醇是一种可再生的汽油燃料添加剂。可再生燃料标准要求 10% 的汽油是可再生燃料，但在一些地区，特别是中西部地区，你可以找到 E15（15% 乙醇）或 E85（85%）乙醇。

（3）在美国，剩余的玉米用于人类食品、饮料和工业用途，或出口到其他国家作食物或饲料用途。玉米有数百种用途。它被用来制作早餐麦片、玉米片、粗粉、罐装啤酒、苏打水、食用油和生物可降解的包装材料。它是包括青霉素在内的救命药物生长培养基的关键成分。玉米麸粉被施放在花坛里，防止杂草生长。

美国最大的客户是墨西哥、韩国、日本和哥伦比亚。美国的白玉米在墨西哥和哥伦比亚作为一种高品质的食品配料尤其受到青睐，而日本和韩国则为经美国农业部检验的高品质家禽和牛肉饲料玉米支付了更高的价格。

玉米是美国主要农作物中种植面积最大的一种，它几乎可以在美国的每个州种植，种子公司提供杂交、有机和生物工程品种，这些品种经过特殊培育，最适合不同的土壤和天气条件。种子公司已经为不同的最终用途开发了不同的玉米品种，包括饲料玉米、甜玉米、白玉米和制作爆米花的玉米。

（来源：美国农业部）

拜耳公司 2019 年集团展望及 2022 年目标

（一）拜耳农业作物 2020 计划

在收购孟山都公司后，作为世界农业领域的领导者。拜尔指出：我们更有条件通过突破性创新来塑造农业，造福农民，消费者和地球。我们的战略基于 3 个关键要素：创新、可持续发展和数字化转型。

拜耳在农业行业领先的创新体现在种子和特性，作物保护和数字工具的独特组合中。它使我们能够更快地为农民提供更多创新。我们提供量身定制的解决方案，以反映客户农场、农作物和土壤的特定需求。

作物科学支持农民以可持续的方式种植健康，安全和负担得起的食物。与合作伙伴一起，推出了 Better Life Farming 全球联盟，为发展中国家的小农提供全面和创新的解决方案，使他们能够将农场发展成为可持续发展的企业。此外，我们还与公共和私营合作伙伴合作，共同开展全球众多可持续业务。

1. 创新

拜耳指出，与孟山都的研究活动的合并为农业产业的突破性创新奠定了基础，我们的创新作物保护与孟山都全球领先的植物生物技术和育种研发活动相结合，正在为农业领域的突破性创新奠定基础。

（1）创新科研。合成生物学合资企业 Joyn Bio 开始运营以改善农业中的固氮作用。

（2）创新产品通道。拜耳在未来的目标中确立了 2019 年的集团目标，展示了产品创新的管道，明确了玉米、大豆等各类农作物新产品和预计在市场推出的时间。

2. 推动可持续农业发展

拜耳和全球精密灌溉领导者——耐特菲姆成功合作，目标是为农民提供量身定制的解决方案和工具，在节约资源的同时，提高作物的质量和产量。

在 2019 年柏林国际果蔬展览会 Fruit Logistica 上，展示了两家共同推动可持续农业发展的合作方式，并公布了他们在世界各地的许多举措。耐特菲姆公司商业解决方案高级副总裁 Gal Yarden 指出，这一举措是两家公司成功合作的证明。

2020 年，拜耳和耐特菲姆将扩大合作伙伴关系，并与 Ben-Gurion 大学进行研究合作。此次合作将结合领先的土壤研究，数字预测工具，和最先进的滴灌技术，开发使用滴灌作为输送系统的杀线虫剂。

3. 加快农业的数字化转型

目前，拜耳正在利用最新技术和决策科学将我们的运营和农业提升到新的水平。在数字农业领域，我们与创新合作伙伴合作，利用新技术，包括先进的种子脚本工具，结合多个数据集，以期为农民提供种子选择，种植和播种密度，帮助他们更好地实现农业潜在的价值。

（二）拜耳农业业务短期增长目标

拜耳农业业务（作物科学事业部）销售额高达 142.66 亿欧元。该销售额中约有 53 亿欧元归功于收购业务；此外，剥离给巴斯夫的业务在 2018 年 8 月交割前贡献了 15 亿欧元的销售额。

作物科学事业部不计特殊项目的息税折旧摊销前利润增加 29.8%，达到 26.51 亿欧元。这一增长部分归因于新收购业务的盈利贡献（7.05 亿欧元）以及 2017 年第二季度巴西产品退货准备金的大幅度增加。这抵消了上一年按比例计算的从剥离给巴斯夫的业务获取的收益。欧洲销量的下降以及汇率对收购前拜耳业务产生的 1.01 亿欧元负面影响也阻碍了收益增长。

拜耳已确认其在 2018 年 12 月 5 日资本市场日提供的 2019 年预测和 2022 年中期目标。公司预计 2019 年的销售额将达到 460 亿欧元左右。这相当于大约 4% 的增长率（经汇率与资产组合调整）。拜耳致力于将不计特殊项目的息税折旧摊销前利润增加至约 122 亿欧元（经汇率调整），每股核心收益上升至约 6.80 欧元（经汇率调整）。

在农业作物领域，拜耳预计 2019 年的销售额增长 4% 左右（经汇率与资产组合调整），不计特殊项目的息税折旧摊销前利润率为 25% 左右。

（来源：拜耳官网）

大北农转基因抗除草剂大豆产品获阿根廷种植许可

2019 年 2 月 27 日北京大北农科技集团股份有限公司收到阿根廷国家政府的生产及劳动部正式书面通知，公司下属子公司北京大北农生物技术有限公司研发的转基因大豆 DBN-09004-6 获得阿根廷政府的正式种植许可。这是大北农转基因大豆产品在国际南美地区市场取得的重要里程碑式进展，也是大北农生物技术的研发和转化在国际南美地区取得的重大进展，也为大北农生物技术的市场化应用和经营拓展了较为广阔的市场空间。

该转基因大豆产品具备草甘膦和草铵膦 2 种除草剂抗性，能够有效解决南美大豆生产的控草难题，为应对草甘膦抗性杂草和玉米自生苗提供更加灵活和便利的技术手段。该产品在阿根廷规模化商业推广还需要获得中国进口许可，公司将立即启动该产品的中国进口法规申报程序；同时，该产品正在申请乌拉圭种植许可，还将申请巴西种植许可及欧盟、日本、韩国等其他大豆主要进口市场的进口许可。

北京大北农生物技术有限公司其后续研发的下一代转基因大豆产品也将陆续启动南美地区种植法规申报，以期为南美地区合作伙伴和大豆种植户提供更丰富的有竞争力的性状产品和技术服务。

该种植许可的获得，未来几年在国际南美区域具有较大的市场转化应用价值和市场开发潜力。

（来源：AgroNews；巨潮资讯）

隆平高科提前实现跻身世界种业八强目标

2019 年 4 月 28 日，隆平高科披露 2018 年年报。报告期内，公司实现营业收入 35.79 亿元，同比增长 12.22%，实现归属于上市公司股东的净利润 7.91 亿元，同比增长 2.49%，提前两年实现 2020 年跻身世界种业前 8 强的目标。

（一）领跑国内玉米自主研发市场

面对国内政策环境的调整，隆平高科水稻、玉米、蔬菜、小米、食葵六大品类均实现增长。其中，公司水稻种子业务实现营业收入 21.25 亿元，继续维持市场领跑地位，且市场占有率进一步提升；玉米种子业务全年实现营业收入 6.03 亿元，且自主研发玉米市场份额跃居全国首位。

（二）继续发力自主创新

公司表示，强大的自主研发和创新能力是支撑公司全面领先最核心的竞争能力之一。报告期内，公司研发经费达 4.49 亿元，占营业收入的 12.55%。公司 10% 左右的研发投入比例已连续保持多年，逐步接近国际领先种业公司平均水平，相比国内行业平均水平大幅度领先。

（三）推进生物科技平台建设

旗下生物技术板块华智水稻生物技术有限公司、隆平高科长沙生物技术实验室、隆平高科生物技术（玉米）中心等分子育种平台着力将分子技术与传统育种技术相结合，生物性状开发、种质资源创新、生物计算信息化等助力公司占领行业科研领军地位，切实提高公司研发创新水平和科研转化效率。

（四）海外研发体系初具规模

公司快速推进南亚水稻及南美玉米育种站建设投入，全力促进种业产业国际化建设。截至 2018 年年底，公司育种体系在中国、巴西、美国、巴基斯坦等 7 个国家建有 13 个水稻育种站，22 个玉米育种站，7 个蔬菜育种站，4 个谷子育种站和 3 个食葵育种站，试验基地总面积近 10 000 亩。

（五）科研人才团队建设

2018 年，由农民日报社和中国种子协会联合举办的 "2012—2017 年度中国种业十大杰出人物" 评选，公司育种家杨远柱、王义波双双入选；近年来也吸引了国际一流的分子生物学家、育种家等科研人才的加入。目前，隆平高科国内外水稻、玉米、蔬菜等专职研发及研发服务人员达 547 人，占公司总人数 18.29%。

（六）2019 年总体战略部署

根据公司董事会工作报告，2019 年公司按照将成为世界优秀种业公司的总体战略部署，重点围绕 3 条主线开展工作。

一是进一步聚焦主业，优化资源配置，提升资产投入产出率；二是强化内部管控、优化管理机制、提升运营效率；三是抓好全年研发生产经营，强化产业核心竞争能力。

（来源：上海证券报）

拜耳加快种子应用技术的创新

收购孟山都后，拜耳将在种子和性状、化学和生物作物保护以及数字工具等方面汇集一些最先进的技术，以制订一系列创新解决方案，不仅有助于满足世界不断增长的人口需求，而且有助于促进可持续农业，减轻气候变化带来的风险。

集成解决方案，优化种子性能

在拜耳多方位创新战略计划中，拜耳种子培育公司（Bayer Seedgrowth）已经在实践中，公司主要针对种子应用形成集成解决方案，帮助种植者优化种子性能。科学家通过改善根系健康、营养吸收和水分管理，继续推进害虫和疾病控制以及提高作物效率，以因地制宜，研发出具有创新性、实践性，并便于管理的种子新产品。

创新与管理并重，提供种子管家服务

种子应用技术是价值链的重要协作部分，不仅可为农民提供最佳解决方案，也为农业可持续发展提供了一个卓越的工具。同时，公司非常重视种子管理，以"科学促进更好生活"为宗旨，致力于卓越的管家服务，由管家提供专业的种子管家服务以及一系列实用的管家服务措施。

创新种子处理技术，研发生物种子制剂

生物种子处理技术在农业可续持发展中的地位日渐重要。目前，拜耳种子培育公司（Bayer Seedgrowth）与诺维信（Novozymes）等全球生物解决方案进行合作，使其处在生物种子制剂发展前列，并有望成为近期行业中增长最快的种子培育公司之一。

推出系列种子应用技术，塑造新农业

拜耳种子培育公司将在欧洲国家推出一系列种子应用技术。其中，包括 Jump-Start 和 Prostablish 2 种小麦生物种子处理产品，其能够增强植物根系功能，数据显示已经增产 3% 以上。同时，拜耳公司的两种新型杀菌剂种子处理剂 Redigo M 和 Science Gold 最近也被引入欧洲市场，分别针对镰刀菌和油菜的早期病害防治。特别是公司推出的 Nemastrike，具有对植物寄生线虫的广谱控制以及玉米、大豆和棉花的一致产量保护性能。能够创新性的停留在线虫攻击的根区 75 天，这在杀线虫剂市场上是独一无二的。

农业创新和可持续发展从未像现在一样重要，拜尔指出，将致力于种子创新产品的推出，用种子应用技术创新突破性的塑造新农业，以造福全球的客户、消费者和我们的地球。

（来源：AgroNews，PeanutBase）

转基因玉米在菲律宾推广的成功经验

2002 年 12 月，菲律宾成为亚洲第一个批准转基因作物作为粮食和饲料的国家，即 Bt 玉米（James 2003）。这是由于菲律宾具备这样的有利环境。

制度准备超前

早在 1990 年菲律宾就颁布了一项生物安全条例，即第 430 号行政命令，这是由于制定该条例的科学家本身的主动性。生物技术的基础设施早在 1979 年就已经存在。《共和国法》第 7308—1992 号承认了植物生物技术的重要性。当私营部门在 1996 年和 1997 年申请转基因玉米的生物安全评价时（转化事件 MON810），一个管理制度已经准备好进行基于科学的生物安全评估。

以科学为依据

为了检验 MON810 对亚洲玉米螟（Ostrinia furnacalis Guenee）的防治效果，作为 UP Los Baños 的合作活动，在私营企业和植物育种研究所（IPB）进行了初步试验。当有关转基因作物的问题出现时，学术界就挺身而出，向决策者提供了正确的科学信息。

评估过程严格

MON810 是在极其严格的条件下从封闭试验到多地点试验的过程中进行评估的。试验是在国际水稻研究所（IRRI）的 CL4 设施中进行的，该设施被设计用于高水平的封闭试验。考虑到 MON810 在 1998 年之前已经在其他国家获得了监管部门的批准（Cariño 2009A），有限测试有严格的要求。

推广面积增长迅速

当 MON810 获得商业传播许可后，私营部门将重点放在以农民为中心的推广策略上，由他们的田间代理商来做这项工作。所使用的供应链与传统作物的供应链相同。根据植物企业局（BPI）的数据，2003 年转基因玉米种植面积为 1 万公顷。至 2012 年和 2013 年达到了 72 万公顷的峰值。2017 年 4 月，转基因玉米的种植面积为 55 万公顷。转基因玉米中被批准用于商业化的转化事件也在增长。截至 2019 年，有 12 个转化事件的商业传播许可有效，因为许可有效期仅为 5 年，需要续签。

公众反映理性

从公众认知来看，大多数利益相关者群体对生物技术有良好的认识和态度，越来越多的人致力于提供基于科学的信息。农民通过较低的杀虫剂成本、较高的产量和较高的收入获得了使用转基因玉米的好处。从宏观上看，生产效率和资源利用效率的提高可以部分归因于转基因玉米技术，特别是在用作饲料的黄色玉米中。

多年来，菲律宾在转基因技术应用于转基因作物方面面临挑战。这些挑战以技术问题、公众看法甚至法律挑战的形式出现。菲律宾将国际上确立的原则与国内研究相结合，以确保政策以科学为基础是值得借鉴的，需要营造一个有利的环境来促进对新技术的科学评价。

（来源：GM Maize in the PhilippinesA Success Story）

拜耳 Trendlines Ag 创新基金投资新公司

拜耳作物科学和 Trendlines 成立的 Trendlines Ag 创新基金宣布成立 EcoPhage，这是一家专注于研究和开发用于农业疾病控制的环保产品的新公司。

创新技术商业化树立行业新典范

公司将利用噬菌体攻击细菌病毒这一突破性技术来进行作物保护，该技术是由业内领袖以色列魏茨曼科学研究所的 Rotem Sorek 教授开发，教授以细菌与噬菌体相互作用的开创性研究闻名世界。新公司将在 Yeda 研发公司的许可下进行技术的商业化，以研制出有效、环保的作物治疗方案。

作物保护核心"武器"——噬菌体

农民需要有效，环保的解决方案来对抗肆虐作物的细菌性疾病，这促使人们寻求其他方法。噬菌体早已被认定为作物细菌的天敌，然而，长期以来一直未能找到能够对抗疾病的正确、有效的噬菌体组合，这妨碍了农业技术的应用和作物种植。

Sorek 教授指出："噬菌体可以在不伤害有益的细菌的前提下，有效地根除目标致病菌，同时，也不与植物本身相互作用，因此，它们可以成为农业环境中可推广、环保的、非常强大的解决方案。

强强联合未来可期

拜耳在农业科学，创新和监管事务方面的数十年经验以及 Trendlines 专注于投资创新，早期医疗和农业技术的经验，构成了这一强大联盟的基础。

"现代农业技术对环境的影响使得寻找更有效，更友好的技术来保护作物至关重要。"Trendlines 的董事长兼首席执行官 Steve Rhodes 表示，该公司是 Yeda、拜耳和 Trendlines 长达一年的密集合作努力的结果。"我们对这家新公司的巨大潜力感到兴奋，并期待它成为作物保护世界的主要贡献者。"

（来源：Seed World）

DLF 并购 PGW 将为全球牧草种业带来重大影响

新西兰海外投资办公室已经批准将 PGG Wrightson 种子控股有限公司出售给 DLF Seeds A／S，这不仅是 DLF Seeds A／S 公司的重大战略举措，更会对全球温带牧草种业带来重大影响。

PGW 种子和 DLF 2 个公司分别是南半球和北半球中温带牧草种子的主要生产商。地理位置造成了 PGW Seeds 和 DLF 两公司对市场覆盖范围和分销途径存在较大差异，并购后，可在提高公司规模基础上，开展草业市场的互补性业务，为客户提供强大的全球服务的综合业务，整合和优化市场供应链，完成更高水平产品的投资和研发，提高市场占有率，进一步增强对全球牧草种子市场的控制。

DLF 首席执行官 Truels Damsgaard 表示，我们明确的目标是保留公司的综合市场份额，同时，发掘基于公司强大实力且能实现公司价值的机遇，这也是公司在整个联合价值链中利用商业，运营和结构协同效应的商业战略和雄心。

应用生物技术研发的昂贵性和持久性决定了公司产生规模经济效应的重要性。Truels Damsgaard 进一步表示，收购举措可实现规模经济效应，同时，获得强大的市场供应链，能使 DLF 在全球牧草和草坪种业中独树一帜。

（来源：AgroNews）

2019 年全球农业企业并购展望

世界大部分地区近几年遭遇了经济大萧条，但农业是少数几个基本上不受这场危机影响的行业之一。因此，私募股权和风险投资已经对农业产生了浓厚的兴趣。农业被认为是相对稳定的，并且由于新技术和消费者习惯的不断变化让投资者对农业未来的发展有信心。

与 2016 年和 2017 年的主要兼并整合事件相比，2018 年表现的相对平静。跨国公司已经进行了重组，正在制定近期和长期的新战略，而区域性企业则在新的集团联盟注意力分散的空档，抓住机会，扩大市场。因此，虽然大宗作物商品市场低迷，但农产品总的生产率仍在继续提高。

2018 年，对蔬菜种子，新鲜农产品，精准农业和生物技术等方向的投资依然活跃，有超过 60% 的农业并购交易涉及这四类公司。这种趋势预计在 2019 年将持续，特别是针对蔬菜和新鲜农产品，消费者的偏好和收入的提高将推动新的市场购买决策。

数字农业

农业科技市场由大量创新型初创公司组成，旨在提高生产商的效率和盈利能力。农业企业继续强调数字农业的重要性，面对不断变化的农民需求，提出新的解决方案。为了加快市场渗透速度，许多战略性农业企业正在转向以收购的方式建立数字产品，而不是选择内部开发的解决方案，因此，预计未来一年将会进行更多类似的整合。

农业微生物群制品

着重发现、开发微生物即总称为微生物群的全部潜能，已经成为许多农业企业的工作重点。新的农业微生物群市场的巨大潜能已经加大了研究投入，以期最终利用这些机遇。但是，如果没有相关的商业知识，包括目标市场的规模、活的生物制品的生产经济学、流通系统的复杂性、谈判监管途径的成本等，那么即便研发成果杰出，也只是科学上的成功，却是商业上的失败。只有那些充分了解这些挑战的企业才会在市场中取得成功。最有希望生存下来的企业会基于多种微生物物种提供多样化的产品系列以及获得内部专利技术许可，并通过并购强化其技术。

杂交小麦和乌克兰

全球大约种植着 6 亿英亩（约 2.4 亿公顷）的小麦，而玉米则约有 4.7 亿英亩

（约1.9亿公顷）。即便如此，小麦种植主要是利用自留种，尤其是在不发达国家的主要市场。如果杂交小麦能为农户带来巨大的回报，小麦的种子市场就可能变得价值连城，但是迄今为止还没有出现什么优良品种来支撑这一市场。不过这一市场持续获得企业的投资，较为著名的有先正达公司（Syngenta）和拜耳公司（Bayer）（如今为巴斯夫（BASF）），也许在2019年将有新的突破。

与此同时，2019年乌克兰小麦市场也将持续发展、变革。乌克兰拥有大约3.3亿公顷（约8.2亿英亩）十分肥沃的可耕地，加上农村人口较少，开发自有资源养活欧洲人民只是时间问题，而南北美洲就可以照顾世界其他人口稠密的地区和他们自己了。

新鲜农产品

从转换消费者动态到增加种植成本、粮食安全的问题，新鲜农产品从未遇上过如此瞬息万变的时代。零售整合正在重新洗牌，需要对市场战略进行修改，而新鲜农产品企业则越来越需要对供应链进行差异化和精简管理。为了达到这些目标，有许多业外投资人展现出了极大的兴趣，对这一快速的变革加以利用。此外，全美城市仓库的持续区域化和温室效应将依然会继续下去。我们预测，加工/批发操作等新鲜农产品的多个部门以及区域果蔬市场的经营者将会在明年进行整合，以促进竞争力和效率。

蔬菜种子

2018年全球蔬菜种子行业出现了以下重大发展趋势：①总体来看，监管者有关剥离纽内姆（Nunhems）的决定导致了竞争者减少获得有价值的蔬菜种子/项目的机会；②市场出现总体性衰退，却可能是全球市场贸易战带来的一个后果；③植物检疫条例变得越来越复杂，对国际种子运转和贸易带来了挑战。以上问题和挑战将持续到2019年，并将引起进一步的市场整合。

南美洲

南美洲拥有广袤的可用土地、丰富的水资源、人口却相对较少，因此，将在2019年继续成为农业发展的关键所在和增长所在。我们预计将有更多具有竞争力的企业继续投身于生物制品领域、遗传学、行播作物以及农产品市场。然而，对于中小型企业来说，南美洲有限的可利用资金仍然是一个挑战，从研发到不断增加的营运资金用于工艺设备等发展、投资项目，企业都需要资金。如果金融组织和战略组织利用的是当地途径和专业搜寻过程，就会从本地独特的投资机会中受益良多。

花卉

2018年，即便Dümmen Orange的收购步伐有所减缓，花卉栽培育种行业的并购也层出不穷。其他的不谈，美国泛美种子公司（PanAmerican Seed）、先正达花卉（Syngenta Flowers）、英国坂田观赏植物公司（Sakata Ornamental）、荷兰贝肯坎普植物公司（Beekenkamp Plant）、美国宁巴斯发现生物制药公司（Nimbus）的收购行为让花卉栽培行业充满了活力。尽管在未来的一段时间内，独立的家族企业仍将继续着重于一种或有限的几种植物，不过花卉行业的并购整合有望持续下去。激励企业进行整合的驱动力有：需要取得新的育种技术、家族企业面临继承问题以及需要开展规模经济。

（来源：AgroNews）

政策规划

欧盟制定下一阶段共同农业政策目标

在每一个欧盟国家，农村地区占到44%~80%。这些多种多样的地区拥有着品种繁多的动植物群，大自然中生活着各种珍禽异兽，为人们的工作岗位、经济发展、繁荣兴旺提供了食物和资源，同时，传承了文化遗产。农村地区是欧洲真正的核心所在。

确保农村地区的生命力是人们的共同职责：人们要加强农村价值链和本地生产网络、大力支持年轻的农业从业人员、维持和保护自然资源、推动农村创新和数字化。

未来共同农业政策（future common agricultural policy，CAP）将在应对以上问题时起到根本性作用，即帮助各成员国优先扶持充满活力的农村地区生活、开发现代化的、可持续发展的、具有包容性的农业部门。

农村地区生活和农户——欧洲社会的核心

未来CAP旨在大力开发、扶持、投入农村社区：寻求解决社会需求的方法，同时致力于提供必不可少的高质量公共产品。未来CAP列出了九大目标，其中，3项目标关注内容如下。

促进农村地区的就业、经济发展、社会包容和本地发展，包括生物经济和可持续林业；

吸引年轻农户的加入、帮助农村地区的企业发展；

改进欧盟农业政策对有关粮食和健康的社会需求的应对机制，包括安全有营养的、可持续的粮食、粮食浪费、动物福利等方面。

未来CAP和生机勃勃的农村地区

欧盟国家的许多农村地区都面临着结构性问题，如缺少具有吸引力的工作机会、技能紧缺、连通性和基础服务投入不足以及巨大的年轻人才的流失。未来CAP将帮助各成员国应对以上挑战，开发这些非城镇环境。

新的运作方式

农村地区各有各的特点。如瑞典、西班牙、立陶宛的农村地区，它们的地形和气候环境各有千秋，当地文化传统也独具特色，因此这些地区的需求必然也不尽相同。

未来CAP旨在加强农村地区的社会经济结构，即通过现代化的、减少条条框框的简化运作方式为各成员国提供灵活性，帮助它们适应本地需求和情况并制定特定的干预措施。这将消除多余的行政负担和压力，实施基于表现制定的特定措施，鼓励各成员国与社区进行更广泛的合作，恢复农村地区的社会-经济-环境活力。

金融支持

根据领导人项目（LEADER programme），各成员国对欧洲农村发展农业基金资助（European Agricultural Fund for Rural Development，EAFRD）的至少5%将会储备用于社区牵头的本地发展。

另有30%将投入各种措施（即干预措施）应对具体的环境和气候相关的目标（如环境和气候管理承诺、有机农业、混农林业、生物经济、可再生能源等）。

各成员国能够将直接支付（Direct Payment）预算的15%转至EAFRD预算，如有些国家为了达成气候变化的目标、支持年轻农户，须采取进一步的措施保护环境、自然资源和生物多样性，还可以增加转移预算。

风险管理和农业咨询服务（Farm Advisory Service，FAS）

农业和粮食生产行业也可能充满风险。自然现象（干旱、洪涝、虫害、疾病）、市场波动、初创/生产成本都会让人们的生计和收入面临严峻的威胁。通过EARFD预算和FAS，未来CAP将通过提供合适的风险管理工具、保险费和共同基金（用于生产损失和收入损失），为农户提供咨询支持，帮助他们管理风险、挑战时限，调整、适应他们的农业实践，并提供培训和知识交流的平台。

创新和知识交流是未来CAP的交叉目标，旨在为农业、林业、农村商业发展提供支持。因此，各成员国应通过各自的CAP战略计划（Strategic Plan）为农户优先安排并加强FAS，支持咨询服务、研究和农村网络间的互动创新及合作创新。

智能村庄、创新及研究

欧盟拥有众多支持"智能村庄"倡议的政策，CAP便是其中之一。欧盟还与各国共同对基础设施建设、宽带连通性、自然环境、人力资本进行投资，这对于创建具有活力的农村地区、为农村社区提供高质量生活、支持可持续发展及高质量的就业和社会包容性来说至关重要。

对于下一代CAP来说，来自欧洲地平线（Horizon Europe）项目的100亿欧元将用于粮食、农业、农村发展及生物经济方面的研究和创新活动。农业领域的欧洲创新伙伴计划（European Innovation Partnership）将继续在数字化技术和不断增强的连通性基础上支持本地项目和初创企业、服务的资金，以培育竞争力强、可持续发展的农业、林业，提高农村地区的生活水平。

年轻的农户和农村商业发展

欧洲农业部门的一大特点为务农人口的老龄化。2016年，35岁及以下农户仅占5.1%，55岁以上农户占58%，65岁以上农户占33%。我们的农业社区需要注入新鲜血液，但是年轻的农户、年纪较大的农户和新加入的农户都面临着巨大的障碍和风险。

未来 CAP 意识到，吸引年轻人加入农业部门、推动农村地区的商业发展十分重要。通过新的运作方法，各成员国将明确概括各自的方法及干预措施，以支持各自 CAP 战略计划中的代际更新。在其中某些方法中，各成员国能为年轻的农户和农村商业发展提供具体的协助和支持，包括如下措施。

通过围栏策略，将每年直接支付预算的至少 2% 专门用于支持年轻的农户。未来 CAP 将支持各成员国援助年轻的农户进行就业及支持农村初创企业，最高额度为 10 万欧元（目前的 CAP 额度为 7 万欧元）。

各成员国还可建立年轻农户补偿收入支持（Complementary Income Support for Young Farmers，CIS-YF），在最初设立之后提供额外的收入支持。该部分资金将每年为符合要求的每公顷土地拆开支付。

各成员国将能自由使用 EAFRD 的部分预算，为跨国学习项目（如伊斯拉谟（Erasmus）计划）提供资金支持，重点培训年轻农户。

社会关切和可持续农业生产

近年来，对粮食安全和粮食质量的社会预期、环境福祉和动物福祉的标准大幅度上升。CAP 最为重大的作用便是帮助农户参与发展、基于市场信号和消费者需求调整生产。在 2020 年后的 CAP 中，欧盟各国能够自行设计各自的 CAP 战略计划，为农户设定更高的粮食安全和粮食质量要求（如减少杀虫剂和抗生素使用），反过来，如果农户能遵从这些要求，也能获得资金支持。

本地生产健康食品

人们越来越多地希望食物能够为社会提供更多的益处：有机食品、拥有产品地理标志（GI）的食品、本地特色食品和创新食品等。通过农村发展和国际促进活动，未来 CAP 将继续支持促进以上食品的生产及宝贵的特点，同时，帮助农户根据市场信号和消费者需求调整生产。通过注册手续和批准手续的现代化和简化及加强打击假冒伪劣产品，使以上产品增加对农户和消费者的吸引力。这将减轻行政负担、提升产品的商业价值、简化市场推广和促销流程，从而让生产者和消费者都能更简单清晰地出售/了解产品。

动植物健康

未来 CAP 能帮助欧盟协调应对动物健康和福利与杀虫剂使用的规章和标准，实施监测措施，确认并解决滥用问题。为了解决抗生素抗药性（Antimicrobial Resistance，AMR）问题，各成员国可自行设计 CAP 战略计划，帮助农户改进实际运用欧盟有关动物福利法规的实践，通过自愿倡议进一步增加动物标准。

在国家层面，FAS 在关键的健康问题和关切方面起到的作用举足轻重。为了减少公众健康风险，有许多关键措施包括提高意识并教育农户、开发农场健康计划或综合虫害治理方案、利用新技术等。

农业和粮食浪费

欧盟国家每年浪费 8 800 万吨粮食，造成每年 1 430 亿欧元的损失。生物经济不仅利用土地和海洋的可再生生物资源生产粮食，还生产材料和能源。如果将生物经济的原理融入农业社区和企业，粮食浪费就能转变成为一种经济活动。这一举措将拥有重大的经济、环境、社会效益，并帮助各成员国达成气候变化目标。

未来 CAP 旨在通过帮助各成员国减少粮食浪费和粮食损失，以加强食物链的可持续性。研究、新技术、创新、设备升级都得到了未来 CAP 的支持，因为这些方法对于创建可持续的、资源节约型的低碳农业部门来说都至关重要。

如何开发生机勃勃的农村地区

如果拥有未来 CAP 承诺提供的支持和灵活度，就能在保持传统的同时推动商业发展；增加农村地区对新加入人才的吸引力，同时，扶持各个年龄层的农户；还能实现公民预期，确保安全、质量、福利的最高标准。

总结

农村环境十分宝贵，而农户就是粮食生产系统的看门人。两者结合为社会产出巨大的附加值：本地经济发展和社会包容性、生态旅游、健康且营养充足的群体（包括人类和动物）、文化传统、通过循环活动和生物经济活动减少粮食浪费以及在自然环境中进行娱乐休闲带来的无尽健康福利等。

（来源：欧盟委员会）

美国农业部发布"2019 年
农业资源与环境指标"

美国农业部于 2019 年 5 月发布"2019 年农业资源与环境指标"，描述了农业领域经济、资源和环境指标的趋势。农业是动态的，随着经济、技术、环境和政策因素的变化而变化。该报告涵盖的指标对美国农业的重要变化进行了评估，包括产业发展、对环境的影响以及对经济和环境可持续发展的影响。跟踪在农业生产中使用或受其影响的自然、生产和管理关键资源以及农业生产的结构变化、影响农业资源使用及其环境影响的经济条件和政策。

有什么问题

农业生产广泛地影响着自然资源的各个方面，包括土地、水和空气。该报告提供了关于农业部门是如何利用自然资源（土地和水）和商业投入（能源、营养、杀虫剂、抗生素和其他技术）以及它们对于环境质量有何贡献的简明资料。为了帮助公共和私营部门围绕如何更好地管理这些资源及其影响做出决策，报告进一步探讨了公共政策、经济条件、农业和保护措施、生产力和技术变革、资源利用和环境之间的复杂联系。目的是对影响美国农业资源利用和质量的因素提供一个全面的数据来源和分析。

研究发现了什么

在农场和农场生产力方面的显著发现包括如下。

①到 2017 年，小型农场（收入低于 35 万美元的家庭农场）占美国农场的89%。但 3%的至少有 100 万美元收入的农场占了 39%的产量。

②2012 年，美国 23 亿英亩（约 9.3 亿公顷）土地中有近 53%用于农业目的，包括种植、放牧（牧场、牧场和森林）、农场及其道路。

③从 21 世纪初到 2015 年，扣除物价上涨因素，美国农场的平均房地产价值几乎翻了一番。但自 2015 年以来，农田的价值下降了近 5%。

④2014 年，农村土地 61%为自有土地，剩余土地由土地所有者出租给佃农经营。非经营性地主拥有全部出租农田的 80%。

⑤1948—2015 年，农业总产值年均增长 1.48%，而总投入年均仅增长 0.1%。

⑥自 21 世纪初以来，私营食品和农业研究与发展 R&D 的增长速度远远超过了公共部门，到 2014 年，私营部门的支出几乎是公共部门的 3 倍。

⑦自 1996 年以来，玉米、棉花和大豆种植者广泛采用转基因（GE）耐除草剂（HT）和抗虫（Bt）种子。到 2018 年，美国种植的玉米、棉花和大豆的 90%使用HT 种子，80%的玉米和棉花的种子也含有 Bt 性状。2014 年，玉米、棉花、小麦和大豆的每英亩除草剂施用量比 2010 年分别增长了 21%、25%、26%和 24%。除草剂的种类随着时间的推移而改变。

⑧2015 年，商业化肥消费量约为 2 200 万吨。对于玉米、冬小麦和棉花，氮回收率在 70%左右徘徊，而磷酸盐回收率为 60%。

⑨2012 年，灌溉农场约占美国所有农场的 14%，但占美国农业销售的 39%。从 1984—2013 年，美国西部高效洒水喷头和滴灌系统的面积从 37%增加到 76%。

⑩精确农业包括诸如制导系统和可变速率技术（VRT）等技术广泛应用。到2013 年，已有超过 20%种植面积的玉米、大豆和水稻使用了 VRT 技术。

⑪截至 2017 年年底，44%的美国肉鸡饲养过程中没有使用任何抗生素。从2004—2015 年，公开报告中不知道或没有使用抗生素来促进猪生长的养猪户比例从 7%上升到 35%。

⑫保护性耕作可以减少土壤侵蚀和泥沙流失，大约 70%的大豆、40%的棉花、

65%的玉米和67%的小麦都采用保护性耕作。

⑬2017年，美国有机食品零售额估计达到490亿美元。2006—2016年，美国有机食品认证机构的数量增加了1倍多。

⑭动物粪便为农作物提供了营养来源。2011年，约66%的肉鸡生产企业制定了营养管理计划，而生猪生产企业和奶牛场的比例分别为54%和41%。

⑮截至2017年，全国共有55%的河流和溪流、71%的湖泊、84%的海湾和河口水质受损。农业是造成河流和溪流损害的最大来源，也是造成湖泊和池塘损害的第二大来源。

⑯干旱是美国生产风险和农作物保险赔偿的主要原因。采用灌溉等做法可以减少干旱脆弱性。

⑰许多农民和牧场主都采用了促进土壤健康的措施。2012年，全国35%的耕地处于休耕状态，3%的耕地覆盖作物，这2项措施促进了土壤健康。

⑱根据一项基于土地利用的质量测量，授粉昆虫的饲料产地在1982—2002年增加，然后下降直到2012年。下降幅度最大的是北部平原，这里是商业蜂箱的避暑地。

⑲从2007—2012年，使用太阳能电池板、地热交换、风力涡轮机、小型水电或甲烷消化器等生产能源或电力的农场数量从1.1%增加到2.7%。

⑳2017年联邦政府为最大的志愿项目fve提供的资金约为60亿美元，该项目鼓励土地休耕和在耕作的土地上采取保护措施。按实际（扣除价格上涨因素）计算，2002年和2008年的《农业法》（Farm Act）增加了保护支出，而在2014年有所下降。

㉑自1992年以来，美国周边的淡水湿地面积稳定在1.11亿英亩（约0.45亿公顷）左右。

㉒从2012—2018年，美国农业部保护储备计划（CRP）登记的土地面积从2 950万英亩（约1 193.8万公顷）下降到2 240万英亩（约906.5万公顷）。但是，在CRP持续部分登记的土地从530万英亩（约214.5万公顷）增加到810万英亩（约327.8万公顷）。

㉓2016年，估计有1.7%的农场加入了美国农业部的环境质量激励计划（EQIP），5.1%的农场加入了保护管理计划（CSP）。

（来源：美国农业部）

法国应对气候变化的主要政策

遵循巴黎协定，法国制订了一项应对气候变化的行动计划，设定了到2050年实现碳中和的目标。法国农业、林业和生物经济部门采取了相应措施以落实该行动计划。2018年年底，法国农业和食品部公布了一份报告，概述了该部门所采取的具体措施。

气候政策

2015年，法国起草了一项规划法案，以阐明其能源和气候立场。随后出台了《法国国家低碳发展战略》，该战略概述了如何实现目标以及一个多年能源方案，该方案确定了法国的能源消耗目标。《2017年气候计划》的目标是法国到2050年实现碳中和。在《适应气候变化国家计划》中提出了适应气候变化的目标。另外，在区域规划中也考虑到了气候挑战。

与农业和林业有关的政策

应对气候变化是法国《未来的农业、粮食和林业法案》（2014）中的优先事项之一。2017年法国国家粮食会议和由此产生的法令也高度关注这一问题，如发展有机农业、官方质量标识、环境认证和蛋白质自主。

①"农业生态项目"旨在支持向多功能农业（经济的、环境的、健康的、社会的）转变。几个对农业排放和适应气候变化有直接或间接影响的计划包括如下。

——"农林发展计划"改善了农林环境，使土壤和生物量中更多的碳得以封存，使用木材产品代替会产生更多排放的产品，并增强了适应气候变化的能力。

——"甲烷能源和氮自主计划"采用了基于平衡施肥和减少投入品使用的农业方法，而且加大有机肥的使用，使有机物料还田。该计划也非常注重通过甲烷化处理牲畜粪便，所确定的目标是到2020年法国拥有1 000家农场沼气站，而在2012年却只有90家，2017年下半年也才400家。

——"生物2022方案"力求在2022年之前将有机农业发展到已利用农业用地的15%，以限制氮的排放量，发展排放量小的牲畜，维持或增加土壤碳封存，并鼓励发展能更好适应气候变化的农业系统。

——"植物蛋白计划"旨在降低法国对蛋白质的依赖，提高饲料的自主性。目标是进一步发展有利于作物轮作的豆类和饲料生产。

②"国家森林和木材方案"规定了公共和私人林地的主要政策准则，包括上游和下游措施的建议。气候变化是其中的一个主要关注焦点，特别需要关注以下

方面。

——通过实施积极和可持续的森林管理和适应气候变化措施，保护和增加森林中的碳汇和碳储存。

——在产品生命周期结束时对产品进行替代使用开发。

③ "国家粮食方案"致力于通过区域粮食项目和大众饮食倡议，打击粮食浪费和促进当地采购。

此外，农业和食品部支持投资改善农产品加工业的环境绩效，并通过发放能源效率证书、"热基金"、贷款和项目支持来鼓励提高能源效率。

通过欧盟排放交易系统（EUEmissions Trading System）调动市场工具，该系统规定了能源密集型行业（包括几个农产品部门）的排放上限，允许企业之间进行交易。还将执行国家认证的低碳标准，以促进制定自愿减排项目，减少农业和林业的排放。

环境税已经开始征收。它包括对损害环境的产品或服务的税收措施和支持替代措施，特别注重能源、产品含碳量以及农田或林地保护。

农业和食品部提出的关于生物经济、生物量流通、循环经济、生物多样性或反对砍伐森林或保护农业土壤的各种战略中，均有涉及应对气候变化。

教育、研究和推广

法国农业和食品部的另一个优先事项是改进研究、创新、技术转让和向用户和区域推广新的解决办法之间的连续性。

应对气候挑战，需要跨领域合作。为了实现这一目标，农业和食品部依赖于法国《国家研究战略》和大投资计划（该计划为新技术研发提供资金）的农业部分。农业生态项目使得农林业教材发生变化，促进了经济与环境利益团体的建立，这些团体支持自愿进行农业减排的农业集体改进生产方式，同时确保它们在经济上也划算。在 2018 年年初，有 900 多名农民加入了经济与环境利益团体。这些农民可以通过"国家农业和农村发展方案"得到援助。

（来源：法国农业和食品部网站）

阻碍农业创新的公共政策引发饥荒

水稻生产和全球粮食安全专家罗伯特·泽格勒（Robert Zeigler）在最近的一次演讲中认为，现代饥荒是政策决策失误的结果，而不是农业技术不够发达。能够适应气候变化的农作物能否广泛种植将取决于社会的接受程度，进而取决于政策制定者对现有育种工具的接受程度，如 CRISPR 基因编辑。

自 2010 年以来，美国科学促进协会（AAAS）每年都与查尔斯·瓦伦丁·莱利（Charles Valentine Riley）纪念基金会和世界粮食奖基金会合作举办查尔斯·瓦伦丁·莱利纪念讲座（Charles Valentine Riley Memorial Lecture），从农业创新视角讨论环境和社会挑战。查尔斯·瓦伦丁·莱利是 19 世纪著名的昆虫学家和生物防治的先驱。2019 年的纪念讲座于 9 月在华盛顿举办，旨在审视科学在推进农业、保护自然资源和确保粮食安全方面发挥的关键作用，泽格勒是主讲人。

2005—2016 年，泽格勒担任国际水稻研究所（IRRI）总干事。该研究所是一家总部设在菲律宾的非营利性研究和培训机构，在 17 个国家设有办事处。泽格勒研究了发展中国家 35 年的谷物生产，近期出版了《维持全球粮食安全：科学和技术的联系》一书。

为了强调政策与科学技术的相互作用以及这种相互作用对粮食安全的影响，泽格勒把重点放在了饥荒上。他认为，自 18 世纪末和 19 世纪初第一次工业革命以来，全球的饥荒其实是可以避免的。例如，始于 1845 年的爱尔兰马铃薯饥荒，当时一种来自拉丁美洲的晚疫病侵袭了爱尔兰马铃薯作物。然而，由于英国的谷物条例、国内谷物种植的保护性关税，人为地维持英国地主的高额利润，甚至阻止粮食进口，使本来可能只是一件"麻烦的事件"变成了一场灾难。到 1852 年，有 100 万人死于饥饿，另有 100 万人离开爱尔兰前往美国。

泽格勒说："造成饥荒的不完全是植物病害或农作物损失，而是政策制定者解决问题的方式。正如政策会加剧饥荒一样，政策也有能力阻止饥荒。"

20 世纪 60 年代，世界上的一半人口和 3/4 的穷人以大米为主食，当时的水稻产量约为每公顷 1.5 吨。这一生产水平显然不能满足世界粮食需求，于是决策者们采取行动，建立了国际机构以解决粮食安全问题，如联合国粮农组织、世界银行和国际水稻研究所。到了 20 世纪 70 年代，科学家利用选择性育种技术培育出了现代矮秆水稻品种。之后通过进一步改善水稻株型、完善各国的灌溉基础设施、发放肥料补贴和开展农民教育等多项措施，水稻产量不断提升。如今全球水稻平均产量超过了每公顷 4 吨。

泽格勒说："世界各国经济学家普遍认为，亚洲经济奇迹是建立在丰富和可负担得起的大米供应基础上的。毫无疑问，水稻新品种的培育和广泛种植使数百万人免于饥饿。未来几十年的全球粮食安全将取决于培育出能够抵御气候变化和相关农业条件变化（如降水量、温度和土壤盐分）的作物。必须利用最新的基因编辑工具，从作物及其野生亲缘植物的遗传多样性中创制新品种。"

但是，泽格勒也认为，一些本为善意的国际政策却危及了农业领域的进展。如由 196 个国家在 1992 年签署的《生物多样性公约》将生物多样性确立为主权资源，限制了遗传资源的跨境交换。2018 年 7 月，欧洲法院裁定，使用 CRISPR 创造的植物与转基因作物同属于严格的监管范围。

泽格勒说，除了应对气候变化外，CRISPR 编辑的作物还可以针对维生素和矿物质缺乏的问题进行调整。例如，在水稻种植国普遍缺乏维生素 A，会增加麻疹的易感性，并导致夜盲症。但通过基因编辑技术来解决这些问题，公众舆论和国际法是否会发生变化，还有待观察。泽格勒还认为，政策和技术是可以相互促进的；但如果两者不同步，就不会如此了。

（来源：AAAS）

中欧双边协议将保护 100 个地理标志产品的权益

2019 年 11 月 6 日，欧盟和中国结束了一项双边协议的谈判，该协议旨在保护中国的 100 个欧洲地理标志（Geographical Indications，GI）产品和欧盟的 100 个中国地理标志产品不受仿制和篡夺。这一具有里程碑意义的协议将为双方带来互惠的贸易利益和对高质量产品的需求。该协定履行了双方在 2019 年 4 月举行的中欧峰会（EU-China Summit）上所做的承诺，展现了欧盟与中国的合作，反映了双方的开放态度以及在双边贸易中对国际准则的遵守。

农业与农村发展专员菲尔·霍根（Phil Hogan）表示："欧洲 GI 产品以其品质闻名世界。消费者愿意为其支付更高的价格，相信这些产品的产地和真实性，同时，又能给农民带来回报。该协议表明我们致力于与中国等全球贸易伙伴紧密合作。这是一个双赢的协议，可以加强我们的贸易关系，并使双方的农业和食品部门以及消费者受益。"

中国是欧盟农业食品出口的第二大出口国，出口额达 128 亿欧元（2018 年 9 月至 2019 年 8 月）；也是欧盟出口 GI 保护产品的第二大出口国，中国占据了 9% 的总出口额，产品包括葡萄酒、农业食品和烈性饮料等。

对欧洲的食品和饮料产品来说，中国市场具有极大的增长潜力，喜欢标志性、高质量、货真价实欧洲产品的中产阶级在中国不断壮大。中国自身也拥有完善的地理标志系统。得益于这项协定，欧洲消费者现在可以进一步发现中国这些产品的特色。

欧盟在中国受保护的 GI 产品包括卡瓦酒（Cava）、香槟、羊乳酪（Feta）、爱尔兰威士忌、慕尼黑啤酒（Münchener Bier）、乌佐酒（Ouzo）、波尔卡·沃德卡酒（Polska Wódka）、波特酒（Porto）、帕尔玛火腿（Prosciutto di Parma）和曼彻格奶酪（Queso Manchego）等。中国 GI 产品包括郫县豆瓣、安吉白茶，盘锦大米、安丘大姜等。

谈判结束后，该协议将接受法律审查。在欧盟方面，将要求欧洲议会（European Parliament）和理事会（European Council）批准。该协议有望在 2020 年年底之前生效。

协议生效 4 年后，协议范围将扩大，纳入双方另外的 175 个 GI 产品。这些产品必须与现在的 100 个产品遵循相同的注册程序（即评估、公开征询意见）。

中国和欧盟的 GI 合作开始于 10 年前（2006 年），双方在 2012 年对 10 个 GI 产品进行了注册和保护，这也是当今合作的起点。

背景

欧盟质量体系旨在保护特定产品的名称，以促进这些产品与其原产地和传统技艺紧密联系的独特特征。这是欧洲农业发展的巨大成就之一，目前已有 3 300 多个欧盟产品注册为受保护地理标志（PGI）产品或受保护原产地标记（Protected Designation of Origin，PDO）产品。在欧盟，还有另外大约 1 250 个非欧盟产品名称也受到保护，这主要归功于双边协议，如与中国达成的这项协议。按价值计算，欧盟 GI 产品市场价值约为 748 亿欧元，占欧盟食品和饮料出口总额的 15.4%。

（来源：欧盟委员会）

美国植物育种研究布局及对中国的启示

美国农业科技水平处于世界领先地位，其农业科技进步贡献率已超过 70%。在植物育种领域，美国在一定程度上影响着国际种业发展的方向。

ARS 承担的研究项目几乎覆盖了美国农产品"从农田到餐桌"的整个产业链。NSF 是美国唯一一个致力于支持除医学之外的所有基础科学与工程领域研究的联邦机构，其主要任务是识别科学前沿，资助在前沿探索中有想法和发展前途的科学家，并以此确保美国科学技术始终处于世界领先水平。因此，通过梳理 ARS 和 NSF 发布的植物育种研究计划，能够及时洞察美国植物育种领域的研发布局和研究动态，为中国未来植物育种领域的科研布局提供参考。

美国的 ARS 和 NFS 通过相关植物育种计划，支持了保护、保持、增强和扩展美国遗传资源、信息资源库的研究，提高了对植物基因、基因组、生物和分子过程的结构和功能的认识，在开发和策划作物基因组和表型数据库方面发挥了领导作用。通过研究工具和方法的创新，管理、整合并向美国乃至全球用户提供了大量遗传、分子、生物和表型信息。通过阶段性计划，向提高美国作物的生产效率、产量、可持续性、适应力、植物健康和产品质量的最终目标不断迈进。同时，培养了新一代的植物科研和育种人才，促进了研究成果向实际应用的转化。在这些研究计划的支持下，美国在植物育种方面取得了一系列重大突破。并为中国带来如下启示。

重视基因资源的保存和信息化管理及共享

美国非常重视基因资源的保存，在国家层面建立了顶级基因库，用以妥善保管国家植物和微生物基因资源及相关信息数据，美国抗性育种的多项成果就是充分利用国家植物种质体系（NPGS）所获得的。此外，美国非常注重利用信息化手段促进对基因资源库和遗传多样性的有效管理，为相关人员提供优质基因及信息资源，扩大种质的利用。中国已建立国家作物种质资源库，应进一步加强对种质资源信息的管理和挖掘，建立可对遗传资源的描述信息进行组织、存储、挖掘并提高种质资源可获得性的强大信息管理系统，促进种质信息资源共享。

加强作物遗传改良的新方法与新工具的研发

中国应借鉴美国的研发计划，加强与细化植物育种方法和工具的创新。研究发现、评估和分析新性状的新方法，并应用于作物品种改良，提升作物的遗传多样性。如针对重要性状开发新的表型分型和基因分型的新方法；开发新的生物技术工具来测试基因功能，通过功能基因组分析和基于基因图谱的基因识别，加速性状的发现。使用创新手段，实现基因组重组和有效特性基因渗入，通过诱变、生物技术、基因组编辑和其他手段创造具有重要农业价值的新变体。

注重作物分子生物学层面的基础研究

加大对基础研究的支持力度，以基础研究带动种业的全面突破，实现种业的原始创新和源头创新。注重对植物生物及分子过程的基本认知的研究，在分子、基因组及系统层面探索作物与生命及非生命环境因素、微生物群的相互作用以及作物生长发育调控机制、影响作物性状及改良的生化途径和代谢过程等；深入认识基因功能和蛋白质功能，合力突破种业关键性技术和技术瓶颈，打通基础研究和技术创新衔接的绿色通道。

注重信息技术在育种领域的应用

大数据技术与生命科学的结合，将推动育种领域思维方式和研究模式的重大变革，促进突破性技术的产生。应加强育种信息化技术的研发和运用，将现代信息技术运用于植物育种的全过程，开发智能化管理工具，推动高通量表型及基因分型数据信息的获取与处理，构建基于大数据技术的育种数据信息化平台，为解析生物学数据与目标农艺性状的关系提供信息，为加快育种进程提供数据支撑。

综上所述，从对美国植物育种相关计划的分析可以看出，其育种正从单纯的关注技术向关注粮食安全、环境和可持续性转变，植物育种已进入大数据时代，多学科融合将催生育种领域突破性技术的产生。这些动向应当引起中国农业与科技部门的高度重视，积极应对，以抢占现代种业科技的制高点。

（来源：北京市农林科学院农业信息与经济研究所）

美国动物育种规划对中国的启示

畜禽良种是畜牧业发展的基础，美国的动物育种研究和育种产业在全球处于领先地位，其发展经验和做法对于中国发展动物育种具有重要的参考价值。美国通过制定动物育种领域战略规划引导其国内科学界、产业界思考动物育种领域未来的主要发展方向，面临的主要科学问题，并制定中长期目标和实施策略；同时，通过国际合作对全球动物种业的发展产生深远影响。鉴于此，本报告系统分析了USDA及其下属主要农业研究机构的规划文件及其相关文件，以期为中国的畜禽育种发展提供借鉴。

（一）美国动物育种相关规划

1. 动物生产行动计划 2018—2022

动物生产行动计划（2018—2022）包含以下动物育种相关一般策略和具体行动。

-提高生产效率，同时，提高不同生产系统的动物福利和繁殖效率。

-挖掘和有效利用动物的遗传和基因组资源。

2. ARS 战略规划 2018—2020

ARS 战略规划主要描述其负责的国家研究计划，并描述了该机构在其 4 个主要战略性目标领域的规划和活动。ARS2018—2020 年度计划总体框架仍延续其2012—2017 内容，具体包括如下。

-识别动物生产与动物生长中生理、营养利用、生殖生理、健康和福利相关性状潜在遗传和/或生理机制，并利用这些信息提高动物生产效率。

-发展基因组学基础设施和工具，以有效识别基因、功能以及与环境因素的相互作用，开发适用于动物的基因组改进的方案。

-进一步识别动物重要性状的种质特征，并继续增加国家动物种质库中的种质资源的存储量，以保持生物多样性。

（二）美国动物育种规划布局

系统分析美国关于动物育种的多个规划文件，可以发现这些规划文件均围绕动物育种领域的关键问题，且各有侧重，在重要的研究方向上存在不同程度的继承和延伸。经过梳理和概括，总结出以下几个主要方向。

－基础研究方面主要集中在动物基因结构和功能注释的研究以及基因、遗传变异对表型和表型变异的影响及其机制研究。

－利用动物基因结构和功能研究结果，进行精准育种。

－基因组研究工具、数据库以及生物信息工具平台的开发。

－加强动物种质资源库建设，提高动物种质资源多样性，提高优良种质资源的利用效率。

（三）启示与借鉴

综合上述分析，美国关于动物育种领域的战略规划和研究布局具有切合生产需求，规划内容翔实且具有较好的连贯性，其制定程序充分利用专家智慧，反复论证，这些都值得中国参考和借鉴。

1. 动物育种规划主体框架具有延续性

美国动物育种相关规划文件在主要构成内容上具有较好的延续性，能够围绕动物育种主要科学问题进行持续性的资助，这也使得其相关研究具有较好的系统性。中国关于动物育种领域规划在动物育种领域主要内容需要进一步具体和细化，进一步明确主要研究领域和研究问题，并持续地予以资助。

2. 规划的制定充分利用专家智慧

美国动物育种领域规划文件的形成是领域专家群体智慧的结晶，其提出的发展方向和研究路径具有较高的权威性和科学性。先制定一个初步框架，组织专家研讨，概括总结出未来发展方向、主要科学问题、方法路径等，形成领域内规划文本，征求意见并修订后形成规划文件。从上至下，再从下至上的规划制定方法既保证了问题的全面性，也保证了目标的聚焦性。我国畜牧业管理部门有必要针对不同畜种发展现状制定针对性发展战略规划。

3. 加强动物育种研究方法和工具的开发

美国动物育种研究规划中对研究方法、数据库构建、分析工具的开发等领域特别重视，能够针对动物育种研究中遇到的问题开发出原创性的工具、方法，并与企业合作研制出商品化分析工具产品，这一点特别值得学习和借鉴。

4. 动物育种人才的培养

美国动物育种领域已经意识到下一代育种人才的缺乏，尤其是多学科知识的动物育种人才的缺乏，并在人才培养方面提出了应对措施。我国动物育种领域主要包括动物科学、分子生物学以及部分生物信息学人才，应加强对多学科交叉的新一代动物育种人才的培养，提高我国动物育种人才的研究技术水平和国际竞争力。

（来源：北京市农林科学院农业信息与经济研究所）

印度农业部门十大重要政府计划

农业在印度的国民经济中具有举足轻重的地位，农业的增长速度，在很大程度上决定着整个国民经济的增长速度。由此，印度政府推出了 10 个重要的农业相关的政府计划，以大力推进农业发展。

E-NAM（eNAM）

全国农业市场（eNAM）是一个泛印度电子交易门户网站。该网站将现有的 APMC 市场实现联网，创建统一的全国农产品市场。小农户农业协会（SFAC）是在印度政府农业和农民福利部支持下实施 eNAM 的牵头机构。

计划愿景：通过简化一体化市场程序，消除买卖双方之间的信息不对称，并根据实际供求实时掌握价格行情，促进农业营销的一致性。

计划使命：通过共同的网络市场平台整合全国范围内的 APMC，促进泛印度农产品贸易，通过以产品质量为基础的透明竞拍程序和及时在线支付，提供更便捷的价格行情动态。

国家可持续性农业计划（NMSA）

制订国家可持续性农业计划（NMSA），旨在提高农业生产力，特别是雨养地区（通常指大部分干旱缺水、土地瘠薄、水土流失严重、粮食产量低而不稳定、生态环境恶劣的生态区）的农业生产力，重点包括综合农业、水资源利用效率、土壤健康管理和协同资源保护。

NMSA 通过逐步转向环保技术采取可持续的发展途径，采用节能设备，保护自然资源和综合农业等，满足"水资源利用效率""土壤养分管理"和"生计多样化"等关键要求。

水资源保护和管理计划（PMKSY）

印度政府高度重视水资源的保护和管理。为此，制定了 Pradhan Mantri Krishi Sinchayee Yojana（PMKSY）计划，旨在扩大灌溉范围，并通过集中的方式提高水资源的利用效率，让每一滴水灌溉更多作物，在源头创建、分配、管理、实际应用和推广活动方面提供端到端的解决方案。

有机农业发展计划（PKVY）

印度政府于 2015 年发起了旨在促进该国有机农业发展的印度有机农业发展计划（PKVY）。该计划鼓励农民组成集群，在全国大部分地区采取有机农业耕作法。该计划旨在未来 3 年内形成 10 000 个集群，实现约 50 万英亩（约 303.5 万亩）有机农业耕作的目标。政府还打算利用传统资源，支付认证费用和促进有机农业发展。

为落实该计划，各集群或群组必须有 50 名农民愿意参加 PKVY 计划从事有机农业，且总面积不得少于 50 英亩（约 303.5 亩）。对于参与计划的每位农民，政府将在 3 年内向其提供每英亩 2 万印度卢比（约 1 860 元人民币）的补贴。

作物保险计划（PMFBY）

PMFBY 是由政府资助的作物保险计划。该计划将多个利益相关方整合到单一平台中。

计划目标：

（1）对因自然灾害、病虫害等原因造成的农作物歉收，向农民提供保险和财政支持；

（2）稳定农民收入，确保农民继续耕种土地；

（3）鼓励农民采用创新的现代农业耕种方式；

（4）确保向农业部门提供信贷。

农产品存储、加工计划

计划目标：

（1）利用农村地区的联合设施，打造科学的存储空间；

（2）满足农民对储存农产品、加工农产品和农业投入品的要求；

（3）促进农产品的分级、标准化和质量控制，以提高其适销性；

（4）加强本国的农业营销基础设施建设，提供质押融资和营销信贷，谨防大丰收之后发生廉价抛售。

畜牧保险计划

该计划旨在为农民和牲畜饲养者提供保护机制，预防因家畜死亡而要蒙受的损失，并向人们展示牲畜保险的好处并加以推广，最终实现畜牧业产品质量的改善。

渔业培训和推广计划

该计划的目的是为渔业部门提供培训，协助有效开展渔业推广计划。

国家渔民福利计划

该计划旨在为渔民提供建造房屋、社区休闲场所和共同工作地所需的经济援助。此外，该计划通过节省和救济的方式，在不景气时期为渔民安装饮用水和配套管井。

微灌溉基金

政府批准了一项 500 亿卢比（约 46.5 亿元人民币）的专项基金，用于增加微灌土地的面积。这是政府促进实现农业生产和农民收入目标的一部分。

该基金由印度国家农业和农村发展银行设立，该行以优惠利率向各地区提供款项，以推进微灌溉。目前，微灌溉覆盖面积仅为 1 000 万公顷，而潜在的可灌溉面积为 7 000 万公顷。

（来源：农化网）

美国农业部投资 1 100 万美元
用于支持特色作物研究

美国农业部副部长哈钦斯（Scott Hutchins）于 10 月 3 日宣布，美国国家粮食与农业研究所已投资 1 100 万美元，用于支持特色作物研究。

负责美国农业部研究、教育和经济部门（REE）的哈金斯说："这项公私合作的研究工作将侧重采用创新的解决办法，帮助特色作物种植者解决虫害管理问题。"

这项投资是通过次要农作物害虫管理项目（也称为区域间研究项目，IR-4）进行的。IR-4 项目使作物保护技术得以被评估和登记使用，这些技术通常是为大田作物设计的，但对特色/次要作物（包括水果、蔬菜、坚果、干果、园艺和苗圃作物）的种植者来说同样安全并经济有效。

作为这一资助投资的一部分，美国不同种植区的四所大学将领导其地区 IR-4 项目，该项目将生成数据，用于注册美国特色作物和次要作物的常规技术和生物基作物保护技术。这些工作的完成需要种植组织、联邦机构、私营部门、农工学院和大学之间的有效合作。

美国农业部国家食品与农业研究所（NIFA）的害虫管理项目投资于支持综合害虫管理战略的研究，包括利用害虫生物学、环境信息和现有技术，用最经济可行的方法防止害虫造成重大损失，同时，把对人、财产、资源，还有环境的风险降到最低。

密歇根州立大学（Michigan State University）经济分析中心（Center for Economic Analysis）在 2017 年的一项研究得出的结论称：IR-4 与农业的合作创造了 95 261 个就业岗位，总劳动收入达到 56 亿美元，对国内生产总值（GDP 的年度贡献总额约为 94 亿美元。

（来源：AgroPage 网站）

以色列公布果蔬农药残留报告

　　以色列农业部每年都会对新鲜植物源产品中违规使用农药的情况进行年度调查。与 2016 年不同的是，2017 年以色列农业部建立了新的采样单位，增加了采样量，加强了农药执法，并对注册农药进行重新评估。新近公布的以色列 2017 年果蔬农药残留调查报告显示，占调查总数 89% 的样本中农药残留符合规定，而无农药残留的样本占到了 36%；含有毒农药的样本大幅度减少；水果中违规使用农药的比例显著下降。

　　2017 年的果蔬农药残留调查由以色列农业部植物保护与检疫局负责，共采集并检测了 702 个样本（2016 年为 500 个），包括 58 种水果和蔬菜，均为地产农产品。其中，蔬菜占 50%，水果占 32%，柑橘占 8%，香草植物占 10%。79% 的样本是在收获季节从田间、物流中心和包装厂采集的，10% 的样本来自公开市场，另有 11% 的样本采自农产品采收前和准备出售前的几天，以便加强农药标示执法。

　　调查结果显示，绝大多数样本检测结果正常，农药残留在标准限值范围内。在鳄梨、西瓜、梨、牛至、洋蓟、柿子、甘薯、洋葱、樱桃、冬南瓜、茄子、卷心菜、大白菜、花椰菜、荔枝、杧果、杏、油桃、火龙果、百香果、仙人果、迷迭香、石榴、李子、无花果、玉米、海枣和马铃薯中未发现任何农药违规行为（违规率为 0%）。

　　果蔬样本中违规使用农药的比例，2017 年比 2016 年有大幅下降：梨、油桃、石榴、樱桃、夏南瓜的违规比例分别由 2016 年的 18%、23%、20%、67%、30% 下降为 0；葡萄由 20% 下降到 10%，生菜由 33% 下降到 17%，柑橘由 18% 下降到 2%。

　　以色列农业部强调，在 11% 的违规行为中，有将近一半（5%）的农药残留水平非常低，可能是由邻近农田的农药飘移所造成的；超过一半的违规行为（6%）是由于在某些作物（尤其是种植量非常小的作物）上使用了农药而未在标签上注明，而不是由于这些作物上的农药残留量高（以色列规定，在作物上使用的农药须在产品标签上加以注明。如果没有注明，不论残留量高低均被视为违规——译者注）；这种情况在生菜、草莓和香草植物上较为多见。

　　以色列农业部植物保护与检疫局强调，并非每一项违规行为都会危害健康，并导致过度接触农药。违规行为的含义是农药的使用违反了农业部关于"良好农业"的指导方针，在作物上使用了农药却未在标签上注明。换句话说，违反标签使用说明不一定会导致有害农药接触。

农业部的有关人员还介绍说，由于近年来以色列停止使用有机磷酸盐和氨基甲酸酯类农药，因而当地农产品中的这类有毒物质含量急剧下降。在很多情况下，欧盟标准不如以色列标准严格，因此，若以欧盟标准来衡量，则有大约一半的违规行为并不成立。如果认可国际标准，那么以色列果蔬农药残留的调查结果会更好一些。

在 2017 年的果蔬农药残留调查中，以色列农业部还与卫生部合作，加强了对使用标签上未注明的化学品的执法。此外，以色列农业部植物保护与检疫局已经开始重新评估那些在以色列注册而没有在欧盟注册的农药，这些农药一旦被检测出含有任何有毒物质，将会被禁用。对于此次调查中农药残留超标的样本，以色列农业部中央调查和执行部门（PITZUACH）会对此进行追溯调查，并作出行政罚款；以色列农业部也将会持续监督检测违反"良好农业"指导方针的农民。

（来源：以色列农业部）

法国国家循环经济路线图——农业部分

2019 年 2 月法国发布了国家循环经济路线图（FREC），其中，农业部分是对 2017 年 12 月在《全球营养协定》（EGA）结束时做出承诺的回应。法国农业循环经济主要体现在通过减少对有限资源的消耗，特别是减少不可再生资源—肥料的消耗，减少初级生产的损失和浪费以及体现在更好地预防和管理农场的废弃物。农业部门采取的行动主要围绕 3 个主题：从可再生资源中生产高质量的肥料；让农民成为发展循环经济的动力；加强农业废弃物的预防和管理。

（一）从可再生资源中生产高质量的肥料

（1）制定 2025—2035 年从可再生资源生产肥料份额的目标。进行前瞻性研究，确定从可再生资源生产肥料要达到的目标。确定要实现这些目标存在的制约因素和要采取的行动方案。期限：2019—2020 年。

（2）根据法国和欧洲法规的规定，促使动物副产品生产增值肥料。促进 2018 年 4 月 9 日法令的执行，该法令规定了促使某些动物副产品生产增值肥料的一些特殊条款。期限：2018—2019 年。

（3）继续制定和普及废弃物消解新法规。为新的甲烷化工艺和更广泛的输入材料清单制定规格，将有助于促进某些废弃物消解，促进其作为肥料实现在农业土壤上的增值。期限：2019—2020 年。

（4）支持对以矿物形式存在、来源于牲畜粪便和再循环材料（生物垃圾、污泥、灰、废水等）的主要营养物质（N、P、K、S）的再利用技术进行创新和投资。调用援助支持措施，呼吁并确保将这一主题作为优先事项纳入创新项目，并通过主要投资计划的农业科研和示范人员促进对现有再循环技术的推广应用与示范。期限：2018—2020 年。

（5）加强研究以提高对有机肥料的认识，开发工具、技术和设备，以便更好地利用这些材料进行营养物质（N、P、K）肥料的合理化施用，并支持其技术应用。动员农业技术人员和农业研究机构、技术联合网络、合理施肥研究和开发委员会在这些主题上的研究工作，研发新的成果，建立决策辅助工具。进行项目提议时，优先考虑这些主题。期限：2018—2020 年。

（二）让农民成为循环经济发展的动力

（1）对循环利用的有机污染物进行监管（阈值、可追溯性、跟踪等）。为回收循环利用的有机污染物建立一个共同的监管基础。发布一项部级法令，对产生的有机污染物再循环进行管理，并修订《农村法》，期限：2019—2020 年。

（2）鼓励各个农业商会执行"废弃物"任务，支持农民在农业土壤上利用高质量可再生资源生产增值肥料。动员地方有机废物管理和预防机构中的农业商会促进生物垃圾制造者与农民之间的伙伴关系，确保从再循环中获得的材料的质量（农艺价值和安全性），帮助农业经营者根据作物的需求，保障土壤肥沃高产，保护环境。期限：2018—2019 年。

（3）在农业经营中，鼓励使用监测和跟踪设备，对施用了循环有机肥料的土壤质量变化情况进行监测跟踪。开发对应用于土壤的材料进行跟踪和监测的工具。建立这类工具的准则和数据交换标准。期限：2020 年。

（4）充分利用农业土壤有机物质再循环和土壤质量监测所产生的有机物质数据。通过跟踪收集受《国际化学品安全方案》管制的设施中生产的可回收有机物质的土壤投入以及土壤质量监测的数据，形成农业土壤有机物增值肥料报告。期限：2018—2019 年。

（5）宣传生态施肥认证知识（控制每公顷肥料用量、对肥料用量进行分配、减少土壤沉积造成的影响），并鼓励使用经过认证的施肥机。运用经过认证的生态施肥机能够更好地对有机材料的撒播技术进行控制，并能减少土壤沉积造成的影响。因此，应该进行生态施肥认证知识的宣传，并鼓励提供援助的联合投资人将其列为优先投资的对象。期限：2018 年。

（6）根据购买土地所作的诊断或租赁土地的现状，对土壤质量进行诊断。土壤诊断有助于监测土壤质量，特别是对循环使用的有机材料中包含的污染物进行跟踪监测，并使农民了解有机农业土地的合格性，让农民们清楚哪些土地可以用来种植生态作物。包含 2 项任务：一是对欧盟成员国现有诊断措施以及相关诊断的执行方式进行示范性研究。二是制定和执行土壤质量诊断措施。期限：2019 年。

（三）加强农业废弃物的防控和管理

（1）实施《农业废弃物增值涉及的农民和工业经销商（ADIVALOR）-农业和食品部（MAA）框架协议》。对根据《框架协议》采取的行动进展情况进行跟踪，特别是对培训、宣传、交流、数据交换等方面内容进行跟踪；并对农业废弃物的预防与管理措施的实施情况进行跟踪。期限：2018—2020 年。

（2）鼓励农业经营者采取实施预防农业废弃物的措施。提高农民对农业废弃物处理的认识，以便最大限度地发挥这些废弃物的循环利用潜力；动员农业培训和教育网络，引导农民使用农业废弃物进行再生产。期限：2018—2020 年。

（3）鼓励在各种质量管理或环境认证措施范围内制定良好的废弃物管理措施，增强部门和国家措施的实施效果。在各种质量标准中引入废弃物预防、收集和增值的标准和框架。期限：2018—2022 年。

（4）制定一个指标来衡量农民对农业废弃物的再利用率。为确定农业废弃物再利用目标，有必要事先研究农民在废弃物再利用方面的常规做法。期限：2020 年。

（5）继续支持农民在某些作物上使用可生物降解的塑料薄膜，特别是要借助CAP 援助：依照农业环境和气候措施使用。应对海外领土的实施情况给予特别关注。由于塑料薄膜回收利用较困难，并要面对禁止使用某些所谓的氧裂解塑料的前景，鼓励农民使用符合标准 NE EN17033 规定的可生物降解塑料薄膜，向生物降解塑料薄膜过渡。期限：2018 年。

（6）支持关于对预防废弃物、传统薄膜、可生物降解塑料薄膜前景的研究和创新，延长其使用期限。更广泛地说，对生物基塑料或可降解塑料进行研究和创新，并结合未来的挑战，对可能增加的用途进行研究和创新。继续思考对适用于塑料的生物降解性标准。对于某些应用，用可生物降解或生物基塑料代替传统塑料。期限：2020 年。

（7）鼓励农业部门对初次生产过程中产生的食物损失和浪费情况进行检查，尤其是根据 ADEME 提供的示范性检查措施进行检查，实施旨在减少食物损失和浪费的行动计划，采取行动促进粮食安全。在初次生产过程中应采取有关防止食品损失和浪费的检查措施的农业活动，并执行相应的行动计划，执行的过程中应遵守防止食品浪费计划的分级体系，更准确的是农业废弃物处理方式的分级体系。发布《潜在的减排手段和途径》《农业生产的损失和浪费》《参与诊断损失和浪费粮食的农场数目》等报告。期限：2018—2020 年。

（来源：法国农业部）

新一轮农业革命为作物定向育种指明方向

不断增长的人口与不断恶化的气候对作物育种提出了重大挑战，迫切需要利用现有的知识和工具开展新一轮农业革命。目前提出的若干解决途径包括增加作物的抗压恢复能力，将农业扩展到城市环境或干旱易发地区等新环境以及促进全球向以植物为主的饮食结构转变。

美国冷泉港实验室（CSHL）扎克·利普曼（Zach Lippman）教授最近与以色列魏兹曼研究所（Weizmann Institute of Science）的专家尤瓦尔·埃希德（Yuval Eshed）合作，阐述了植物科学和农业的现状与未来。他们发表在《科学》杂志上的文章列举了过去 50 年生物学研究中的一些例子，并突出强调了推动上一轮农业革命的主要基因突变和遗传修饰，包括改变植物的开花信号以调整作物的产量，创造出能够耐肥或适应不同气候的植物，以及引入高产抗病的杂交种。

这些有益变化最初是偶然发现的，但现代基因组学已经揭示，它们大多来源于 2 个核心激素系统：控制开花的成花素和影响株高的赤霉素。利普曼和埃希德认为，现如今的基因编辑技术准确而又高效，下一次农业革命将无须依赖偶然发现。或许通过改变这 2 个核心激素系统，未来就可以克服农业面临的挑战。

矮化与花期调控

在 20 世纪 60 年代以前，为了提高小麦产量而大量施肥，结果导致植株徒长和倒伏，从而造成减产。直到诺贝尔奖获得者诺曼·博洛格开始研究影响赤霉素系统的突变，小麦和水稻才成为了今天的矮秆作物，能够抵御那些所谓的灾难性风暴。

利普曼和埃希德还提到了番茄在欧洲、棉花在中国所经历的变化。在中国，科研人员利用影响成花素和抗花素的突变把这种在南方通常表现为无限生长的植物改变成了更紧凑、开花更早的灌木状植物，使其更适合中国北方的气候。番茄中的一种抗花素突变也是将这种地中海藤蔓作物转化为当今世界农业系统中大规模种植的灌木状作物的催化剂。

变异微调

核心系统——赤霉素、成花素或两者兼而有之——会受到突变的影响，从而产生一些有益的性状。这些有益性状被人类发现后，还需要多年艰苦的育种来调控这种突变的强度，直至达到育种目标。

CRISPR 基因编辑正在加速这一调控过程。利普曼和埃希德认为，基因编辑的最佳应用可能不仅仅是调控已经存在的革命性突变，而是识别或引入新的突变。这样不仅会减少进行这种调控的工作量，还有可能带来一些意外惊喜，进一步提高作物生产效率，或使作物更快地适应新的环境条件。

通过将基因变异引入这 2 个核心系统，会有更大的空间创造更多的遗传多样性，这可能会提高生产力，改善植物在边际地区的适应性生存。

未来的机遇

在世界上的许多地区都生长着所谓的"孤儿作物"（指只分布在局部地区，长期被人类忽视、尚未被充分利用的作物——译者注），它们的生长条件恶劣，抗逆性强，但产量性状不佳，如分枝过多、种子过小，易倒伏等。对其进行性状改良可以从 3 个方面入手，一是通过绿色革命遗传基因的突变，改善其倒伏性状；二是通过 TB1 等位基因，减少过度分枝；三是通过重新创建已知粒径基因的有益等位基因，获得更大的种子。

从以动物产品为基础的饮食结构转变为以植物产品为基础的饮食结构，将需要更多的植物蛋白。因此，必须从高热量的主食生产（如大米）转向高蛋白质生产（如豆类），并扩大豆科作物种植面积。豇豆、扁豆、羽扇豆和鹰嘴豆等豆科植物，都能从调节成花素/抗花素中获得立竿见影的好处。

调节成花素/抗花素平衡，加速作物成熟，有利于机械收割，甚至可以将它们纳入城市垂直农业生产系统，丰富其产品种类（目前仅限于莴苣和一些类似的"绿叶蔬菜"）。而生物能源作物也可能受益于成花素/抗花素平衡的改变。例如，推迟柳枝稷的开花将促进其营养生长，从而提高生物产量。

文章认为，过去的农业革命使农作物更加高产，种植的范围更广。鉴于成花素/抗花素和赤霉素/DELLA 突变在过去引发了多次农业革命，因而在这 2 种激素系统中创造新的多样性极有可能会进一步释放农业的潜能。有办法用更多的农作物和更高的频率继续下一轮农业革命，这将是人类的福音。

（来源：Science Daily）

美国科学家绘制合成生物学的未来路线图

一个由美国国家科学基金资助的公私合作伙伴——工程生物学研究联合会（EBRC）2019 年 6 月 19 日发布了一份合成生物学的新路线图。报告称，只有 20 年历史的工程生物学/合成生物学领域已经取得了一些令人兴奋的研究进展，如用转基因树木生产防火木材，用合成微生物监测肠道，以检测入侵的疾原体，并在人体生病之前杀死它们。目前这些技术已经足够成熟，可以为一系列社会问题提供解决方案。

这一路线图由来自美国 30 多所大学和十几家公司的 80 多名不同学科的科学家共同绘制，它为联邦政府在这一领域进行投资提供了一个强有力的理由，即不仅要改善公共卫生和环境、改良粮食作物；还要促进经济发展，保持美国在合成生物学领域的领导地位。该路线图将指导所有政府机构的投资，包括美国能源部、国防部和国立卫生研究院以及美国国家科学基金会。

工程生物学/合成生物学的研究范围很广，包括转基因作物，用于药物、香料和生物燃料生产的工程微生物，使用 CRISPR-Cas9 编辑猪和狗的基因以及人类基因治疗等。这些研究成果仅仅是未来更复杂生物工程的前奏，报告还列出了合成生物学面临的机遇和挑战，包括美国是否将其作为优先研究的领域。中国和英国都已经将工程生物学/合成生物学作为国家研究的重要领域。

"政府当前面临的问题是，美国如何在合成生物学领域中保持领先地位？"道格拉斯·弗里德曼（Douglas Friedman）说，他是路线图项目的领导者之一，也是EBRC 的执行主任。"这个领域会对社会产生真真切切的影响，我们需要将工程生物学确定为国家优先事项，围绕国家优先事项进行组织，并在此基础上采取行动。"

美国众议院在 2019 年 3 月举行的一次听证会上讨论了"2019 年工程生物学研究与发展法案"，该法案旨在"提供一个协调的联邦研究计划，以确保美国在工程生物学领域的持续领导地位"。这项法案将工程生物学/合成生物学作为一项国家研究计划，相当于美国最近对量子信息系统和纳米技术的重视程度。

该路线图规划了在未来 20 年里合成生物学应开展的所有工作。"这个路线图是一个详细的技术指南，它将引领合成生物学领域的未来。"美国加州大学伯克利分校（UC Berkeley）化学和生物分子工程教授、EBRC 路线图工作组主席杰伊·凯斯林（Jay Keasling）说。

美国国家科学基金会分子和细胞生物科学的副主任兼白宫合成生物学跨部门工作组联席主席 Theresa Good 说："路线图是整个合成生物学和工程生物学界的标志性成就，是美国科学界的一份技术文件，并为科学家、工程师和决策者提供指导。"

目前，一些工程生物学产品已经上市：如抗褐变苹果，由细菌生产的抗疟疾药物，自己生产杀虫剂的玉米等。伯克利的一家初创公司正在设计一种动物细胞，可以用来在盘子里"种植"肉类。艾默里维尔（Emeryville）的一家初创公司正在实验室里"种植"纺织品。加利福尼亚州大学伯克利分校的一家公司正在生产啤酒酵母，这种酵母在啤酒中没有啤酒花的情况下提供啤酒花的味道。

然而目前这其中大部分还只是小规模试验或生产，但大规模的生产也是未来可期。美国加州大学伯克利分校（UCBerkeley）的生物工程学家正试图改造微生物，使它们能够生产食物或者药物，帮助人类在月球或火星上生存。也有一些科学家正试图对奶牛和其他反刍动物的微生物群进行改造，使它们能够更好地消化饲料，吸收更多的营养物质，同时，产生更少的甲烷（一种温室气体）。随着气温的升高和降雨的不可预测性，科学家们也在尝试改良农作物，以更好地抵御高温、干旱和盐渍土壤。

弗里德曼说："回顾历史，科学家和工程师学会了如何通过物理和机械工程来改变物理世界，学会了如何通过化学和化学工程来改变化学世界。下一步要做的就是学会如何通过生物学来改造生物世界，以一种原本不可能的方式为人类提供帮助。"尽管合成生物学的益处巨大，但也存在着很多争议。"重要的是，研究界特别是那些面向消费者的产品和技术的领域，应尽早讨论伦理、法律和社会影响，并且要以不同于我们过去在生物技术发展中看到的方式进行讨论。"

（来源：Science Daily）

美国农业部投资农业生物安全领域

2014—2015 年在美国暴发了一场大型危机，17 个州爆发高致病性禽流感，导致美国家禽业损失约 5 150 万只鸡和火鸡。在这次疫情爆发期间，受感染的家禽使美国纳税人在销毁、清理、消毒和保险费上损失了 10 多亿美元。这也导致产卵数量急剧减少。家禽生产商在肉鸡出口上损失了 11 亿美元（同比下降 26%），在鸡蛋出口上损失了 4 100 万美元（下降 13%），在火鸡出口上损失了 1.77 亿美元（下降 23%）。随之而来的是，供求规律导致杂货店和餐馆的消费价格上涨。

农业社区暴发传染病的危险是真实存在的，预防传染病暴发对于维持安全、营养和可负担得起的食品供应至关重要，这就是生物安全的关键所在。

美国农业部的国家粮食和农业研究所（NIFA）通过向确保和保护美国粮食和农业系统的完整性、可靠性、可持续性和盈利能力的项目提供资金和国家规划领导，来支持农业生物安全。这些规划涵盖自然灾害、新出现的灾害、意外灾害或故意造成的灾害。

非动物农业生物安全问题包括斑点果蝇（对浆果和核果作物造成 7.15 亿美元的损失）和褐纹蝽（对大西洋中部地区的苹果产业造成 3 700 万美元的损失）。柑橘绿化病可以说是目前最大的威胁，它正在摧毁得克萨斯州、亚利桑那州、加利福尼亚州和佛罗里达州的柑橘产业，这些地区约 80% 的柑橘树受到影响。

2016 年 2 月，美国国家林业局投入 2 010 万美元用于防治柑橘绿化病的研究和推广，资助的项目包括中佛罗里达大学（University of Central Florida）测试的一种杀灭柑橘绿化细菌的杀菌剂以及加州大学河滨分校（University of California，Riverside）开发的抗病柑橘品种。

美国国家粮农组织资助的项目增进了业界对生物安全的理解，并为保护食品供应免受故意和自然威胁及危害提供了解决方案。国家动物卫生实验室网络、国家植物诊断网络和柑橘绿化研究与推广组织管理着许多此类项目。

（来源：美国农业部）

国际项目

2019 国际农业、粮食、园艺与原始材料种子基金项目

荷兰基础设施与水资源管理部于近日发布了 2019 国际农业、粮食、园艺与原始材料种子基金项目（Seed Money Projects/SMPs），旨在开启农业与粮食行业（A&F）以及园艺与原始材料行业（H&SM）的国际合作，主要目标是建立企业联盟，开拓国际合作可能性，鼓励活跃在领先行业的企业联盟将业务拓展到全球范围。此外，荷兰使馆的农业随员/参赞也将通过该种子基金项目为荷兰的商业团体确认进一步的商业发展机会。

种子资金项目最终将形成一份国际合作的可行性计划，将包括新知识的开发或现有知识在其他情况下的应用。计划的呈现形式可以是瓦赫宁根大学（Wageningen Research，前荷兰国家农业大学）或其他知识机构的研究计划，也可以是通过荷兰企业局（RVO）、荷兰外交部（BuZa）或国际组织另外安排的计划。后续项目将与荷兰公司合作，为农业和食品以及园艺和起始材料领域的国际系统解决方案作出贡献。

这些领先行业也希望能够推动与荷兰农业教育机构如农业培训中心（agricultural training centres，AOCs）、应用技术大学（universities of applied sciences，HAO）之间的合作。教育机构亦可以通过推动和传播国际创新来提高其附加价值，让新生概念更快获得认可。在企业联盟中纳入教育机构能成为审查环节的一大优势，而教育机构的加入也不需要增加单独的预算。

（来源：荷兰基础设施与水资源管理部）

德国开展促进植物性能的长期研究

作为德国唯一专注于植物研究的科研团体，植物科学精英集群（Cluester of Excellence on Plant Sciences，CEPLAS）将通过"精英战略计划"（Excellence Strategy）获得未来 7 年的研究经费支持，经费的到位时间为 2019 年年初。这将为科隆/杜塞尔多夫（Cologne/Düsseldorf）地区高质量的植物科学研究提供强有力的支持，并将确保莱茵兰（Rhineland）及其研究机构继续在植物研究方面保持世界领先

地位。

CEPLAS 作为精英倡议行动（Excellence Initiative）的一部分成立于 2012 年，成员包括杜塞尔多夫大学（Heinrich Heine University Düsseldorf）和科隆大学（University of Cologne）2 所大学的首席调查员以及于利希研究中心（ForschungszentrumJülich）和马克思普朗克植物育种研究所（Max Planck Institute for Plant Breeding Research，MPIPZ）的研究人员。MPIPZ 的研究人员是 CEPLAS 的中坚力量，目前的 3 位负责人：Paul Schulze‑Lefert、MiltosTsiantis、George Coupland 以及 Jane Parker 和宏博基金会（Humboldt）的 Jijie Chai 教授和 Wolf Frommer 教授都来自 MPIPZ，研究所的其他科学家们则以准成员的身份参与。

在"为明日之需研发智能植物"（SMART Plants for tomorrow's needs）的口号之下，CEPLAS 的研究聚焦促进植物性能，从而满足日益增长的对于可持续粮食生产和维护生态系统的需求。这一战略任务将通过以下领域的研究来达成：研究领域 1：针对通过绘制生长发育和新陈代谢之间的界面来优化植物性能；研究领域 2：针对理解植物及其相关微生物区和土壤因子之间的功能关系。这 2 个研究领域还将得到"理论植物生物学与数据科学"和"合成与改造生物学"两大新研究领域的补充。

除了研究目标，CEPLAS 同时也致力于为处于各个职业生涯阶段的科学家们提供强大的支持和培训，其中，包括为在校的本科学生提供的实习研究和一个新的定量生物学学士项目，由科隆大学和杜塞尔多夫大学联合提供。此外，CEPLAS 还将设立一所新的 CEPLAS 研究所（Graduate School）和一个博士后及团队领袖计划（Postdoc and Group Leader Programme）以继续支持博士研究人员和博士后研究人员，并确保参与进来的机构能够吸收到越来越多的年轻杰出的植物科学家，并对他们进行培训。

MPIPZ 的执行主管 MiltosTsiantis 教授表示："这对我们地区植物科学的基础研究来说是一个巨大的机会，我们可以由此建立一个国际精英中心，以此为平台，反映重大发现、招募顶级国际人才、对年轻的研究人员进行真正的跨学科培育，让他们在支持性的、鼓励创新性的环境下工作。"

（来源：马克斯普朗克植物育种研究所）

FAO 牵头开展农业环境领域工作

全球环境基金理事会批准拨款 1.79 亿美元，用于支持粮农组织牵头在农业和环境之间的关键联系方面与世界各国开展工作。其中，包括着重关注生物多样性保护、跨界水资源管理、可持续土地管理、高危农药危害修复和气候变化适应的项目。

这笔资金源自近期在华盛顿举行的全球环境基金理事会会议，各国政府在会上批准了两项总金额约为 9.66 亿美元的工作计划，这是迄今全球环境基金会的最高拨款。拨款将使 91 个国家受益，其中，包括 30 个最不发达国家和 32 个小岛屿发展中国家。

作为其中一个工作计划的一部分，全球环境基金理事会启动了 2 项具有里程碑意义的影响力计划，即旱地可持续景观计划和粮食系统、土地使用和恢复计划。大约 1.04 亿美元的资金将用于粮农组织携手世界银行、世界自然保护联盟和世界野生动物基金会在非洲和亚洲 11 个国家开展的旱地可持续景观计划。上述计划的目标是在安哥拉、博茨瓦纳、布基纳法索、哈萨克斯坦、肯尼亚、马拉维、蒙古、莫桑比克、纳米比亚、坦桑尼亚和津巴布韦，通过采取有针对性的措施，以避免、减少和扭转森林的持续砍伐、退化和荒漠化。

全球环境基金还邀请粮农组织与世界银行合作，在其第二项影响力计划—粮食系统、土地利用和恢复计划中发挥关键作用。所有这些举措都考虑了在干旱地区维持弹性生产系统、促进土地恢复和通过综合景观方法改善生计之间的复杂联系。

粮农组织相关人员表示，全球环境基金理事会的这一决定，建立在长期的伙伴关系基础之上，极其有力地响应了有关在改善粮食安全的同时解决关键环境挑战的需求。

全球环境基金理事会还批准了一项 1.01 亿美元的气候变化适应信托基金工作方案—最不发达国家基金（LDCF）和气候变化特别基金（SCCF），其中，4 400 万美元将用于粮农组织—全球环境基金项目。

LDCF/SCCF 工作计划包括一系列适应优先事项，包括气候智能型农业和林业、城市建设、农村和沿海地区的气候适应能力，改善水资源管理以及农业和家庭用水的供应，加强脆弱沿海地区的气候适应能力，加强环境和社会影响评估。

粮农组织是全球环境基金的合作机构，致力于解决与生物多样性、气候变化、土地退化、化学品和国际水域有关的世界上最具挑战性的环境问题。全球环境基金向各国提供捐款，以应对这些挑战，同时，为实现粮食安全等关键发展目标作出贡献。

（来源：FAO）

都市农业推动凤凰城可持续发展

在美国亚利桑那州的州府凤凰城，社区花园通常会占据一小块土地，人们在一排排凸起的花床上种上罗勒、西瓜和玉米，使得这些面积不大的土地成为这个沙漠城市中的农业绿洲。

在美国国家科学基金会（NSF）的资助下，亚利桑那州立大学的研究人员评估了都市农业对凤凰城实现可持续发展目标的贡献。内容涉及都市农业帮助减少了所谓的"食物沙漠"，即缺少零售杂货店的社区。它还为城市提供了绿色空间、能源并减少了二氧化碳排放。

"我们的分析发现，如果凤凰城将5%的城市空间（2%的土地，约10%的建筑表面）用于都市农业，该市就可以实现当地粮食系统的可持续发展目标。"该研究的共同作者 Matei Georgescu 说。"都市农业也将有助于增加城市的开放空间、减少建筑和土地使用对环境的不良影响。"

研究人员估计，凤凰城有近28平方英里（约72.25万方千米）（占城市面积的5.4%）可用于都市农业。每年将为该市提供约183 000吨新鲜农产品，能够为凤凰城现有的"食物沙漠"输送各种水果和蔬菜。这也意味着该市自身的都市农业产出能够满足目前居民年新鲜农产品消费需求的90%。

论文《都市农业的馈赠：对凤凰城可持续发展目标的贡献》发表在《环境研究快报》的《可持续城市：实现预期结果的都市解决方案》特刊上。

这项研究由 NSF 的数学科学部资助。

（来源：美国国家科学基金会）

磷供应链报告的缺失对全球粮食安全构成威胁

全球粮食生产系统每年约使用5 300万吨磷肥，这些磷肥是由2.7亿吨磷矿石加工而成的。研究显示，磷肥从矿厂到农田的损失高达90%。这些损失的很大一部分造成了水体的磷酸盐污染，甚至产生了"死区"（即海洋中没有生命存在的区域）。2050年粮食需求将增加60%，这意味着需要更多的磷肥。但这些磷肥来自何处并去往哪里，目前却知之甚少。

斯德哥尔摩大学和冰岛大学开展的一项新研究表明，虽然磷是全球粮食安全的关键因素，但其供应链却是一个黑箱。这可能会导致社会、政治和环境问题，从而导致磷供应危机。研究结果以"开放获取黑匣子：报告全球磷供应链的必要性"为题发表在《Ambio》杂志上。

据联合国估计，到2050年全球人口将增加到90亿，粮食需求将增长60%。目前世界上有近10亿人营养不良，但同时浪费的食物却差不多占到了生产量的一半，这对全球食品供应链和生产系统构成了新的挑战。磷肥的供应是粮食生产的关键因素，其中大部分来自磷矿石的开采和加工。在磷的整个供应链中，由于各个阶段都存在损失，从而使磷从有价值的资源变成了富营养化的主因之一。

研究人员认为，"磷供应链从头到尾的完整报告不仅可以揭示我们为超市货架上的食物所支付的社会、环境、伦理以及经济上的价格，还可以帮助各国——尤其是大多数依赖进口磷酸盐的国家——制定更好的政策来降低农业部门的脆弱性"。

该研究是一项名为"适应新的经济现实"的欧洲大型研究项目的一部分。该研究确定了磷肥供应面临的四个主要挑战。第一，用于报告磷矿床的术语和方法不统一，有时也不透明——这使得储量和资源量的估算不准确、不可靠。第二，磷供应链损失高达90%，却缺乏记录。损失发生在供应链的各个环节，这些信息碎片使得很难准确报告损失的数量和位点，而完善的报告则有助于设计减少损失和提高效率的方法。第三，磷供应链中存在环境和社会效应。例如，采矿和加工磷矿石会污染水体，危害人体健康。此外，从农用地和污水系统泄漏到水中的磷会导致富营养化和所谓的"死区"。同时，磷也存在社会和伦理方面的问题。磷矿越来越多地在有争议的地区开采，例如，在西撒哈拉地区的"非法开采"。第四，缺乏对磷供应链数据的开放获取。因其与粮食生产直接相关，所以，公开磷及其供应链数据就显得十分必要。此外，关于磷的数据报告还将有助于更好地评估一些全球可持续指标的进展情况。

研究认为，可靠和定期的数据收集可以影响企业的社会责任和政治行动，这对解决供应链中发现的许多问题是十分必要的。而提高供应链的透明度，则可以促进未来几十年磷及粮食的可持续供应。

（来源：Science Daily）